中央高校教育教学改革基金(本科教学工程)资助

岩土测试技术

YANTU CESHI JISHU

主　编　崔德山

副主编　陈　琼　王菁莪　马淑芝　胡修文

内容提要

本书首先介绍了岩土测试技术的发展现状，然后给出了岩土工程、地质工程、水文与水资源工程、环境工程、地下水科学与工程、水利水电工程、地下工程等领域，有关岩石、土体、地下水的主要室内试验和原位测试技术。全书共分为4篇21章，包括室内测试篇、原位测试篇、水文地质试验篇和特殊土及其改性试验篇。本书以岩石、土体和地下水为研究对象，基于国家标准和行业标准规定的岩土测试技术基础，重点讲解了基本原理和试验步骤，并介绍了新仪器和新方法在获取岩土物理、力学、化学参数上的优势。

本书为高等学校岩土工程、地质工程、水文与水资源工程、环境工程、地下水科学与工程等专业的教材，也可供从事岩土工程勘察、设计、施工、研究、管理的工程技术人员参考。

图书在版编目(CIP)数据

岩土测试技术/崔德山等编著.—武汉：中国地质大学出版社，2020.12(2022.2重印)

ISBN 978-7-5625-4896-6

Ⅰ.①岩…
Ⅱ.①崔…
Ⅲ.①岩土工程-测试技术-高等学校-教材
Ⅳ.①TU4

中国版本图书馆CIP数据核字(2020)第205405号

崔德山 **主　编**

岩土测试技术　　陈　琼　王菁莪　马淑芝　胡修文 **副主编**

责任编辑：谢媛华　　选题策划：陈　琪　　责任校对：徐蕾蕾

出版发行：中国地质大学出版社(武汉市洪山区鲁磨路388号)　　邮编：430074
电　　话：(027)67883511　　传　　真：(027)67883580　　E-mail：cbb@cug.edu.cn
经　　销：全国新华书店　　http://cugp.cug.edu.cn

开本：787毫米×1092毫米　1/16　　字数：464千字　　印张：18.25
版次：2020年12月第1版　　印次：2022年2月第2次印刷
印刷：武汉市籍缘印刷厂

ISBN 978-7-5625-4896-6　　定价：42.00元

前　言

岩土测试技术是土木工程专业核心课程和主要实践性教学环节，是推进新工科实践和实施卓越工程师教育培养计划2.0的重要体现，对岩土工程、地质工程、建筑工程、铁路工程、港口工程等的勘测、设计、施工和管理具有重要意义。本书是为适应我国新工科建设需要而编写的面向广大高等院校土木工程相关专业本科学生的岩土测试技术教材，同时也可作为地质工程、水文与水资源工程、环境工程、地下水科学与工程专业学生和从事土工试验工作的专业技术人员的参考书。考虑到本书的适用性和岩土测试技术的特点，全书以土质学、土力学、岩体力学、水文地质和环境岩土试验为主。

目前国内岩土工程测试技术方面的教材，有的侧重原位测试技术，有的侧重桩基检测技术，还有的侧重岩土工程监测与检测技术。通过多年的教学和科研，我们发现只要介绍清楚岩土测试技术的基本原理和方法，加强学生的实践操作训练，可以使学生触类旁通地设计、改造、制造出具有特殊功能的仪器设备，并且可以申请发明专利或实用新型专利。因此，为了鼓励学生查阅文献、发现问题、解决问题，本书在章节内容编排和重点、难点方面，强调了岩土测试技术与岩土本质之间的逻辑关系，重视对试验细节的设计与实施，要求学生尊重试验过程，认真分析测试结果，以揭示岩土体客观规律和解决工程实际问题为目标。

本书涉及的岩土测试技术主要参考最新版中华人民共和国国家标准《土工试验方法标准》(GB/T 50123—2019)、《工程岩体试验方法标准》(GB/T 50266—2013)、《岩土工程勘察规范》(GB 50021—2001)(2009年版)、《膨胀土地区建筑技术规范》(GB 50112—2013)和《湿陷性黄土地区建筑规范》(GB 50025—2004)等，并借鉴其他国家标准、行业标准、地方标准与规程和相关岩土测试技术著作，如《铁路工程地质原位测试规程》(TB 10018—2018)和《铁路工程水文地质勘察规程》(TB 10049—2004)。目前由于国内外不同行业解决岩土工程问题的要求不一样，导致关于岩土测试方面的规程较多，其间必然存在差别，希望不同地区、行业、专业的读者根据实际工作需要，采用不同的规范、标准，如GB(中国国家标准)、ASTM(American Society of Testing Materials，美国材料实验协会标准)、BS(British Standard，英国国家标准)、EN(European Norm，欧洲标准)来完成岩土测试和数据处理。

全书共分为4篇21章，其中第一篇室内试验由陈琼编写；第二篇中土体原位试验由崔德山编写，岩体原位试验由马淑芝编写，地基的动力参数测试由胡修文编写；第三篇水文地质测试和第四篇特殊土及其改性试验由王菁莪编写；全书由崔德山完成统稿。研究生王璐、杨林筱、陶现雨、乔卓、魏亚军、夏灵良、刘煜参与了部分章节的编辑、绘图和校订工作。

在本教材的编写过程中，参考了大量的国内外相关书籍、学术论文和测试报告等资料，并得到了中央高校教育教学改革基金(本科教学工程)资助，在此特表感谢。

由于作者水平有限，书中纰漏之处在所难免，敬请读者批评指正。

编　者

2020年4月

目 录

第二篇　原位测试

第三篇　水文地质测试

第四篇　特殊土及其改性试验

绪　论

一、岩土测试的目的和意义

根据中华人民共和国国家标准《岩土工程基本术语标准》(GB/T 50279—2014)，岩土工程(geotechnical engineering)是指土木工程中涉及岩石和土的利用、整治或改造的科学技术。岩土工程运用工程地质学、土力学、岩石力学、水文地质学的理论与方法，解决土木工程中关于岩石、土的工程技术问题，内容包括勘察、设计、施工、监测、检测和管理等。

岩土测试的目的是采用相关仪器设备对岩土体的工程性质进行观察和测量，得到岩土体的各种物理、力学和化学指标，从而支撑岩土工程建设。随着我国各类高、大、深、重超级工程的建设，岩土工程领域呈现出新的发展趋势。人工智能技术、物联网技术、云计算技术、5G技术等高新技术的出现，既丰富了岩土测试技术，也对岩土测试技术提出了更高的要求。发展岩土测试技术具有重要意义，主要体现在以下几个方面。

(1)岩土测试技术推动了岩土工程理论的形成与发展。

(2)岩土测试技术保证了岩土工程勘察过程中岩土参数的准确性。

(3)岩土测试技术为岩土工程设计提供了不同工况下的参数指标。

(4)岩土测试技术保障了岩土工程施工的质量与安全。

(5)岩土测试技术为大型岩土工程的长期安全运营提供了保障。

二、岩土测试的内容和方法

岩土测试技术一般分为室内试验技术、原位测试技术、现场监测与检测技术3个方面，在岩土工程建设全生命周期内占有特殊且重要的地位。

1. 室内试验技术

室内岩土测试既可以用原状样也可以用扰动样，既可以开展理想条件下的试验也可以开展极端状态下的试验，在一定程度上容易满足理论分析与预测的要求。室内试验一般包括土与岩石的物理、力学和化学试验，岩土模型试验以及数值仿真试验。

(1)土的物理和力学试验主要包括含水率试验、密度试验、比重试验、颗粒分析试验、界限含水率试验、相对密度试验、击实试验、渗透试验、固结试验、三轴压缩试验、无侧限抗压强度试验和直接剪切试验，这些试验在一般的土质学、土力学试验室均可开展。除此之外，还有针对膨胀土的自由膨胀率试验、膨胀率试验、膨胀力试验，针对冻土的冻结温度试验、冻土导热系数试验、冻土未冻含水率试验、冻胀率试验、冻土融化压缩试验，针对粗颗粒土的相对密度试验、粗颗粒土击实试验、粗颗粒土渗透及渗透变形试验、粗颗粒土固结试验、粗颗粒土三轴蠕变试验、粗颗粒土三轴湿化变形试验等。土的化学试验主要包括土的化学成分试验、酸碱度试验、易溶盐试验、阳离子交换量试验等。

(2)岩石的物理和力学试验主要包括岩块的含水率试验、颗粒密度试验、块体密度试验、吸水性试验、膨胀性试验、耐崩解性试验、单轴抗压强度试验、冻融试验、三轴压缩强度试验、抗拉强度试验、直剪试验、点荷载强度试验以及岩体的变形试验、强度试验、声波测试、应力测试。岩石的化学试验主要包括岩石的化学成分试验、酸碱度试验。

(3)岩土模型试验主要采用相似理论，用与岩土工程原型力学性质相似的材料，按照几何常数缩制成室内模型，在模型上模拟各种加载、开挖、震动过程，研究岩土工程的变形和力学特征。除此之外，离心模型试验作为一项物理模拟技术，已经应用到岩土工程的所有领域，其优点是能以原材料模型为基础，在原型应力状态下，显示出岩土体变形的全过程，可较真实地模拟出岩土体的应力应变本构关系。

(4)数值仿真试验是利用计算机进行岩土工程问题研究，可以模拟大型、中型、小型岩土工程及模型复杂边界条件，具有成本低、精度高的特点。岩土数值仿真试验主要方法包括有限元法、有限差分法、边界元法、离散元法、无限单元法等。

2. 原位测试技术

原位测试技术可以最大限度地减小试验前对岩土体的扰动，避免扰动对试验结果的影响。原位测试结果可以直接反映岩土体的物理、力学性质，更接近岩土工程实际情况。例如对于某些松砂地层，几乎不可能取到原状样进行室内试验，这时原位测试是最可靠的。原位测试技术可以分为土体原位测试技术和岩体原位测试技术。

(1)土体原位测试技术主要包括载荷试验、静力触探试验、动力触探试验、标准贯入试验、十字板剪切试验、旁压试验、现场剪切试验、地基土动力特性原位测试试验、场地土波速测试、场地微震观测、地基土刚度系数测试等。

(2)岩体原位测试技术主要包括地应力测试、弹性波测试、回弹试验、岩体变形试验、岩体强度试验等。

3. 现场监测与检测技术

现场监测技术是随着大型复杂岩土工程和信息技术的出现而逐渐发展起来的。在高陡边坡工程、大型水利水电工程、城市轨道交通工程、大型城市地下空间开发、大断面盾构隧道工程中，由于传感器技术的发展和信息技术的普及，现场监测已成为保证岩土工程安全施工、运营的重要手段之一。按岩土工程开展监测的时间，现场监测可分为施工期监测和运营期监测；按建筑物的类型，现场监测可分为边坡监测、基坑监测、地铁监测、建筑物监测、地下洞室监测等；按监测物理量的类型，现场监测可分为变形监测、应力应变监测、水位水质监测、温湿度监测、振动监测等。现场检测技术包括对岩石、土体、地下水和各种基础的检测技术。

三、岩土测试技术的发展现状与展望

1. 岩土测试技术的发展现状

随着现代化科学技术的发展，现代测试技术较传统机械式的测试技术已经发生了根本性的变革，特别是电子计算机技术、电子测量技术、光学测试技术、声波测试技术等先进技术在岩土测试技术中得到了广泛应用。经过多年的发展，岩土测试技术的主要进展如下。

(1)岩土测试方法和试验手段不断更新。岩土测试技术与现代科技结合，一些传统测试方法得以改进。如原位测试技术中静力触探试验，传统的方法是测量锥尖阻力、锥侧阻力和孔隙水压力，随着现代钻孔摄像技术和其他传感器技术的发展，静力触探试验的探头还可以录像，测量地温、电导率、钻孔倾斜角等参数。在试验手段上，地表水平位移观测采用全站仪，深层倾斜观测采用倾斜仪，分层沉降观测采用磁环式沉降仪等。

(2)大型工程的自动监测系统不断涌现。在大型滑坡、深基坑工程、大型水利水电工程现场，普遍采用先进的自动化监测技术，结合 GPRS、WiFi 技术，局部监测实现数据无线传输。例如在大型滑坡体上，一个钻孔内可以布置固定式测斜仪、水位计、温度计、电导率仪等设备，并且统一通过一台数据采集器进行数据的定时自动采集与无线传输。

(3)一系列新型技术应用于岩土测试中。国内外已将光纤测试技术应用于岩土工程现场监测，光纤传感器与传统传感器相比，具有灵敏度高、抗电磁干扰、耐腐蚀、测量速度快、适用于恶劣环境的特点。声发射技术在岩体监测预警领域得到了广泛应用，红外热成像技术在识别渗水方面应用良好，地质雷达技术在探测岩土界面方面具有较高的可信度，这些新技术逐渐成为岩土工程勘察、施工和监测中不可或缺的技术手段。

(4)监测数据的分析和计算速度提升。基于物联网技术的岩土工程安全测试系统能够方便可靠、高效快捷地实现岩土工程安全监测自动化，是近年来兴起的新型测试技术。面对监测大数据，人工神经网络技术、时间序列技术、灰色系统理论等数据处理技术得到了广泛的应用。岩土测试反分析研究取得了重要进展，在岩土工程信息化施工中发挥了巨大作用。岩土工程施工监测信息管理、监测数据分析、监测预警系统发展成绩显著。

2. 岩土测试技术的展望

随着岩土工程规模的不断扩大，对工程施工技术的要求越来越高，岩土测试技术成为保障安全施工与安全运营的重要手段。为满足不断发展的岩土工程对岩土测试技术的要求，岩土测试技术需要进一步发展，展望如下。

(1)进口设备国产化。目前，国外岩土测试仪器和设备具有较高的精度与信息化程度，但造价极其昂贵，一定程度上限制了其在岩土测试领域的应用。因此，需要进一步消化、吸收国外先进的试验仪器和测试技术，促进国外先进仪器国产化，降低岩土测试的成本。

(2)国产设备精细化。目前，国产岩土测试仪器大部分面向工程实践，仪器的信息化程度、测试精度、稳定性有待进一步提高，以满足日益提高的岩土测试技术要求。

(3)新测试技术和测试仪器的研发。针对岩土测试技术中出现的新问题，依靠现有的测试设备和测试技术难以完成，如岩土体物理、力学、化学参数的原位直接测试技术，多场耦合下岩土体的应力应变测试技术，月壤测试技术等，需要采用新测试技术和测试仪器来实现。

(4)岩土工程监测系统智能化提升。现有的适合现场施工人员使用的监测软件较少，且功能单一、集成性较差、自动化程度低。因此，需要进一步研究利用海量监测数据开展岩土工程施工和运营期的风险预测预报系统，进行智能化监测，及时反馈并指导岩土工程施工。运用物联网、云计算结合地理信息系统技术，将数据管理、分析预测和智能信息发布功能高度集成，从而指导岩土工程建设与安全运营。

四、如何设计与开展岩土试验

岩土测试技术涉及岩石、土体、地下水三者的物理、力学、化学和微观试验，环境岩土工程、边坡工程、基坑工程、城市轨道交通工程、水利水电工程等所开展的岩土测试项目不尽相同，要想科学地设计并开展试验，需要明确以下几个方面。

1. 测试目的

对于某一岩土工程项目，首先必须明确开展岩土测试的目的，是为了评价岩土体的变形性能、力学性能还是渗透性能，是为了计算边坡的稳定性系数还是地基的承载力，是为了揭示滑坡的演化过程还是边坡的渐近破坏模式。针对所要解决的问题，合理设计、开展岩土测试技术。

2. 测试的指标

在明确了岩土测试的目的之后，就要确定需要测试岩石、土体、地下水的哪些指标，包括天然密度、含水率、颗粒密度等物理指标，单轴抗压强度、三轴抗压强度等力学指标，化学成分、酸碱度等化学指标，渗透系数、给水度等水文地质参数。

3. 测试仪器设备

我国国家标准介绍的岩土测试技术，基本上都有成熟的、商业化的仪器设备。但是有些特殊工况、特殊问题，没有现成的仪器设备，例如动水位条件下滑坡演化试验、基坑突涌试验等，这就需要大家根据试验目的和测试指标，自行设计、加工、组装仪器设备，或者采用相似材料开展模型试验。

4. 设计试验

目前常采用的试验设计方法有单因素法、多因素法和正交试验设计法，根据设计方案成批开展试验。一般而言，为了保证试验结果的可重复性、可靠性，需要开展多次的重复性试验。

五、本课程主要内容

本书共 4 篇 21 章，力图较全面地介绍常用的岩土测试技术和基本原理，通过章节的思考题，启发读者为解决某一岩土工程问题而设计、开展试验；通过工程实例，让读者了解各种岩土测试技术在土木工程行业的应用。

第一篇主要介绍了常规岩土室内试验，包括土的物理性质试验、土的力学性质试验、土的动力特性试验和岩石的物理力学性质试验。

第二篇主要介绍了常用的岩土原位测试技术，包括载荷试验、标准贯入试验、静力触探试验、动力触探试验、原位剪切试验、旁压试验、扁铲侧胀试验、波速试验、岩体原位测试和地基的动力参数测试。

第三篇主要介绍了水文地质测试技术，包括地下水流向、流速测定，抽水试验，压水试验，注水试验。

第四篇主要介绍了特殊土的性质及其改性试验，包括红黏土改性试验、膨胀土改性试验和淤泥改性试验。

考虑到学时的要求，针对本科生主要讲授第二篇和第三篇，其中第二篇内容在“岩土工程勘察”课程中有部分讲解。鼓励本科生和研究生到我校相关实验室实践。

第一篇

室内试验

第一章　土的物理性质试验

第一节　基本物理性质指标

土的基本物理性质指标是指描述土的干湿程度、密实程度、粒度特性和结构特性的指标，是了解土基本特性的重要依据。其中土粒比重、土的天然密度和土的含水率是最基本的数据，需要直接测定。其他指标可以通过指标间的换算关系得到。

一、密度试验

土的密度 ρ 是指土的总质量与总体积之比，即单位体积土的质量。根据土的状态，分为天然密度、干密度与饱和密度，按下式计算：

$$\rho = \frac{m}{V} \tag{1-1}$$

土的密度试验一般为环刀法和蜡封法。环刀法适用于规则形状的一般黏性土，例如天然状态下的红黏土、膨胀土、软土等；对于坚硬、易裂、不易切取规则形状的土，通常采用蜡封法，例如干燥的黄土。

1. 环刀法试验步骤

(1)用游标卡尺测量环刀的内径及高度，计算环刀的体积 V(常用的环刀内径为 6.18cm，高度为 2cm，体积约为 60cm^3)；将其置于天平上称得质量 m_1，精确至 0.01g。

(2)土样先进行整平，在环刀内壁涂薄层的凡士林，刃口朝下垂直平稳地压入土样中，并用切土刀沿环刀外侧切削土样，边压边切至土样高出环刀，整平环刀两端的土样。

(3)擦净环刀外壁，称出环刀与土的总质量 m_2。

(4)试样的密度按下式计算：

$$\rho = \frac{m_2 - m_1}{V} \tag{1-2}$$

注意：为确保试验精确，本试验应进行两次平行测定，两次测定的差值应不大于 $\pm 0.03\text{g/cm}^3$，取两次测值的平均值。

2. 蜡封法试验步骤

(1)在原状土中切取或掰取一定体积的试样，清除表面的浮土后，用细线系上，放置天平

称质量 m，精确至0.01g。

（2）用熔蜡加热器将石蜡熔解（石蜡在47～64℃熔化），将试样缓慢浸入刚过熔点的蜡溶液中，浸没后立即提出，检查试样四周的蜡膜，如有气泡应用针刺破，然后用蜡液补平，冷却后称其质量 m_1。

（3）将蜡封试样挂在天平一端，浸没在盛有纯水的烧杯内，称其在纯水中的质量 m_2，并测量纯水的温度。

（4）取出试样，擦干蜡膜上的水，然后称其质量。如果浸水后试样质量增加，应另取试样重做试验，若没增加，则按照下式计算密度：

$$\rho = \frac{m}{\frac{m_1 - m_2}{\rho_{w,T}} - \frac{m_1 - m}{\rho_n}} \tag{1-3}$$

式中：密度 ρ_n 为石蜡的密度，约为0.9g/cm³；$\rho_{w,T}$ 为纯水在温度 T 时的密度（g/cm³），可由表1-1查得。

注意：为确保试验精确，本试验应进行两次平行测定，其测定差值不得大于±0.03g/cm³，取其平均值。

表1-1 水在不同温度下的密度

温度/℃	水的密度/(g·cm⁻³)	温度/℃	水的密度/(g·cm⁻³)	温度/℃	水的密度/(g·cm⁻³)
4	1.000 0	15	0.999 1	26	0.996 8
5	1.000 0	16	0.998 9	27	0.996 5
6	0.999 9	17	0.998 8	28	0.996 2
7	0.999 9	18	0.998 6	29	0.995 9
8	0.999 9	19	0.998 4	30	0.995 7
9	0.999 8	20	0.998 2	31	0.995 3
10	0.999 7	21	0.998 0	32	0.995 0
11	0.999 6	22	0.997 8	33	0.994 7
12	0.999 5	23	0.997 5	34	0.994 4
13	0.999 4	24	0.997 3	35	0.994 0
14	0.999 2	25	0.997 0	36	0.993 7

(1)对于细砂、碎石、卵石等颗粒状、无黏性的土，如何测量其密度？

(2)对于无法取样的土质文物，如长城遗址，如何现场测量其密度？

(3)对于湖底流动状的、含植物根系的淤泥，如何测量其密度？

二、含水率试验

含水率是指土中所含水分的质量 m_w 与固体颗粒质量 m_s 之比，用百分数表示，也称土的质量含水率，是土的一个重要湿度特性指标。计算公式如下：

$$w_m = \frac{m_w}{m_s} \times 100\% \tag{1-4}$$

除了质量含水率，非饱和土测试中还常用体积含水率，是指土体中水的体积 V_w 与土体的总体积 V 的比值。计算公式如下：

$$w_V = \frac{V_w}{V} \times 100\% \tag{1-5}$$

质量含水率与体积含水率的换算关系：

$$w_m = \frac{\rho_w}{\rho_d} \times w_V \tag{1-6}$$

测定土中质量含水率的试验一般为烘干法、酒精燃烧法和炒干法，其中烘干法是最基本的方法(100～105℃)。对于没有烘箱或者土样较少的情况，通常采用酒精燃烧法。测量土中体积含水率的试验方法一般采用 TDR 时域反射仪(图 1-1)、微波水分仪等。

土的有机质含量不宜大于干土质量的 5%，当土中有机质含量为 5%～10%时，允许采用烘干法，但应将烘干温度控制在 65～70℃的恒温下烘至恒量。

图 1-1 TRIME－PICO－IPH TDR 剖面土壤水分测量系统

1. 烘干法试验步骤

(1)将称量盒放置于天平称其质量 m_0,精确至 0.01g。

(2)选取具有代表性的土样,放入盒内,立刻盖好盒盖,称其与土样的总质量 m_1。

(3)打开盒盖,放入烘箱内,在温度 100~105℃下烘干至恒重后,将试样取出,盖好盒盖冷却,置于天平上称其质量 m_2。

(4)土样的含水率按下式计算:

$$w = \frac{m_1 - m_2}{m_2 - m_0} \times 100\% \tag{1-7}$$

注意:为确保试验精确,本试验应进行两次平行测定,取其平均值。对于含水率小于 10% 的土,其平行差值不得大于 0.5%;对于含水率为 10%~40%的土,其平行差值不得大于 1%;对于含水率大于 40%的土,其平行差值不得大于 2%。

2. 酒精燃烧法试验步骤

(1)将称量盒放置于天平称其质量 m_0,精确至 0.01g。

(2)选取具有代表性的土样(黏性土 5~10g,砂类土 20~30g)放入称量盒内,称其总质量 m_1。

(3)用滴管将酒精注入放有土样的称量盒,直至盒中出现自由液面。为了使酒精与试样混合均匀,可将盒底在桌面轻轻敲击。

(4)点燃盒中酒精,直至火焰熄灭,将试样冷却数分钟。

(5)如此进行 2~3 次的燃烧后,立刻盖好盒盖,称其质量 m_2。

(6)土样的含水率按下式计算:

$$w = \frac{m_1 - m_2}{m_2 - m_0} \times 100\% \tag{1-8}$$

注意:为确保试验精确,本试验应进行两次平行测定,取其平均值。允许平行误差应符合表 1-2 的规定。

表 1-2 含水率测定的最大允许平行差值

单位:%

含水率	最大允许平行差值
<10	±0.5
10~40	±1.0
>40	±2.0

(1)什么情况下更宜测量土体的体积含水率?

(2)根据三相组成关系,推导土的体积含水率与质量含水率关系,哪个数值大?

(3)对于不能取样的土体,如何原位测量土的含水率?

三、比重试验

土粒比重是土颗粒在100～105℃下烘干至恒重时的质量与同体积纯蒸馏水在4℃的质量之比,用符号G_s表示,即:

$$G_s = \frac{m_s}{V_s(\rho_w^{4℃})} = \frac{\rho_s}{\rho_w^{4℃}} \tag{1-9}$$

土粒比重试验的方法有比重瓶法、浮称法和虹吸筒法,以下介绍比重瓶法。

1.试验原理

比重瓶法的试验原理是根据阿基米德浮力定律,将质量已知的干土放入盛满水的比重瓶中,根据比重瓶的前后质量差别来计算土粒比重,适用于粒径小于5mm的土粒。

2.试验步骤

(1)校准比重瓶:①洗净比重瓶后烘干,冷却至室温,放置于天平称重,精确至0.001g。②将煮沸并冷却至室温的纯水注入比重瓶中,若为长颈瓶则注水至刻度处;若为短颈瓶则注满,用瓶塞塞紧,多余的水分从瓶塞的毛细管中溢出。③调节恒温水槽为5℃,将比重瓶放在水槽中,等瓶内水温稳定后,取出比重瓶擦干,测量瓶和水的总质量,精确至0.001g,测定恒温水槽温度,准确至0.5℃。④调节恒温水槽温度,等差宜为5℃,依次测量相应温度下瓶和水的总质量,至本地区自然最高气温。同一温度应进行两次平行测定试验,差值不宜超过0.002g,取其平均值。⑤将数据记录,并绘制温度与比重瓶加水质量的关系曲线图。

(2)将比重瓶烘干后称取其质量m_0,取烘干的土样15g左右,放入100cm^{3}的比重瓶中(若选取50cm^{3}的比重瓶,则取烘干土样12g),称量比重瓶和干土总质量m_1,精确至0.001g。

(3)往比重瓶中注入纯水,约至瓶体积的一半处,摇动比重瓶后,放在砂浴上煮沸。煮沸时间从悬液沸腾算起,砂性土不少于0.5h,黏性土不少于1h。若土样中含有可溶性盐、亲水性胶体或有机质时,采用其他中性液体进行测定。如采用真空抽气法,抽气时,负压应接近一个大气压,负压稳定时计时,抽气1～2h,直到悬液内无气泡出现。

(4)将纯水或中性液体注入比重瓶中,若为长颈瓶应注至刻度处,若为短颈瓶应注满,用瓶塞塞紧,多余的水分从瓶塞的毛细管中溢出。

(5)擦净瓶身,测量瓶内的水温,并且称量比重瓶、土样和液体的总质量m_2。

(6)查阅温度与瓶子、液体总质量的关系曲线,得到该温度下比重瓶与液体的总质量m_3。

(7)根据下式计算土粒比重：

$$G_s = \frac{m_1 - m_0}{(m_1 - m_0) - (m_2 - m_3)} \times G_{w,T} \tag{1-10}$$

式中：$G_{w,T}$为水或其他液体在温度 T 时的比重。

注意：为确保试验精确，本试验应进行两次平行测定，其平行差值不得大于±0.02，取其平均值。

第二节　界限含水率试验

黏性土因含水率的不同，其稠度状态可以划分为固态、塑态和流态。塑限 w_P 表示土由固态转换到塑态的界限含水率，液限 w_L 表示土由塑态转换到流态的界限含水率。

当黏性土的含水率处于塑限和液限之间时，土处于可塑状态，即具有可塑性。因为土的可塑性质是其含水率在塑限和液限之间而表现出来的，所以这两个界限的差值反映了可塑性的强弱。这个差值为塑性指数 I_P：

$$I_P = w_L - w_P \tag{1-11}$$

界限含水率的测定一般可采用液塑限联合测定仪[图 1-2(a)]。单独测量液限，可采用碟式仪液限法[图 1-2(b)]和圆锥仪法；单独测量塑限，可采用搓滚塑限法。

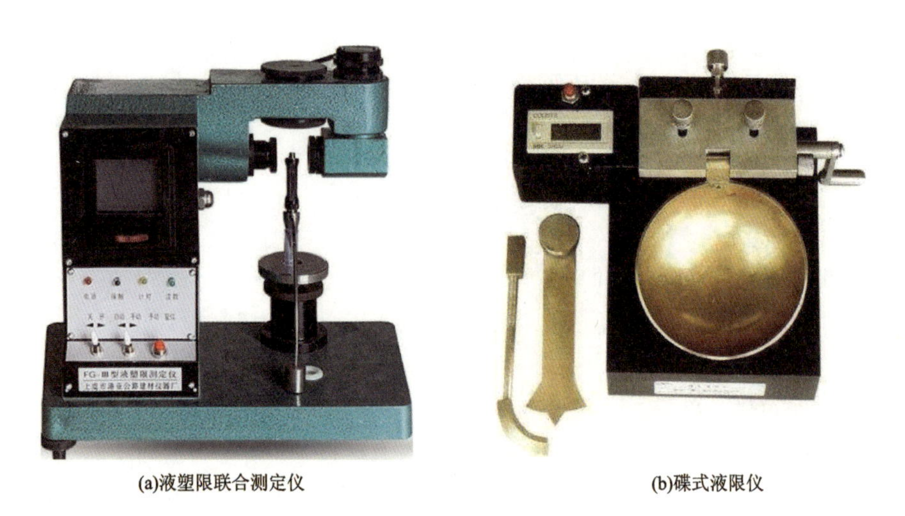

(a)液塑限联合测定仪　　(b)碟式液限仪

图 1-2　界限含水率测定仪器

一、液塑限联合测定试验原理

我国现阶段规范大都建议使用液塑限联合测定法测定液塑限。这种方法是用 30°圆锥角、76g 的圆锥，在自重作用下经过 5s 下沉后刺入不同含水率的土样中，圆锥入土深度 17mm 时的含水率为液限，入土深度 2mm 时的含水率为塑限。

二、试验步骤

（1）制样。采用天然含水率试样时，剔除大于 0.5mm 的颗粒，将代表性土样分为 3 份，按照含水率接近塑限、液限和二者之间分别制样、静置。当采用风干试样时，将粒度不大于 0.5mm的土样分为 3 份，在盛土皿中按照含水率接近塑限、液限和二者之间分别制样，放入密封的保湿缸中静置 1d。

（2）调匀试样。将试样密实地填入到试样杯中，土中不能有气泡，将高出试样杯的土用调土刀刮平，然后将试样杯放在仪器升降座上。

（3）在圆锥仪的锥尖涂抹少量凡士林，打开电源，让磁铁吸住圆锥仪。

（4）调节屏幕基线，让标尺的零刻度线和基线对齐重合。

（5）调整升降座，让圆锥仪刚好接触试样，接触指示灯亮了立刻停止转动旋钮。

（6）关闭磁铁开关，让圆锥刺入试样，5s 后在屏幕上读下沉深度。

（7）移动试样，改变接触位置，重复步骤（3）～（6），两次测定差值不大于 0.5mm，取两次测值的平均值为最终深度。

（8）取出圆锥，拿下试样杯，挖出锥尖入土的凡士林，取锥尖附近的土样，放入称量盒测定含水率。

（9）将试样加水或风干调匀，重复步骤（2）～（8），分别测定第 2 次、第 3 次试样圆锥的刺入深度和对应的含水率。

注意：3 个含水率试样的圆锥刺入深度范围分别宜在 3～4mm、7～9mm、15～17mm 之间。

三、数据处理

（1）根据相关数据，含水率按下式计算：

$$w=\frac{m_{n}-m_{d}}{m_{d}}\times 100\% \tag{1-12}$$

式中：m_n为湿土质量(g)；m_d为干土质量(g)。

（2）以横坐标为试样含水率，纵坐标为圆锥的入土深度，在双对数坐标上绘制曲线。3 点应在一条直线上，当不在一条直线的时候，分别连接高含水率的点与其余两点，查看深度为 2mm 时对应的含水率值。当差值小于 2%时，连接这两个含水率平均值的点和最高含水率为关系曲线，否则重做试验。

在绘制的曲线上，入土深度 2mm 对应的含水率即为该试样的塑限，入土深度 17mm(或 10mm)对应的含水率为 17mm(10mm)标准的液限。

（3）按下式分别计算塑性指数和液性指数：

$$I_{P}=w_{L}-w_{P} \tag{1-13}$$

$$I_{L}=\frac{w-w_{P}}{I_{P}} \tag{1-14}$$

(1)采用液塑限联合测定法为什么会有10mm液限和17mm液限?

(2)碟式仪液限法得出的液限更接近10mm液限还是17mm液限?

(3)为什么说塑性指数大体上表示土所能吸附的弱结合水质量与土粒质量之比?

第三节 颗粒分析试验

一、土体的颗粒组成

土体的颗粒组成在工程上来说,是指按土颗粒(粒径)的大小划分为组,即粒组。颗粒级配表示土体各粒组的相对含量,用各个粒组占干土总质量的百分数表示。通过分析土体的颗粒级配,可以对其工程特性进行判定。

二、筛分法试验

1. 试验原理

将从大到小不同孔径的筛由上到下叠在一起,把试样放入最大孔径的分析筛中,进行振筛。根据不同分析筛中残留的土粒含量差异对其进行分组,然后算得各个粒组的百分含量。筛分法适用于粒径大于或等于0.075mm,小于或等于60mm的土。

2. 试验设备

粗筛:孔径分别为60mm、40mm、20mm、10mm、5mm和2mm。

细筛:孔径分别为2mm、1mm、0.5mm、0.25mm和0.075mm。

天平、振筛机、烘箱、研钵等。

3. 试验步骤

1)土样为无黏性土

(1)按照下表(表1-3)称取土样质量,精确至0.1g,若土样质量超过500g,精确至1g。

表1-3 无黏性土不同颗粒尺寸取样质量

颗粒尺寸/mm	取样质量/g
<2	100~300
<10	300~1000
<20	1000~2000
<40	2000~4000
<60	>4000

(2)将土样过 2mm 的筛子,称出筛上和筛下的质量。若筛下的质量小于土样总质量的10%,不作细筛分析;若筛上的质量小于土样总质量的 10%,不作粗筛分析。

(3)将筛上的土样倒入依次叠放的粗筛中,筛下的土样倒入依次叠放的细筛中。将整组筛放在振筛机上,进行振动,时间 10～15min。按照从上到下的顺序依次将筛子取下,称量各筛上及底盘内试样的质量,精确至 0.1g。

2)土样为含细粒土颗粒的砂土

(1)取样后置于盛水容器中,用搅拌棒进行搅拌,使得粗细颗粒完全分离。

(2)将试样悬液过 2mm 的筛,取筛上的试样进行烘干,称量烘干试样的质量。

(3)取筛下的悬液,用研钵研磨,然后过 0.075mm 的筛,将筛上的试样烘干,称量其质量。

(4)将第(2)～(3)步烘干试样分别按照无黏性土步骤的第(3)步中粗筛和细筛进行筛分。

(5)对于小于 0.075mm 的土粒,烘干后称重,若含量大于总质量的 10%,则采用密度计法对其粒组组分进行测定;若含量小于 10%,则记录 1 个总的百分含量。

三、密度计法

密度计法是依据斯托克斯(Stokes)定律进行测定的,当土粒在液体中靠自重下沉时,较大的颗粒下沉较快,而较小的颗粒下沉较慢。一般认为,粒径为 0.002～0.2mm 的颗粒,在液体中靠自重下沉时作等速运动,这符合斯托克斯定律。密度计法主要适用于粒径小于0.075mm的试样。测量时,用密度计测出不同时间的悬液密度,根据密度读数和土粒的下沉时间,就可计算出粒径小于某一值的颗粒占土样的百分数。

1. 试验设备

密度计、量筒(1000mL)、洗筛(孔径 0.075mm)、洗筛漏斗、天平、搅拌器、温度计、煮沸设备、锥形瓶(500mL)、秒表、分散剂等。

2. 试验步骤

(1)将粒径小于 0.075mm 的土样烘干,称取约 30g 的试样,精确至 0.01g。

(2)把试样倒入 500mL 的锥形瓶中,加入纯水 200mL,浸泡过夜,之后放在煮沸设备上煮沸,时间大约为 40min。

(3)将冷却后的悬液移入烧杯中,静置 lmin,通过洗筛漏斗使上部悬液过 0.075mm 筛。残留的沉淀物用带橡皮头研杵研磨,加适量水搅拌,静置 1min,再将上部悬液过 0.075mm筛,重复清洗(每次清洗最后所得悬液不得超过 1000mL)直至无残留。

(4)将过筛悬液倒入量筒中,加入 4%的六偏磷酸钠 10mL,再注入纯水至 1000mL,对加入六偏磷酸钠后仍产生凝聚的试样应选用其他分散剂。

(5)将搅拌器放入量筒中,沿悬液深度上下搅拌 lmin,取出搅拌器,立即开动秒表,将密度计放入悬液中,测记 0.5min、1min、2min、5min、30min、60min、120min 和 1440min 时的密度计读数。每次读数均应在预定时间前 10～20s,将密度计放入悬液中,且接近读数的深度,保持密度计浮泡处在量筒中心,不得贴近量筒内壁。

注意：密度计读数均以弯液面上缘为准。甲种密度计读数应准确至 0.5g/cm³，乙种密度计读数应准确至 0.000 2g/cm³。每次读数后，应取出密度计放入盛有纯水的量筒中，并测定相应的悬液温度，准确至 0.5℃。

3. 数据处理

(1)试样颗粒粒径按下式计算：

$$d=\sqrt{\frac{1800\times 10^{4}\cdot\eta}{(G_{s}-G_{w,T})\rho_{w,T}g}\cdot\frac{L}{t}}=K\cdot\sqrt{\frac{L}{t}} \tag{1-15}$$

式中：d 为试样颗粒粒径(mm)；η 为水的动力黏滞系数($\times 10^{-3}$ Pa·s)；$G_{w,T}$ 为 T℃时水的相对密度；$\rho_{w,T}$ 为 4℃时纯水的密度(g/cm³)；L 为某一时间土粒沉降距离(cm)；t 为沉降时间(s)；g 为重力加速度(cm/s²)；K 为粒径计算系数，可查下表 1-4 获得，与土粒比重、悬液温度有关。

表 1-4 粒径计算系数 *K* 查值表

温度/℃	土粒比重								
	2.45	2.5	2.55	2.6	2.65	2.7	2.75	2.8	2.85
5	0.138 5	0.136 0	0.133 9	0.131 8	0.129 8	0.127 9	0.129 1	0.124 3	0.122 6
7	0.134 4	0.132 1	0.130 0	0.128 0	0.126 0	0.124 1	0.122 4	0.120 6	0.118 9
9	0.130 5	0.128 3	0.126 2	0.124 2	0.122 4	0.120 5	0.118 7	0.117 1	0.116 4
11	0.127 0	0.124 9	0.122 9	0.120 9	0.119 0	0.117 3	0.115 6	0.114 0	0.112 4
13	0.123 5	0.121 4	0.119 5	0.117 5	0.115 8	0.114 1	0.112 4	0.110 9	0.100 4
15	0.120 5	0.118 4	0.116 5	0.114 8	0.113 0	0.111 3	0.109 6	0.108 1	0.106 7
17	0.117 3	0.115 4	0.113 5	0.111 8	0.110 0	0.108 5	0.106 9	0.104 7	0.103 9
19	0.114 5	0.112 5	0.110 8	0.109 0	0.107 3	0.105 8	0.103 1	0.108 8	0.101 4
21	0.111 8	0.109 9	0.108 1	0.106 4	0.104 3	0.103 3	0.101 8	0.100 3	0.099 0
23	0.109 1	0.107 2	0.105 5	0.103 8	0.102 3	0.100 7	0.099 3	0.097 9	0.096 6
25	0.106 5	0.104 7	0.103 1	0.101 4	0.099 9	0.098 4	0.097 0	0.095 7	0.094 3
27	0.104 1	0.102 4	0.100 7	0.099 2	0.097 7	0.096 2	0.094 8	0.093 5	0.092 3
29	0.101 9	0.100 2	0.098 6	0.097 1	0.095 6	0.094 1	0.092 8	0.091 4	0.090 3
31	0.099 8	0.098 1	0.096 5	0.095 0	0.093 5	0.092 2	0.090 8	0.089 8	0.088 4
33	0.097 7	0.096 1	0.094 5	0.093 1	0.091 6	0.090 3	0.089 0	0.088 3	0.086 5
35	0.095 7	0.094 1	0.092 5	0.091 1	0.089 7	0.088 4	0.087 1	0.086 9	0.084 7

(2)小于某粒径的试样占总质量的百分比按下列公式计算。

①甲种密度计：

$$X=\frac{100}{m_{d}}C_{G}(R+m_{T}+n-C_{D}) \tag{1-16}$$

式中：X 为小于某粒径的试样质量百分比(%)；m_d 为试样干质量(g)；C_G 为土粒比重的校正值；m_T 为悬液温度的校正值(℃)；n 为弯月面的校正值；C_D 为分散剂的校正值；R 为密度计读数。

②乙种密度计：

$$X = \frac{100V_X}{m_d} C'_G [(R'-1)+m'_T+n'-C'_D] \cdot \rho_{w20} \tag{1-17}$$

式中：C'_G 为土粒比重的校正值；m'_T 为悬液温度的校正值(℃)；n' 为弯月面的校正值；C'_D 为分散剂的校正值；V_X 为悬液体积(1000mL)；ρ_{w20} 为 20℃时纯水的密度(≈0.998 232g/cm^3)。

四、激光粒度仪试验

激光粒度仪试验是一种测定粒径在 0.075mm 以下的细粒土百分含量的方法，该试验可以测试的颗粒粒径范围通常在 0.1～340μm 之间。

1. 试验原理

激光粒度分布仪是采用米氏散射原理进行粒度分布测量的。该原理的基本表述为：当一束平行单色光照射到颗粒上时，在傅氏透镜的焦平面上将形成颗粒的散射光谱，这种散射光谱不随颗粒运动而改变，通过米氏散射理论分析这些散射光谱就可以得到颗粒的粒度分布。所谓粒度分布，就是粒径分布，将土粒试样按粒径不同分为若干级，计算每一级土粒(按质量、数量或体积)所占的百分比。假设颗粒为球形且粒径相同，则散射光能按艾理圆分布，即在透镜的焦平面形成一系列同心圆光环，光环的直径与产生散射的颗粒粒径相关，粒径越小，散射角越大，圆环直径就越大；反之，粒径越大，散射角就越小，圆环的直径就越小。

2. 试验设备和试剂

(1)激光粒度分布仪：激光粒度分布仪分多种，本节以 BT-9300H 激光粒度分布仪为例。图 1-3 是 BT-9300H 激光粒度分布仪实物图，其中右侧部分为 BT-601 蠕动循环分散系统。

(2)分散剂：浓度为 6%的双氧水、1%的硅酸钠或 4%的六偏磷酸钠溶液。

(3)其他：电脑、打印机、天平、取样勺、搅拌器、取样器等。

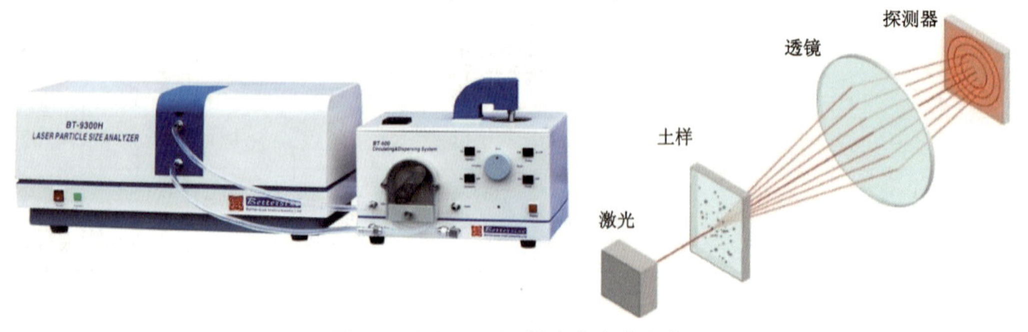

图 1-3　BT-9300H 激光粒度分布仪

3. 试验步骤

(1)仪器及使用准备。

(2)取样与悬浮液的配置。

(3)使用 BT-601 蠕动循环分散系统分散样品。

(4)打开激光粒度分析系统测试样品。

4. 数据整理

1)测试结果报告单的生成

BT-9300H 激光粒度分布仪的测试结果会以报告单的形式自动生成,如表 1-5 所示。

2)绘制土的颗粒大小级配曲线

与筛分试验的结果整理类似,以小于某一粒径试样质量的百分比为纵坐标,以颗粒粒径为横坐标(对数比例尺,且左小右大),在单对数坐标上绘制颗粒大小分布曲线。

表 1-5 BT-9300H 激光粒度分布仪分析系统结果报告单(示例)

<table>
<tr><td colspan="6">样品名称:###</td><td colspan="6">样品来源:###</td></tr>
<tr><td colspan="6">介质名称:###</td><td colspan="6">测试单位:###</td></tr>
<tr><td colspan="6">测试人员:###</td><td colspan="6">测试日期:### 测试时间:##</td></tr>
<tr><td colspan="12">备注:###</td></tr>
<tr><td colspan="3">中位径:#μm</td><td colspan="3">体积平均径:#μm</td><td colspan="3">面积平均径:#μm</td><td colspan="3">遮光率:#</td></tr>
<tr><td colspan="3">比表面积:# m²/kg</td><td colspan="3">物质折射率:#i</td><td colspan="3">介质折射率:#</td><td colspan="3">跨度:#</td></tr>
<tr><td colspan="2">D3:#μm</td><td colspan="3">D6:#μm</td><td colspan="2">D10:#μm</td><td colspan="2">D16:#μm</td><td colspan="3">D25:#μm</td></tr>
<tr><td colspan="2">D75:#μm</td><td colspan="3">D84:#μm</td><td colspan="2">D90:#μm</td><td colspan="2">D97:#μm</td><td colspan="3">D98:#μm</td></tr>
<tr><td>粒径
/μm</td><td>区间
/%</td><td>累计
/%</td><td>粒径
/μm</td><td>区间
/%</td><td>累计
/%</td><td>粒径
/μm</td><td>区间
/%</td><td>累计
/%</td><td>粒径
/μm</td><td>区间
/%</td><td>累计
/%</td></tr>
<tr><td>#～#</td><td>#</td><td>#</td><td>#～#</td><td>#</td><td>#</td><td>#～#</td><td>#</td><td>#</td><td>#～#</td><td>#</td><td>#</td></tr>
<tr><td>…</td><td>…</td><td>…</td><td>…</td><td>…</td><td>…</td><td>…</td><td>…</td><td>…</td><td>…</td><td>…</td><td>…</td></tr>
</table>

(1)激光粒度分布仪测试结果与沉降法、筛分法相比,有哪些优缺点?

(2)随着彩色数字图像技术的发展,有些人开展了基于数字图像处理技术的砂土颗粒级配研究,请问这种技术可以应用在哪些情况下,有什么局限性?

(3)土的颗粒级配影响土的哪些性质?

第四节　毛管水上升高度试验

一、毛细现象

毛细现象是指将毛管插入液体中，由于液体和固体间的浸润或不浸润效果，管中的液面出现上升或下降的现象。这种现象也存在于土的毛管孔隙中。土的毛管水上升高度是指水在孔隙中因毛管作用而上升的最大高度，它与潜水直接联系，随潜水面升降而升降。通常用毛管上升高度、毛管上升速度和毛管压力来表示。砂土的毛细性规律服从孔隙越细，毛细水上升高度越高的规律，黏性土的特点则较复杂。所以根据不同的土质，分别采用直接观测法和土样管法。直接观测法适用于粗砂、中砂；土样管法适用于细砂、粉土或毛细水上升高度较小的黏质土。

二、直接观测法

试验所需的仪器设备：毛管仪（由支架、玻璃杯及厚壁玻璃管组成，如图 1-4 所示）、天平、烘箱、漏斗称量盒、捣棒等。

试验按下列步骤依次进行：

(1)取代表性风干砂土约 1500g，使其分散后用漏斗分数次装入玻璃管中，并用捣棒捣实，使密度均匀，并达到所需的干密度。

(2)将玻璃管垂直插入玻璃杯中，管身用支架固定。

(3)在玻璃管中注入水，水面应高出管底 0.5～1.0cm。在试验过程中水面保持不变。

(4)注水入杯后，经过 5min、10min、20min、30min、60min，以后每隔数小时，根据玻璃管中砂土颜色的深浅，测记各时间毛管水上升到最高点的高度（从杯中水面为基点），直至上升液面稳定为止。

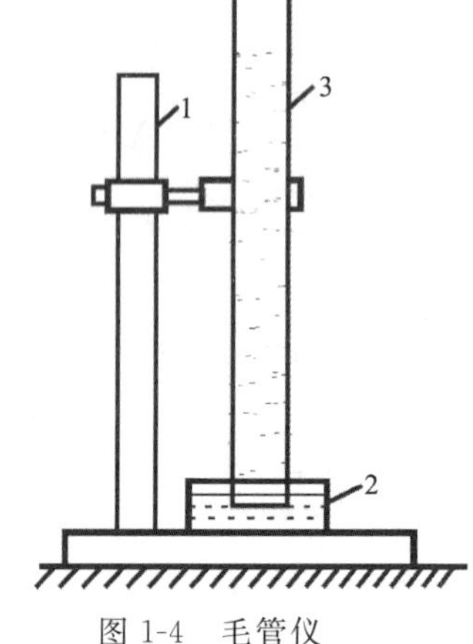

图 1-4　毛管仪

1. 支架；2. 玻璃杯；3. 厚壁玻璃管

三、土样管法

试验所需的仪器设备：土样管毛管仪（图 1-5），包括玻璃筒（直径 4～6cm，高约 12.0cm）、测压管（直径 0.5～1cm，长约 200cm）和直尺（分度值 0.5cm，零点与试样面齐平），天平，烘箱，干燥缸，修土刀，称量盒等。

试验按下列步骤依次进行：

(1)关好管夹 A、B、C。供水瓶注满水，取代表性风干土样 500～600g，经分散后倒入铺有筛布的玻璃筒中，并逐次用捣棒捣实，使其均匀达到所需的孔隙比。直至试样高度达 8.0cm，测定试样密度。

(2)对原状土样用切土筒削取试样高约为8.0cm,测定含水率和密度。并将试样推入玻璃筒中,使其距玻璃筒顶端约为2cm,四周间隙用蜡密封,使其不漏气。玻璃筒下口用铺有筛布的橡皮塞塞紧,并采取密封措施。土中含有较多黏土颗粒时,则在筛布上铺一层约1cm厚的粗砂缓冲层。此时,直尺零点与缓冲层顶齐平。

(3)开管夹A、B,使水缓缓地经测压管上升至试样下部。排除管内空气至排气管流出的水中无气泡时,关管夹A、B。

(4)缓慢地开或关管夹B,使水缓缓地由下而上流进土样并饱和试样,至试样表面见水时,关管夹B。

(5)缓慢地开管夹C,使右边测压管水面逐渐下降,至管内水面停止下降或开始升高时,记下此时测压管中水面读数,即为毛管水上升高度。

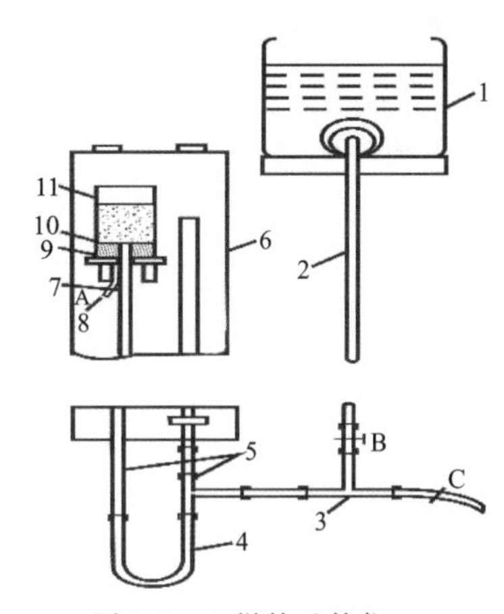

图1-5　土样管毛管仪

1.供水瓶;2.玻璃管;3.三通接头;4.橡皮管;5.测压管;6.直尺;7.管夹;8.排气管;9.橡皮塞;10.筛布;11.玻璃筒

(6)按步骤(1)～(5)的规定重复1次,取两次测定结果的算术平均值,以整数(cm)表示。

(1)为什么黏性土的毛细水上升高度不服从孔隙越细、毛细水上升高度越高的规律?

(2)除了土的结构、矿物成分、颗粒级配之外,影响砂土毛细水上升高度的因素还有哪些?

(3)如何计算毛细水上升高度?

第五节　渗透性试验

土的渗透性是指水在土体孔隙中渗透流动的性能。根据达西(Darcy)定律,渗透流速v和水力梯度i一般为正比关系,即$v=k\times i$,比例系数k称为渗透系数。土的渗透性试验目的是通过测定土的渗透系数,从而了解它的渗透能力。目前在实验室中测定渗透系数的仪器种类和试验方法很多,但从试验原理上大体可以分为常水头法和变水头法两种。常水头试验法是指在整个试验过程中保持土样两端水头不变的渗透试验,适用于测定透水性较大的砂性土的渗透系数。黏性土由于渗透系数很小,渗透水量很少,常用变水头试验。

一、常水头渗透试验

1.试验仪器

(1)常水头渗透仪。

(2)天平。

(3)温度计。

(4)其他:木锤、秒表。

常水头渗透试验装置如图 1-6 所示。

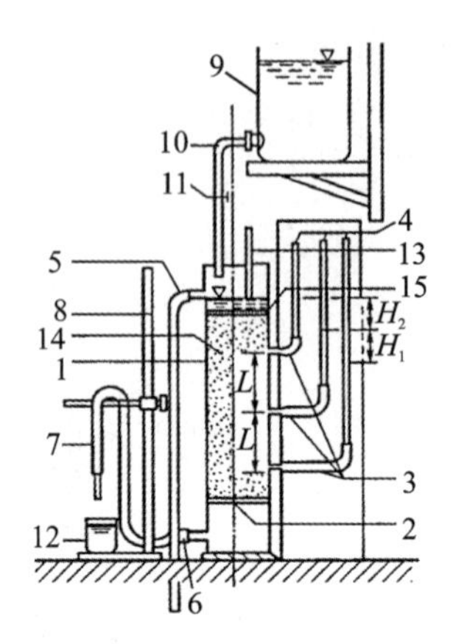

图 1-6　常水头渗透试验装置

1.封底金属圆筒;2.金属孔板;3.测压孔;4.玻璃测压管;5.溢水孔;
6.渗水孔;7.调节管;8 滑动支架;9.供水瓶;10.供水管;11.止水夹;
12.容量为 500mL 的量筒;13.温度计;14.试样;15.砾石层

2. 试验步骤

(1)安装好常水头渗透仪,检查管路是否漏水。

(2)制样并饱和试样。对于黏土样,采用真空抽气饱和法;对于砂土,可以利用水头差,在渗透仪上饱和。

(3)采用可以保持水头的测压管或可以保持水压的密封容器与渗透仪相连。

(4)开动秒表,用量筒称量渗透水量,并测量水温。

(5)根据需要,可装数个不同孔隙比的试样进行渗透系数的测定。

3. 数据处理

试样的渗透系数按下式进行计算:

$$k_T = \frac{2QL}{At\Delta H} \tag{1-18}$$

式中:k_T为水温 T 时试样的渗透系数(cm/s);Q 为时间 t 秒内的渗透水量(cm^3);L 为渗径,等于两测压孔中心间的试样高度(cm);A 为试样的截面积(cm^2);t 为时间(s);ΔH 为稳定的水头差(cm)。

二、变水头渗透试验

1. 试验仪器

(1)渗透容器:由环刀、透水石、套环、上盖、下盖组成。

(2)变水头装置:由渗透容器、变水头管、供水瓶、进水管等组成。

2. 试验步骤

(1)将放入环刀的试样进行真空抽气饱和。

(2)在渗透容器底部依次放入浸润的透水石和滤纸,将装有试样的环刀放入容器中,然后在上部放置滤纸和透水石,安装好止水圈,盖上顶盖,拧紧螺丝,保证容器不漏水、不漏气。

(3)将容器的进水口和变水头管连接,用供水瓶向进水管注入纯水,打开排气阀,排出容器底部空气,直到溢出的水无气泡,然后关闭排气阀。

(4)往变水头管中注入纯水至一定高度,水位稳定后切断水源。打开进水管夹和容器顶部的排水口,一定时间后排水口出现缓慢滴水则视为发生渗流。

(5)变换变水头管中水位高度,待水位稳定后观察一定时间 Δt 后的渗流水头变化 Δh,重复5~6次。

变水头渗透试验装置如图1-7所示。

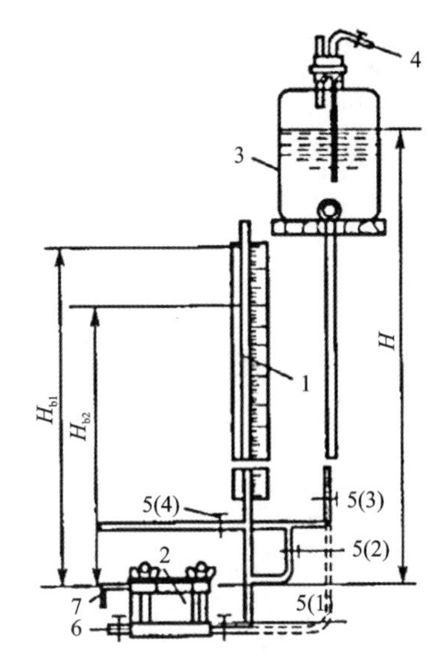

图1-7 变水头渗透试验装置

1.变水头管;2.渗透容器;3.供水瓶;4.接水源管;5.进水管夹;6.排气管;7.出水管

3. 数据处理

试样的渗透系数按下式进行计算:

$$k = 2.3\frac{aL}{A(t_2 - t_1)}\lg\frac{h_1}{h_2} \tag{1-19}$$

式中:a 为变水头管的断面积(cm^2);L 为渗流路径,指试样的高度(cm);t_1、t_2 分别为开始测读时变水头管的起始和终止时间(s);h_1、h_2 分别为开始测定时变水头管的起始和终止水头(cm)。

(1)天然沉积的层状黏性土层,由于扁平状黏土颗粒的定向排列,水平方向和垂直方向的渗透系数哪个大?

(2)除了土的粒径大小与级配、孔隙比外,影响土体渗透系数的因素还有哪些?

(3)如何开展有固结应力条件下的渗透试验?

第六节 击实试验

一、试验目的

室内击实试验是指用锤击的方法使土体密度增大、强度增大的一种方法。它是用来模拟土工建筑物现场压实条件，通过测定试样在一定击实功(与现场机械相匹配)的作用下，获得不同含水率的情况下土的干密度变化规律，进而确定土体的两个击实参数：最大干密度和最优含水率。

击实试验分为轻型击实试验和重型击实试验两种。其中，轻型击实试验适用于粒径小于5mm的黏性土，重型击实试验适用于粒径不大于20mm的土。

二、试验设备

(1)击实仪：由击实筒和护筒、击锤组成。击锤的尺寸应符合表1-6。

表1-6 击实仪部位规格

试验方法	锤底直径/mm	锤质量/kg	落高/mm	击实筒			护筒高度/mm
				内径/mm	筒高/mm	容积/cm^3	
轻型	51	2.5	305	102	116	947.4	50
重型	51	4.5	457	152	116	2 103.9	50

(2)天平：最小分度值为0.01g。

(3)台秤：称量10kg，最小分度值为1g。

(4)标准筛：孔径为20mm和5mm。

(5)刮刀、修土刀和盛土器等。

三、试验步骤

1. 制备试样

1)干法制备试样

采用四分法取代表性试样，其中轻型击实试验试样为20kg，重型击实试验试样为50kg。风干碾碎后过5mm的标准筛(重型击实试验过20mm的标准筛)，将筛下的土样搅匀后测定其风干含水率。根据土的最优含水率略低于塑限来预估土的最优含水率。然后按照等差约为2%的含水率来配备试样(一组不少于5份)，其中2份大于塑限，2份小于塑限，1份接近于塑限。每一份试样加水的质量按照下式计算：

$$\Delta m_w = \frac{m}{1+w_0}(w-w_0) \tag{1-20}$$

式中：Δm_w为制备试样所需的加水量(g)；m为每份试样质量(g)；w为制备试样的含水率(%)；w_0为风干试样含水率(%)。

2)湿法制备试样

取天然含水率的代表性试样，其中轻型击实试验试样为20kg，重型击实试验试样为

50kg。碾碎后过 5mm 的标准筛(重型击实试验过 20mm 的标准筛),将筛下的土样搅匀后测定其天然含水率。与干法制备试样相同预估最优含水率,配制 5 份含水率在最优含水率附近的试样,相邻试样的含水率差值宜为 2%。

2. 击实步骤

(1)将击实仪平稳地放置于刚性基础上,击实筒与底座相连,安装护筒。在击实筒内壁涂抹薄层凡士林。称量试样倒入击实筒,分层击实。轻型击实试验分 3 层击实,每层试样宜为 700~900g,每层 25 击;重型击实试验分 5 层,每层试样宜为 1000~1500g,每层 56 击,若分为 3 层,每层 94 击。每层试样高度宜相等,两层交界处的土面应该刨毛。击实后,超过击实筒的试样高度宜小于 6mm。

(2)取下护筒,用刮土刀沿击实筒顶部修平试样。拆除底板,若试样底部超出筒外也应修平。擦净筒外壁,称量筒和试样的总质量,精确至 1g,得到试样的湿密度。

(3)利用推土器从击实筒中推出试样,取 2 个代表性试样测定其含水率,2 个试样的含水率平行差值应不大于 1%。

(4)重复试验步骤(1)~(3),对含水率不同的试样依次击实,进而算出相应的湿密度和含水率。

3. 数据处理

(1)试样的含水率按下式计算:

$$w = \frac{m - m_d}{m_d} \times 100 \tag{1-21}$$

式中:w 为击实之后试样的含水率(%);m 为测含水率的湿土质量(g);m_d 为湿土烘干后的质量(g)。

(2)试样的干密度按下式计算:

$$\rho_d = \frac{\rho_0}{1 + 0.01w} \tag{1-22}$$

式中:ρ_d 为试样的干密度(g/cm^3);ρ_0 为击实之后试样的湿密度(g/cm^3);w 为击实之后试样的含水率(%)。

(3)试样的饱和含水率按下式计算:

$$w_{sat} = \left(\frac{\rho_w}{\rho_d} - \frac{1}{G_s}\right) \times 100 \tag{1-23}$$

式中:w_{sat} 为试样的饱和含水率(%);ρ_w 为水的密度(g/cm^3);G_s 为土粒比重。

(4)绘图。以含水率为横坐标,相应的干密度为纵坐标绘制关系曲线。寻找曲线的峰值,其横纵坐标即为试样的最优含水率和最大干密度。若曲线没有峰值,则应该进行补点。同时,把不同含水率下的饱和曲线也绘制在同一坐标轴上(图 1-8)。

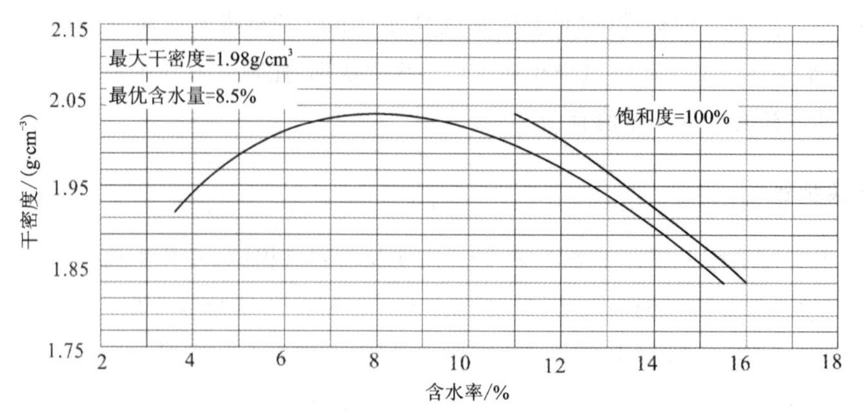

图 1-8 干密度与含水率关系曲线图

(1)轻型击实仪和重型击实仪的击实功分别为多少,与现场什么样的击实机械相匹配?

(2)砂和砂砾等粗粒土一般不存在最优含水率,在完全干燥或者充分洒水饱和的情况下容易压实到较大的干密度,为什么在含水率为4%~6%时,砂土压实干密度最小?

(3)现场地基土的含水率小于最优含水率,可以通过加水达到最优含水率,如果地基土现场含水率大于最优含水率,用什么方法能够使土样达到最优含水率?

第七节 崩解试验

一、试验原理

黏性土在水中崩散解体的性能,称为土的崩解性,又称湿化性。土浸入水中后,水进入孔隙,引起土粒间水化膜中反离子逸出,以致各处粒间斥力超过吸力,则使土沿着斥力超过吸力最大的面崩落下来,形成崩解全过程。黏性土崩解的形式多种多样,有的呈均匀散粒状,有的呈鳞片状,有的呈碎块状等。土的崩解性通常用崩解时间、崩解速度和崩解特征来表明。土的崩解性受土的粒度成分、矿物成分、水溶液的pH值、电解质浓度、环境温度的影响。通常试验样品为有结构性的黏性土体。

二、试验设备

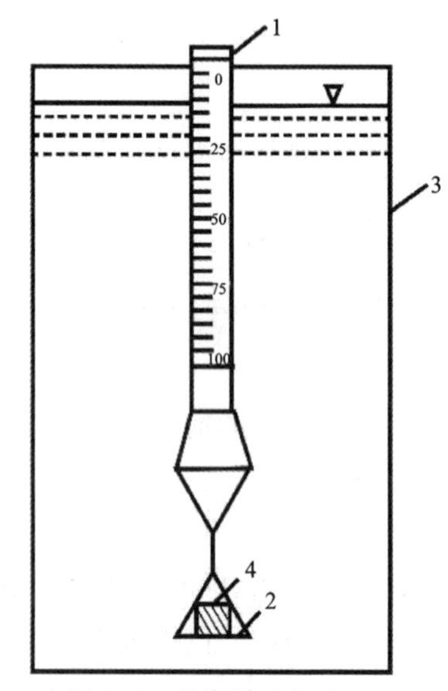

图 1-9 崩解仪示意图

1.浮筒;2.网板;3.玻璃水筒;4.试样

本试验所用仪器设备(图1-9)应符合下列规定。

(1)浮筒:长颈椎体,下有挂钩,颈上有刻度,分度值为5cm。

(2)网板:10cm×10cm,金属方格网,孔眼 $1cm^2$,可挂在浮筒下端。

(3)玻璃水筒:宽约 15cm,高约 70cm,长度视需要而定,内盛清水。

(4)天平:量程 500g,分度值 0.01g。

(5)其他:烘箱、干燥器、时钟、切土刀、调土皿、称量皿。

三、试验步骤

(1)取原状土或用扰动土制备成所需状态的土样,用切土刀切成边长为 5cm 的立方体试样。

(2)按照规范要求测定试样的含水率及密度。

(3)将试样放在网板中央,网板挂在浮筒下,然后手持浮筒颈端,迅速地将试样浸入水筒中,开动秒表,测记开始时浮筒齐水面处刻度的瞬间稳定读数及开始时间。

(4)在试验开始时可按 1min、3min、10min、30min、60min、2h、3h、4h……测记浮筒齐水面处的刻度读数,并描述各时刻试样的崩解情况,根据试样崩解的快慢,可适当缩短或延长测读的时间间隔。

(5)当试样完全通过网格落下后,试验即告结束。若试样长期不崩解,应记录试样在水中的情况。

(6)崩解量按下式计算:

$$A_t = \frac{R_t - R_0}{100 - R_0} \times 100\% \tag{1-24}$$

式中:A_t为试样在时间 t 时的崩解量(%);R_t为时间 t 时浮筒齐水面处的刻度读数;R_0为试验开始时浮筒齐水面处刻度的瞬间稳定读数。

(1)除了开展有结构性的黏性土崩解试验外,对于湿陷性黄土(非黏性土),也经常开展崩解性试验,请查阅文献讨论黄土崩解的影响因素及其机制。

(2)蒙脱土和高岭土哪一种的崩解性强?影响黏性土崩解的因素有哪些?

(3)除了采用浮筒外,能否用其他的方法测量崩解量,比如电子天平?浮筒测量有何优势?

第二章　土的力学性质试验

第一节　固结试验

一、试验目的

固结试验亦称侧限压缩试验，开展本试验的目的是为了得到土体压缩量、孔隙比与所受有效外力的关系，从而研究土体的压缩性状。土体是固体颗粒的集合体，具有碎散性，因而土的压缩性比钢、混凝土等材料大得多，且土体在外力作用下体积减小通常是由于孔隙中的水和气体排出而引起的，因此可以用孔隙比的变化表示土体的压缩程度。根据工程需要，可以进行标准固结试验、快速固结试验和应变控制连续加荷固结试验。本节主要介绍标准固结试验。

二、试验设备

(1)固结仪(图 2-1)。

(2)固结容器：由透水石、护环、加压上盖和量表架等组成。

(3)加压设备。

(4)变形测量设备：百分表(量程 10mm)或精度为全量程的 0.2%的位移传感器。

(5)其他设备：秒表、切土刀、钢丝锯、天平、含水率量测设备等。

图 2-1　固结仪整体结构示意图

三、试验步骤

(1)固结容器内放入护环、透水石和薄型滤纸，把有试样的环刀放在护环内，放入导环，依次放入滤纸、透水石和加压上盖。把固结容器放在加压框架中间，安装百分表。

(2)施加 1kPa 的预应力使试样和仪器上下部位接触，调零或测读初读数。

(3)确定需要施加的各级压力，压力等级一般为 12.5kPa、25kPa、50kPa、100kPa、200kPa、400kPa、800kPa、1600kPa、3200kPa，第一级压力的大小取决于土的软硬，一般为 12.5kPa、25kPa 和 50kPa。最后一级压力应大于土的自重和附加压力之和。只需测定压缩系数时，最大压力不小于 400kPa。

(4)对于饱和试样,施加第一级压力后应立即向水槽中注水浸没试样。非饱和试样进行压缩试验时,需要用湿棉纱围在施压板周围。

(5)施加每级压力后,固结 24h 或试样变形速率达每小时不大于 0.01mm,测记稳定读数后,再施加第 2 组压力。依次逐级加压至试验结束。

(6)试验结束后吸取容器中的水,拆除仪器各部件,取出试样,测定含水率。

四、数据处理

(1)试样的初始孔隙比,应按下式计算:

$$e_0 = \frac{(1 + w_0)G_s\rho_w}{\rho_0} - 1 \tag{2-1}$$

式中:e_0为初始孔隙比;w_0为初始含水率(%);G_s为土粒比重;ρ_w为水的密度(g/cm^3);ρ_0为土样的初始密度(g/cm^3)。

(2)各级压力下试样固结稳定后的孔隙比,按下式计算:

$$e_i = e_0 - \frac{1 + e_0}{h_0}\sum\Delta h_i \tag{2-2}$$

式中:e_i为某级压力下的孔隙比;h_0为试样初始高度(cm);$\sum\Delta h_i$为某级压力下试样的高度总变形量(cm)。

(3)某一压力范围内的压缩系数,按下式计算:

$$a_v = \frac{e_i - e_{i+1}}{p_{i+1} - p_i} \tag{2-3}$$

式中:a_v为压缩系数(kPa^{-1});P_i为某一级压力值(kPa)。

(4)某一压力范围内的压缩模量,按下式计算:

$$E_s = \frac{1 + e_0}{a_v} \tag{2-4}$$

式中:E_s为压缩模量(kPa)。

(1)固结试验得出的压缩量相当于单面排水的压缩量还是双面排水的压缩量?

(2)本试验介绍的是标准固结试验,对于渗透性较大的细粒土,可进行快速固结试验,什么情况下需要对快速固结试验结果进行校正?

(3)如果想要了解固结过程中超静孔隙水压力的变化,可采用应变控制连续加荷固结试验,但试样底部产生的孔隙水压力不宜超出施加垂直应力的 3%~20%,为什么?

第二节　直接剪切试验

一、试验目的

直接剪切试验是通过设定剪切面，确定土体剪切面上法向应力与剪应力之间的关系，根据库仑抗剪强度公式，计算得到土的抗剪强度指标：黏聚力和内摩擦角，并获得剪应力和剪切位移的关系。

二、试验设备

(1)应变控制式直剪仪(图 2-2)：由剪切盒、垂直加压设备、剪切传动装置、测力计、位移量测系统组成。

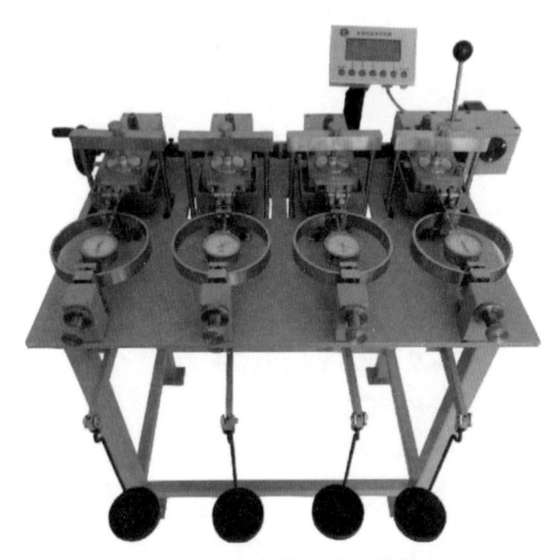

图 2-2　应变控制式直剪仪

(2)环刀：内径 61.8mm，高度 20mm。

(3)其他设备：秒表、天平、烘箱、修土刀、饱和器、滤纸等。

三、试验步骤

(1)对准剪切盒上、下盒，插入固定销，在下盒内放入透水板和滤纸，把有试样的环刀刃口朝上，在试样上放滤纸和透水石，将试样小心地推入剪切盒。

(2)移动传动装置，使上盒前端钢柱刚好与测力计接触，依次放入传压板，加压框架，安装垂直位移和水平位移量测装置，并调零或测记初始读数。

(3)根据工程实际和土的软硬程度施加各级垂直压力，若试样为饱和试样，则向盒内注满水；若试样为非饱和试样，则在加压板周围包湿棉纱。根据实际情况，分别采用慢剪、固结快剪和快剪剪切试验。

(4)慢剪试验。

①施加竖向压力后,每 1h 测读变形一次,直到试样固结变形稳定,标准为不大于 0.005mm/h。

②推动剪切盒,发现量力环有读数后,拔出固定销。

③以小于 0.02mm/min 的剪切速度进行剪切,试样每产生 0.2~0.4mm 的位移测记 1 次读数,当量力环百分表读数出现峰值时,继续剪切至剪切位移为 4mm;无峰值出现时,应剪切至剪切位移为 6mm 时停止。可按下式估算试样的剪切破坏时间:

$$t_f = 50t_{50} \tag{2-5}$$

式中:t_{50} 为固结度达到 50%所需的时间(min)。

④剪切结束后,吸去盒内积水,退去剪切力和垂直压力,取出试样测定其含水率。

(5)固结快剪试验。

①②步骤与慢剪试验一样。

③以 0.8~1.2mm/min 的剪切速度进行剪切,试样每产生 0.2~0.4mm 的位移测记 1 次读数,当量力环百分表读数出现峰值时,继续剪切至剪切位移为 4mm;无峰值出现时,应剪切至剪切位移为 6mm 时停止。一般剪切过程持续 3~5min。

④剪切结束后,吸去盒内积水,退去剪切力和垂直压力,取出试样测定其含水率。

(6)快剪试验。

①施加垂直压力,试推下剪切盒,量力环有读数后,拔掉固定销,开始剪切。

②同固结快剪试验步骤的③和④。

四、数据处理

(1)按下式计算土体所受剪应力的大小:

$$\tau = \frac{T}{A} = \frac{RC}{A \times 10} \tag{2-6}$$

式中:τ 为试样所受剪应力(kPa);T 为试样所受剪力(N);A 为试样的受剪面积(cm^2);R 为量力环百分表读数(0.01mm);C 为量力环的刚度系数(N/0.01mm)。

(2)以剪应力 τ 为纵坐标,剪切位移 s 为横坐标,绘制关系曲线,曲线峰值对应的剪应力为抗剪强度;无峰值时取剪切位移为 4mm 时所对应的剪应力为抗剪强度。

(3)以抗剪强度 τ_f 为纵坐标,竖向压应力 P 为横坐标,绘制关系直线,该直线的倾角为内摩擦角,直线在纵坐标上的截距为黏聚力。

(1)慢剪试验、固结快剪试验和快剪试验分别适用于什么工况?

(2)对于粒径大于 2mm 的颗粒含量超过颗粒全重 50%的碎石土,如何开展直接剪切试验?

第三节 排水反复直接剪切试验

一、试验目的

超固结黏土试样在某一有效压力作用下进行剪切试验时，当剪应力达到峰值以后，若继续剪切，则剪应力随剪切位移增加而显著降低，最后达到一个稳定值，该稳定值称为土的残余抗剪强度或残余强度。残余强度的室内测定方法之一为排水反复直剪试验，反复直剪试验是让试样在不同的垂直压力下进行反复剪切，分别求得不同剪应力下的最后稳定值，以确定残余强度。试验在排水条件下进行，试样宜为超固结黏土、古滑坡的滑带土及软弱岩石夹层的黏土。

二、仪器设备

使用应变控制式反复直剪仪(图 2-3)，包括变速设备、可逆电动机和反推夹具。

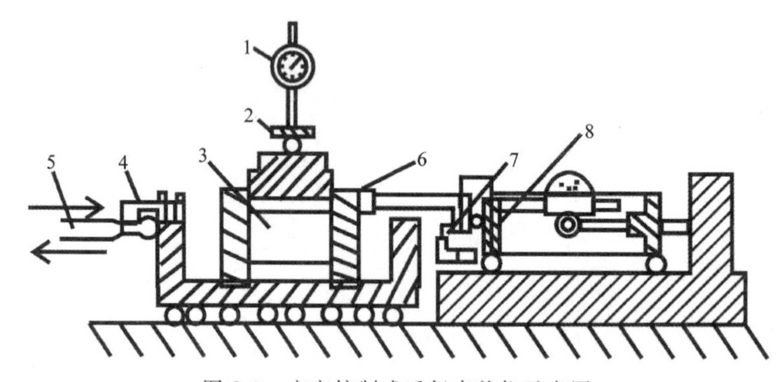

图 2-3 应变控制式反复直剪仪示意图

1.垂直变形位移计；2.加压框架；3.试样；4.连接件；5.推动轴；6.剪切盒；7.限制连接件；8.测力计

三、试样制备

(1)对有软弱面的原状土样，先要分清软弱面的天然滑动方向，整平土样两端，使土样顶面平行于软弱面。在环刀内涂一薄层凡士林。切土时，使软弱面位于环刀高度一半处，在试样上标出软弱面的天然滑动方向。

(2)对无软弱面的完整原状黏土或原状的超固结土，可用环刀正常切取后，放入剪切盒内。先在小于 50kPa 的垂直压力下，以较快的剪切速度进行预剪，形成破裂面。当试样坚硬时，也可用刀、锯等工具先切割成一个剪切面，再施加垂直荷载，待固结稳定后进行剪切。

(3)对泥化带较厚的软弱夹层、滑带，取靠近滑裂面 1～2mm 的土；对泥化带较薄的滑动面，取泥化的土；对无泥化带的裂隙面，取靠近裂隙面两边的土。将所刮取的土样用纯水浸泡 24h 后调制均匀，制备成液限状态的土膏，将其填入环刀内。装填时，先沿环刀四周填入，然后填中部。应排除试样内的气体。

(4)原状试样应取破裂面上的土测含水率;对于扰动土样,可取切下的余土测含水率。

(5)试样应达到饱和,饱和方法一般用抽气饱和法。

(6)每组试验应制备 3～4 个试样,同组试样的密度最大允许差值应为±0.03g/cm^3。

四、试验步骤

(1)先对仪器进行检查,然后将上、下剪切盒对准,插入固定销,顺次放入饱和的透水板、滤纸,将试样推入剪切盒内,再放上滤纸、透水板及加压盖板、钢珠、加压框架等,并安装垂直位移传感器或百分表。在加压板周围包湿棉花,防止水分蒸发,然后记录载荷传感器或测记测力计和垂直位移的初始读数。

(2)应根据工程实际和土的软硬程度施加各级垂直压力,垂直压力的各级差值要大致相等,也可取垂直压力分别为 100kPa、200kPa、300kPa、400kPa。各个垂直压力可一次轻轻施加,若土质松软,也可分级施加以防试样挤出。对于液限状态的土样,应分级施加至规定压力。当垂直变形量不大于 0.005mm/h 时,认为已经达到固结稳定。

(3)除含水率相当于液限试样的剪切外,一般原状土、硬黏土的试验在剪切时,剪切盒应开缝,缝宽保持在 0.3～1.0mm 之间。

(4)转动手轮,使剪切盒前端的钢珠与测力计刚好接触,再调整负荷传感器或测力计读数至零位。

(5)拔出固定销,调节变速箱。对一般粉质土、粉质黏土及低塑性黏土,剪切速度不宜大于 0.6mm/min。开动电机,测读垂直位移和水平位移读数。在第 1 次剪切过程中,达到峰值剪应力之前,一般水平位移每隔 0.2～0.4mm 测记 1 次,过峰值后,每隔 0.5mm 测记 1 次。剪切时每次正向剪切位移为 8～10mm,试验不能中断,直至最大剪切位移,停止剪切。

(6)倒转手轮,用反推设备以不大于 0.6mm/min 的剪切速度将下剪切盒反向推至与上剪切盒重合位置,插入固定销。按上述步骤进行第 2 次剪切。一次剪切完后,允许相隔一定时间后再按上述步骤进行下一次剪切。如此,继续反复进行直剪至剪应力达到稳定值。粉质黏土、砂质黏土需 5～6 次正向剪切,总剪切位移量为 40～48mm;黏土需要 3～4 次正向剪切,总剪切位移量为 24～32mm。

(7)剪切结束后,测记垂直位移读数,吸去剪切盒中积水,尽快卸除位移传感器或位移计、垂直压力、加压框架、加压盖板及剪切盒等,并描述剪切面的破坏情况。取剪切面附近的土样测定剪切后含水率。

五、数据处理

绘制剪应力与剪切位移关系曲线。取每个试验曲线上第 1 次剪切时的峰值作为破坏强度,取曲线上最后稳定值作为残余强度,并绘制抗剪强度与垂直压力关系曲线,抗剪强度包括峰值强度和残余强度。

(1)对于古滑坡的滑带土,可以采样进行排水反复直剪试验,请问如何设计垂直压力和剪切速率?

(2)排水反复直剪试验简单易行,但是每次反复后,会有一个小峰值出现,请问这个小峰值对于阶梯形位移特征的滑坡有什么指导意义?

第四节 环剪试验

一、试验目的

与排水反复直剪试验相比,环剪试验可以控制剪切面积的固定、保持剪切面上的应力均匀、允许试样沿一个方向连续剪切,且能在剪切过程中动态控制垂直应力、剪切速率和剪切力等条件,能够模拟滑带的大剪切位移条件,主要用于测试土体的残余强度。

二、仪器设备

环剪仪主要包括扭矩传感器、速度控制器、步进电机、环形剪切盒、加载框架等(图 2-4)。

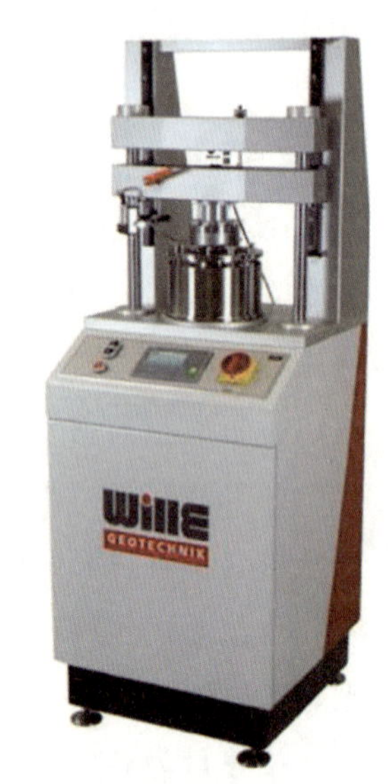

图 2-4 德国 Wille 全自动环剪仪

三、试样制备

(1)对有软弱面的原状土样,先要分清软弱面的天然滑动方向,整平土样两端,使土样顶面平行于软弱面。在环剪仪环刀内涂一薄层凡士林。剪切时,使软弱面位于环剪仪环刀高度一半处,在试样上标出软弱面的天然滑动方向。

(2)对无软弱面的完整原状黏土、原状的超固结土,可用环剪仪环刀正常切取。

(3)对于重塑样土,将土样调制成一定含水率土膏,均匀填入环剪仪剪切环内。

四、试验步骤

(1)先对仪器进行检查,剪切角度归零,放置滤纸后将制好的环形试样放入下剪切环内,上剪切环对齐下剪切环安装,调整加压框架,安装垂直位移传感器或百分表,在剪切环周围包湿棉花,防止水分蒸发,记录各传感器初始读数。

(2)应根据工程实际和土的软硬程度施加各级垂直压力,垂直压力的各级差值要大致相等,也可取垂直压力分别为 100kPa、200kPa、300kPa、400kPa,各个垂直压力可一次轻轻施加,若土质松软,也可分级施加以防试样挤出。对于液限状态的土样,应分级施加至规定压力。当垂直变形量不大于0.005mm/h时,认为已经达到固结稳定。

(3)调节剪切的角速度,对于预剪试验可先以较快剪切速率生成剪切面后再以正常剪切速率进行环剪试验。

(4)剪切至剪应力-位移曲线基本水平为止,剪切结束,测记垂直位移读数,吸去剪切盒中积水,尽快卸除位移传感器或位移计、垂直压力、加压框架、加压盖板及剪切环等,并描述剪切面的破坏情况。取剪切面附近的土样测定剪切后含水率。

五、数据处理

(1)绘制不同垂直压力下剪切角度与扭矩的关系曲线。

(2)绘制不同垂直压力下剪应力与剪切位移关系曲线。

(3)绘制不同垂直压力下剪应力与剪切时间关系曲线。

(1)有研究者认为,环剪试验是沿着一个方向一直剪切,土体在经过长距离剪切后,可能会出现泥化现象,所以环剪得出的抗剪强度偏低,请问这种说法是否正确?

(2)在环剪试验中,剪切速率对土的剪切强度影响较大,请问如何将环剪角速度换算成常规直接剪切的速度?扭矩换算过来的抗剪强度与常规直接剪切的抗剪强度相比,哪个更接近实际值?

第五节　三轴压缩试验

一、试验目的

测定土在一定固结压力下,不同排水条件和不同剪切速率下的抗剪强度,提供计算地基强度和稳定性时使用土的强度指标内摩擦角和黏聚力。

二、试验方法

根据土样固结排水条件和剪切时的排水条件,一般可分为不固结不排水剪试验(UU)、固结不排水剪试验(CU)和固结排水剪试验(CD)以及K_0固结三轴压缩试验等。

(1)不固结不排水剪试验(UU)。试样在施加围压和随后施加偏应力直至剪切破坏的整个试验过程中都不允许排水。这样,从开始加压直至试样破坏,土中的含水量始终保持不变,孔隙水压力也不可能消散,可以测得总压力抗剪强度指标c_u、φ_u。

(2)固结不排水剪试验(CU)。试样在施加围压时,允许试样充分排水,待固结稳定后,再在不排水的条件下施加轴向压力,直至试样剪切破坏,同时在受剪过程中测定土体的孔隙水压力,可以测得总抗剪强度指标c_u、φ_u和有效抗剪强度指标c'_u、φ'_u。

(3)固结排水剪试验(CD)。试样先在围压下排水固结,然后允许试样在充分排水的条件下增加轴向压力直至破坏,同时在试验过程中测读排水量以及计算试样体积变化,可以测得有效应力抗剪强度指标 c_d、φ_d。

(4)K_0 固结三轴压缩试验。常规三轴试验是在等向固结压力($\sigma_1=\sigma_2=\sigma_3$)条件下排水固结,而 K_0 固结三轴压缩试验是按 $\sigma_3=\sigma_2=K_0\sigma_1$ 施加围压,使试样在不等向压力下固结排水,然后再进行不排水剪试验或排水剪试验。

三、试验设备

(1)三轴压缩仪:根据施加荷载方式不同,分为应力控制式、应变控制式(图 2-5),目前室内试验都是采用应变控制式三轴压缩仪。应变控制式三轴压缩仪由三轴压力室、轴向加荷系统、轴向压力量测系统、围压稳压系统、孔隙水压力量测系统、轴向变形量测系统和反压力体变系统 7 部分组成。

(2)附属设备:击实器、饱和器、切土盘、切土器和切土架、原状土采样器、承模筒及砂样制备模筒。

(3)天平:称量 200g,分度值 0.01g;称量 1000g,分度值 0.1g;称量 5000g,分度值 1g。

(4)橡皮膜:应具有弹性,厚度应小于直径的 1%,不得有漏气孔。

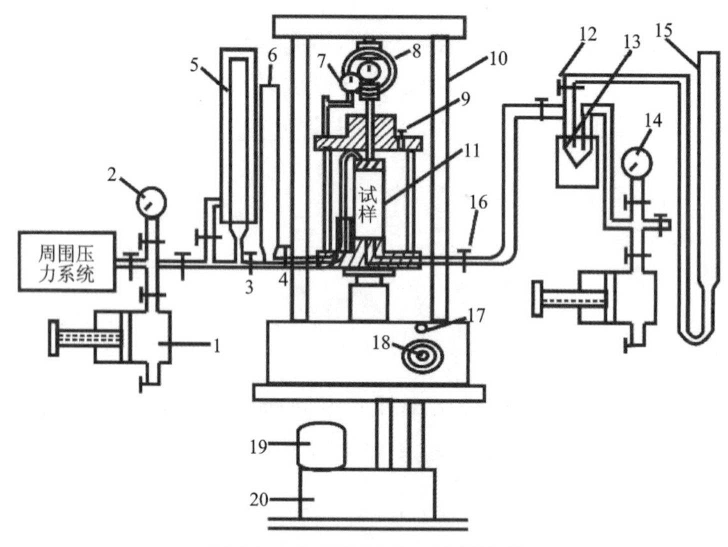

图 2-5 应变控制式三轴压缩仪

1. 调压筒;2. 围压表;3. 围压阀;4. 排水阀;5. 体变管;6. 排水管;7. 变形量表;8. 量力环;9. 排气孔;10. 轴向加压设备;11. 压力室;12. 量管阀;13. 零位指示器;14. 孔隙压力表;15. 量管;16. 孔隙压力阀;17. 离合器;18. 手轮;19. 电动机;20. 变速箱

四、试样制备与饱和

1)试样制备

试样应制备或切成圆柱形,尺寸有 3 种,直径分别为 39.1mm、61.8mm、101.0mm,相应的高度分别为 80mm、150mm 和 200mm，试样高度一般为 2～2.5 倍试样直径，试样颗粒允许的最大粒径与试样直径之间的关系见表 2-1。

表 2-1　试样颗粒允许最大粒径与试样直径关系

试样直径 D/mm	允许最大粒径 d/mm
39.1	$d< 1/10D$
61.8	$d< 1/10D$
101.0	$d< 1/5D$

对于较软的土样，先用钢丝锯或切土刀切取一稍大于规定尺寸的土柱，放在切土盘的上、下圆盘之间，然后用钢丝锯紧靠侧板，由上往下细心切削，边切削边转动圆盘，直至土样被削成规定的直径。

对于较硬的土样，先用切土刀切取一稍大于规定尺寸的土柱，放在切土架上，用切土器切削土样，边切削边压切土器，直至切削超出试样高度 2cm。去除试样，并且将对开模套上，然后将两端削平、称量，并取余土测量试样的含水率。

对于扰动土，按预定的密度和含水率将扰动土拌匀，然后分层装入击实筒击实，粉质土分 3～5 层，黏质土分 5～8 层，并在各层面上用切土刀刨毛，利于两层面之间的结合。

对于砂土，先在压力室底座上依次放上透水石、滤纸、乳胶薄膜和对开圆模筒，然后根据一定密度要求，分 3 层装入圆筒击实。如果制备饱和砂样，可在圆模筒内通入纯水至 1/3 处高，将预先煮沸的砂料填入，重复此步骤，使砂样达到预定高度，放入滤纸、透水石、顶帽、扎紧乳胶膜。为了使试样直立，可对试样内部施加 5kPa 的负压力或将量水管水头降低 50cm 即可，然后拆除对开模具。

2)试样饱和

试样饱和可分别采用真空抽气饱和法、水头饱和法或反压力饱和法。其中反压力饱和法是先对试样施加 20kPa 的围压预压，待孔隙压力稳定后，同时分级施加反压力和围压，并始终保持围压比反压力大 20kPa。反压力和围压的每级增量对软黏土取 30kPa，对坚实的土或初始饱和度较低的土，取 50～70kPa。计算每级围压下的孔隙压力增量，并与围压增量比较，当孔隙水压力增量与围压增量之比 $\Delta u/\Delta\sigma_3>0.98$ 时，认为试样饱和；否则再增加反压力和围压，使土体内气泡继续缩小，直至满足 $\Delta u/\Delta\sigma_3>0.98$ 时为止。

五、不固结不排水剪试验

不固结不排水剪试验(UU)可分为不测孔隙水压力和测孔隙水压力两种。前者试样两端放置不透水板，后者试样两端放置透水石并与测定孔隙水压力装置连通。

1. 试验步骤

(1)试样安装。先把乳胶膜装在承模筒内，用吸气球从气嘴中吸气，使乳胶薄膜贴紧筒壁，套在制备好的试样外面，将压力室底座的透水石与管路系统以及孔隙水测定装置充水并放一张滤纸在试样上，然后再将套上乳胶膜的试样放在压力室的底座上，翻下乳胶膜的下端与底座一起用橡皮筋扎紧，翻开乳胶膜的上端与土样帽用橡皮筋扎紧；最后装上压力室，并拧紧密封螺帽，同时使传压活塞与土样帽接触。

(2)施加围压 σ_3，围压的大小根据土样埋深或应力历史来决定，若土样为正常压密状态，则 3～4 个土样的围压，应在自重应力附近选择，不宜过大，以免扰动土的结构。

(3)关闭所有的管路阀门，在不排水条件下加荷，同时测定试样的孔隙水压力。

(4)调整量测轴向变形的位移计和轴向压力测力计的初始“零点”读数。

(5)施加轴向压力。启动电机，将剪切应变速率调至每分钟 0.5%～1.0%，当试样每产生 0.3%～0.4%轴向应变时，测记 1 次测力计、孔隙水压力和轴向变形读数，直至轴向应变达到 20%时为止。

(6)试验结束，卸除围压并拆除试样，描述试样破坏时的形状。

2. 成果整理

按式(2-7)和式(2-8)计算孔隙水压力系数：

$$B=\frac{u_0}{\sigma_3} \tag{2-7}$$

$$A=\frac{u_1-u_0}{B(\sigma_1-\sigma_3)} \tag{2-8}$$

式中：B 为在围压 σ_3 作用下的孔隙水压力系数；A 为土体破坏时的孔隙水压力系数；u_0 为围压 σ_3 作用下土体孔隙水压力(kPa)；u_1 为土体破坏时孔隙水压力(kPa)；σ_1 为土体破坏时大主应力(kPa)；σ_3 为围压(kPa)。

按式(2-9)、式(2-10)计算轴向应变和剪切过程中的平均断面积：

$$\varepsilon_1=\frac{\sum\Delta h}{h_0}\times 100\% \tag{2-9}$$

$$A_a=\frac{A_0}{1-\varepsilon_1} \tag{2-10}$$

式中：ε_1 为轴向应变(%)；$\sum\Delta h$ 为轴向变形(mm)；h_0 为土样初始高度(cm)；A_a 为剪切过程中平均断面积(cm^2)；A_0 为土样初始断面积(cm^2)。

按式(2-11)计算主应力差为：

$$\sigma_1-\sigma_3=\frac{C\cdot R}{A_a\times 10}=\frac{C\cdot R(1-\varepsilon_1)}{A_0\times 10} \tag{2-11}$$

式中：$\sigma_1-\sigma_3$ 为主应力差(kPa)；σ_1 为大主应力(kPa)；σ_3 为小主应力(kPa)；C 为测力计率定系数(N/0.01mm)；R 为测力计读数(0.01mm)；10 为单位换算系数。

3)绘制主应力差与轴向应变关系曲线

以主应力差($\sigma_1-\sigma_3$)为纵坐标，以轴向应变 ε_1 为横坐标，绘制主应力差与轴向应变关系曲线图(图 2-6)。若有峰值时，取曲线上主应力差的峰值作为破坏点；若无峰值时，则取 15%轴向应变时的主应力差值作为破坏点。

以剪应力 τ 为纵坐标，以法向应力 σ 为横坐标，在横坐标轴以对应于破坏时($\sigma_{1f}+\sigma_{3f}$)/2 的值为圆心，以($\sigma_{1f}-\sigma_{3f}$)/2 的值为半径，在 τ-σ 坐标系上绘制破坏总应力圆，并绘制不同围压下诸多破坏总应力圆包线(图 2-7),包线的倾角为内摩擦角 φ_u,包线在纵轴上的截距为黏聚力 c_u。

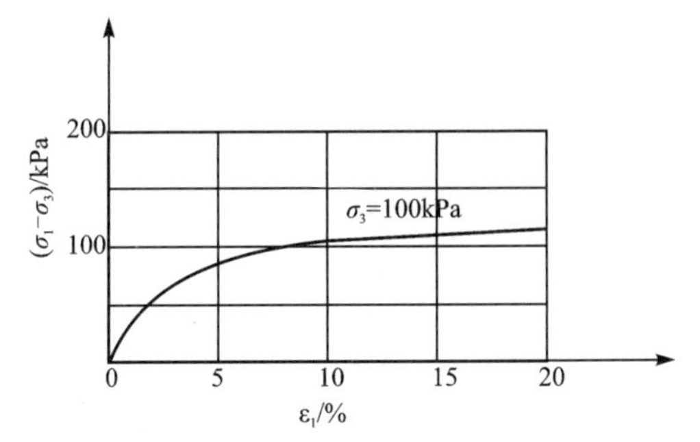

图 2-6 主应力差($\sigma_1-\sigma_3$)与轴向应变 ε_1 关系曲线

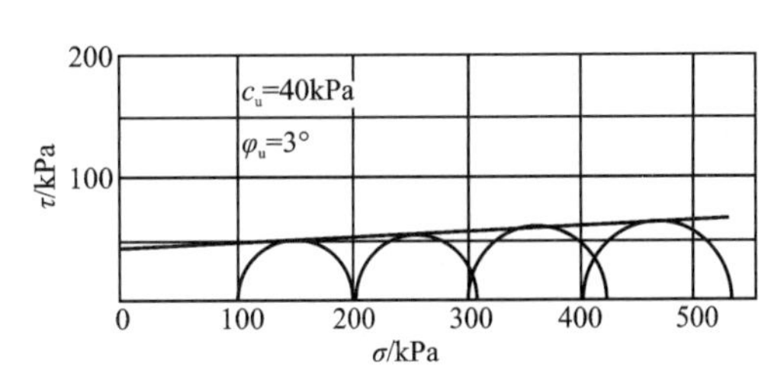

图 2-7 不固结不排水剪强度包线

六、固结不排水剪试验

1. 试验步骤

1)试件安装

(1)打开试样底部的阀门,使量管里面的水缓缓地流向底座,并依次放上透水石和滤纸,待气泡排出后,关闭底座阀门,再放上试样,并在试样周围贴上 7～9 条滤纸条。

(2)把已经检查过的乳胶薄膜套在承模筒上,两端翻起,用吸水球(洗耳球)从气嘴中不断吸气,使乳胶膜紧贴于筒壁,小心地将它套在试样外面;然后让气嘴放气,使橡皮膜紧贴试样周围,翻起橡皮膜两端,用橡皮筋将橡皮膜下端紧扎在底座上。

(3)打开试样底座阀门,让量水管的水从底座流入试样与橡皮膜之间,用毛刷在试样周围自下而上轻刷,以排除试样周围的气泡,并不时用手在橡皮膜的上口轻轻地拉一下,以利于气泡的排出,待气泡排尽后,关闭阀门,如果气泡不明显,就不必进行此步骤。

(4)打开与试样帽连通的阀门,让量水管中的水流入试样帽,并连通透水石,滤纸放在试样的上端,排尽试样上端及量管系统的气泡后关闭阀门,将橡皮膜上端翻贴在试样帽上并用橡皮筋圈紧。

(5)装上压力室罩,此时活塞应放在最高位置,以免和试样碰撞,拧紧压力室罩密封螺帽,并使传压活塞与土样帽接触。

2)试样固结

向压力室内施加试样的围压(水压力或者气压力),围压的大小应根据试样的覆盖压力而定,一般等于或大于覆盖压力,但由于仪器测量范围有限,最大围压不宜超过 0.6MPa(低压三轴仪)或 2.0MPa(高压三轴仪)。

同时测定土体内与围压相应的起始孔隙水压力,施加围压后,在不排水条件下静置 15～30min,记下起始孔隙水压力读数。

打开上下排水阀门,使试样在围压下固结稳定。固结度至少应达到 95%,固结过程中可随时绘制排水量与时间平方根或时间对数曲线及孔隙压力消散度与时间对数曲线。

3)试样剪切

转动手轮,使活塞与土样帽接触,调整量测轴向变形的位移计初始读数和轴向压力测力计的初始读数。黏土剪切应变速率宜为每分钟 0.05%～0.1%，粉土剪切应变速率为每分钟 0.1%～0.5%。

对试样施加轴向压力，并测记试样每产生轴向应变 0.3%～0.4%时，测读测力计读数和孔隙水压力值，直到试样轴向应变量达到 20%为止。

对于脆性破坏的试样，将会出现峰值，则以峰值作为破坏点；如果试样为塑性破坏，则按轴向应变量 15%为破坏点。

试验结束后，关闭电动机，卸除围压并取出试样，描绘试样破坏时的形状并称试样质量。

2. 成果整理

按式(2-12)和式(2-13)计算孔隙水压力系数：

$$B=\frac{u_0}{\sigma_3} \tag{2-12}$$

$$A=\frac{u_f}{B(\sigma_1-\sigma_3)} \tag{2-13}$$

式中：B 为孔隙水压力系数；u_0 为围压下产生的孔隙水压力(kPa)；σ_3 为围压(kPa)；A 为孔隙水压力系数；u_f 为剪损时的孔隙水压力(kPa)；σ_1 为剪损时的大主应力(kPa)。

按式(2-14)、式(2-15)计算试样固结后的高度和面积：

$$h_c=h_0(1-\varepsilon_0)=h_0\left(1-\frac{\Delta V}{V_0}\right)^{\frac{1}{3}}\approx h_0=\left(1-\frac{\Delta V}{3V_0}\right) \tag{2-14}$$

$$A_c=\frac{\pi}{4}d_0^2(1-\varepsilon_0)^2=\frac{\pi}{4}d_0^2\left(1-\frac{\Delta V}{V_0}\right)^{\frac{2}{3}}\approx A_0\left(1-\frac{2\Delta V}{3V_0}\right) \tag{2-15}$$

式中：V_0、h_0、d_0 为试样固结前的体积(cm^3)、高度(cm)和直径(cm)；ΔV 为试样固结后的体积改变量(cm^3)；A_c、h_c 为试样固结后的平均断面积(cm^2)和高度(cm)。

按式(2-16)、式(2-17)计算试样固结后的高度和面积：

$$\varepsilon_1=\frac{\sum\Delta h}{h_c} \tag{2-16}$$

$$A_a=\frac{A_c}{1-\varepsilon_1} \tag{2-17}$$

式中：ε_1 为试样剪切过程中的轴向应变(%)；$\sum\Delta h$ 为试样剪切时的轴向变形(mm)；A_a 为试样剪切过程中轴向应变的平均断面积(cm^2)。

按式(2-18)计算主应力差：

$$\sigma_1-\sigma_3=\frac{C\cdot R}{A_a\times10}=\frac{C\cdot R(1-\varepsilon_1)}{A_c\times10} \tag{2-18}$$

式中：C 为测力计率定系数(N/0.01mm)；R 为测力计读数(0.01mm)。

按式(2-19)和式(2-20)计算试样有效主应力。

有效大主应力：

$$\sigma'_1=\sigma_1-u \tag{2-19}$$

式中：σ'_1 为有效大主应力(kPa)；u 为孔隙水应力(kPa)。

有效小主应力：

$$\sigma'_3 = \sigma_3 - u \tag{2-20}$$

式中：σ'_3为有效小主应力(kPa)。

有效主应力比：

$$\frac{\sigma'_1}{\sigma'_3} = 1 + \frac{\sigma'_1 - \sigma'_3}{\sigma'_3} \tag{2-21}$$

以主应力差($\sigma_1-\sigma_3$)为纵坐标，以轴应变 ε_1 为横坐标，绘制主应力差与轴向应变关系曲线图(图 2-8)。若有峰值时，取曲线上主应力差的峰值作为破坏点；若无峰值时，则取 15%轴向应变时的主应力差值作为破坏点。

以有效应力比 σ'_1/σ'_3 为纵坐标，以轴向应变 ε_1 为横坐标，绘制有效应力比与轴向应变曲线图(图 2-9)。

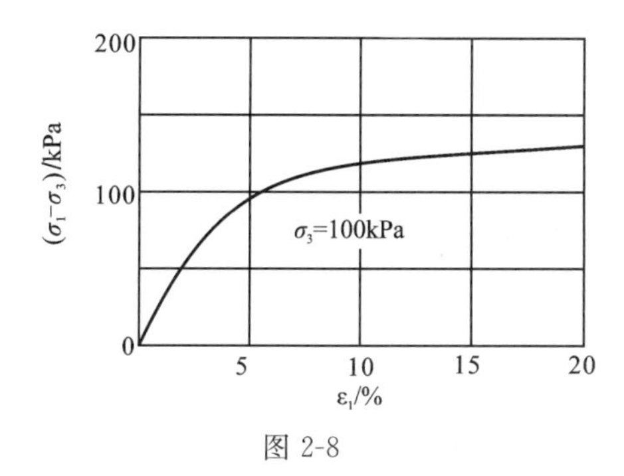

图 2-8

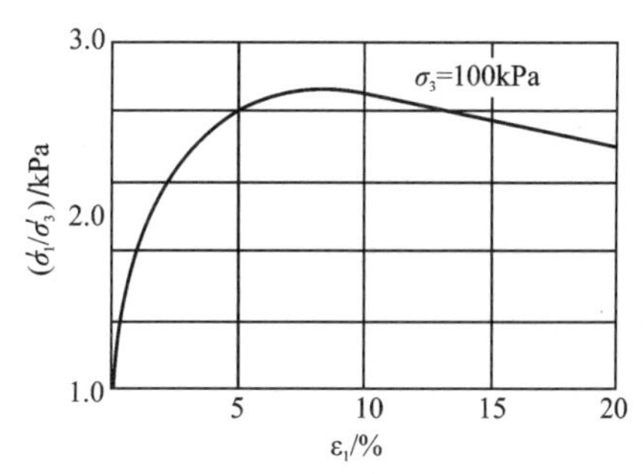

图 2-9　有效主应力比(σ'_1/σ'_3)与轴向应变 ε_1 关系曲线

以孔隙水压力 u 为纵坐标，以轴向应变 ε_1 为横坐标，绘制孔隙水压力与轴向应变关系曲线图(图 2-10)。

以剪应力 τ 为纵坐标，以法应力 σ 为横坐标，在横坐标轴以破坏时的($\sigma_{1f}+\sigma_{3f}$)/2 为圆心，以($\sigma_{1f}-\sigma_{3f}$)/2 为半径，绘制破坏总应力圆，并绘制不同围压下诸破坏总应力圆的包线，包线的倾角为内摩擦角 φ_{cu}，包线在纵轴上的截距为黏聚力 c_{cu}，对于有效内摩擦角 φ'和有效黏聚力 c'，以($\sigma'_{1f}+\sigma'_{3f}$)/2 为圆心，以($\sigma'_{1f}-\sigma'_{3f}$)/2 为半径绘制有效破坏应力圆并作诸圆包线后确定(图 2-11)。

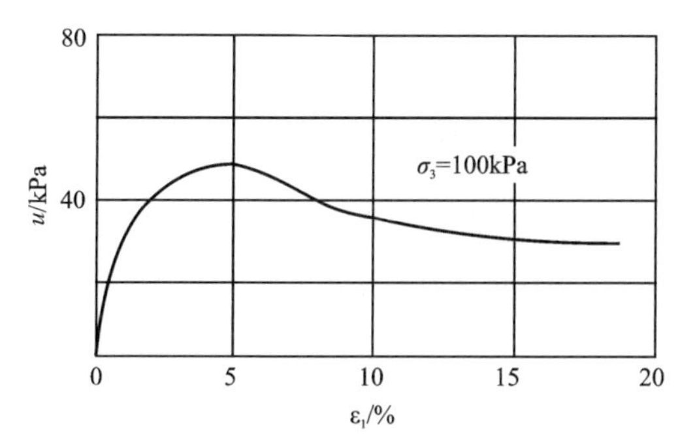

图 2-10　孔隙水压力 μ 与轴向应变 ε_1 关系曲线

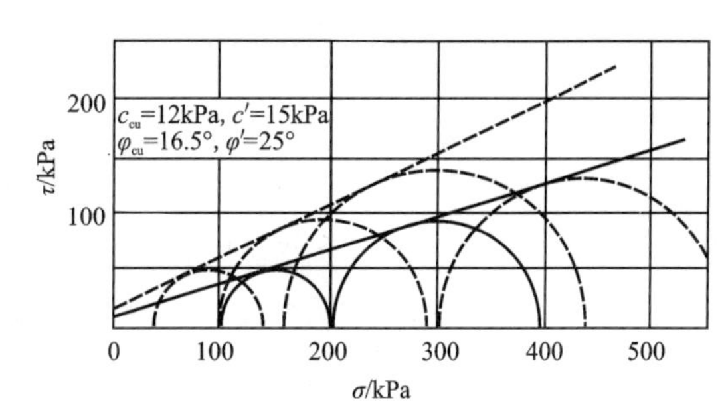

图 2-11　固结不排水剪强度包线

若各应力圆无规律，难以绘制各应力圆的强度包线，可按应力路径取值，即以$(\sigma'_1-\sigma'_3)/2$为纵坐标，以$(\sigma'_1+\sigma'_3)/2$为横坐标，绘制有效应力路径图（图 2-11），并按下式(2-22)、式(2-23)计算有效内摩擦角和有效黏聚力。

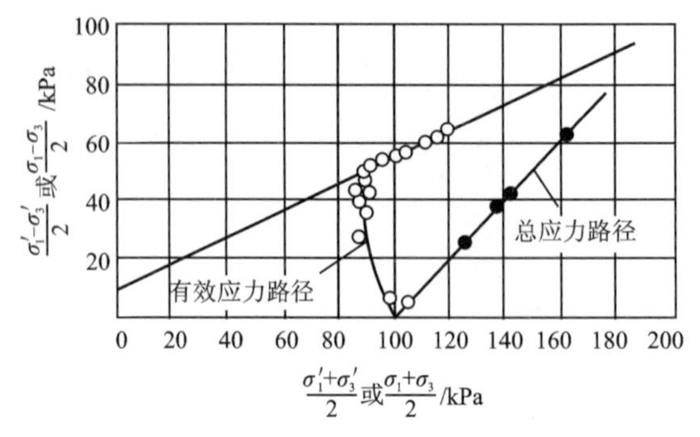

图 2-12 应力路径图

有效内摩擦角：

$$\varphi' = \arcsin(\tan\alpha) \tag{2-22}$$

式中：φ'为有效内摩擦角(°)；α为应力路径图上破坏点连线的倾角(°)。

有效黏聚力：

$$c' = \frac{d}{\cos\varphi'} \tag{2-23}$$

式中：c'为有效黏聚力(kPa)；d为应力路径上破坏点连续在纵轴上的截距(kPa)。

七、固结排水剪试验

固结排水剪试验中，土体在固结和剪切过程中不存在孔隙水压力的变化，或者说，试件在有效应力条件下达到破坏。

固结排水剪试验对于渗透性较大的砂土或粉质土，可采用土样上端排水，下端监测孔隙水压力是否在增长，从而调整剪切速率，对于渗透性较小的黏性土，则采用土样两端排水，剪切速率可采用每分钟应变 0.003%～0.012%，或者按式(2-24)估算剪切速率：

$$t_f = \frac{20\,h^2}{\eta C_V} \tag{2-24}$$

$$\dot{\varepsilon} = \frac{\varepsilon_{max}}{t_f}$$

式中：t_f为试样破坏历时(min)；h为排水距离(cm)，即试样高度的一半（两端排水）；C_V为固结系数(cm^2/s)；η为与排水条件有关的系数，一端排水时，$\eta=0.75$，两端排水时，$\eta=3.0$；$\dot{\varepsilon}$为轴向应变速率(%/min)；ε_{max}为估计最大轴向应变(%)。

1. 操作步骤

(1)试样的安装与固结不排水剪试验相同。

(2)围压应大于土的先期固结应力，对于正常压密土，围压可大于自重应力。

(3)施加围压 σ_3 后，应在不排水条件下测定孔隙水压力 u_0，如果测得的孔隙水压力增量与围压增量的比值 $\Delta u_0/\Delta\sigma_3<0.95$，则需要施加反压力对试样进行饱和；当 $\Delta u_0/\Delta\sigma_3>0.95$ 时，则打开上、下排水阀门，使试样在围压下达到固结稳定，可按排水量与时间关系来确定主固结完成的时间，也可以 24h 为排水固结稳定时间。

(4)当排水固结完成后，应测记排水量以修正土体固结后的面积和高度。

(5)将测力计环读数和轴向位移计读数均调至零位初读数。

(6)按排水剪的剪切速率，施加轴向应力，并按试样每产生轴向应变 0.3%～0.4%时，量测轴向应力和排水管读数，直至试样达到 20%应变值。

2. 成果整理

除了计算孔隙水压力系数 B、计算试样固结后的高度和面积、计算试样剪切过程中的应变值和计算有效主应力比外，按下式计算试样剪切过程中的平均断面积：

$$A_a=\frac{V_c-\Delta V_i}{h_c-\Delta h_i} \tag{2-25}$$

式中：ΔV_i 为剪切过程中试样的体积变化(cm^3)；Δh_i 为剪切过程中试样的高度变化(cm)。

按下式计算剪切过程中主应力差：

$$\sigma_1-\sigma_3=\frac{C\cdot R}{A_a\times 10}=\frac{C\cdot R(1-\varepsilon_1)}{\left(A_c-\dfrac{\Delta V}{h_c}\right)\times 10} \tag{2-26}$$

式中：ΔV 为剪应力作用的排水量(cm^3)，即剪切开始时的量水管初始读数与某剪应力下量水管读数之差(取绝对值)。其余符号与固结不排水剪试验相同。

以剪应力 τ 为纵坐标，以法向应力 σ' 为横坐标，在横坐标轴以破坏时 $(\sigma'_{1f}+\sigma'_{3f})/2$ 为圆心，以 $(\sigma'_{1f}-\sigma'_{3f})/2$ 为半径，绘制破坏总压力圆，并绘制不同围压下诸破坏总应力圆的包线，包线的倾角为内摩擦角 φ_d，包线在纵轴上的截距为黏聚力 c_d(图 2-13)。

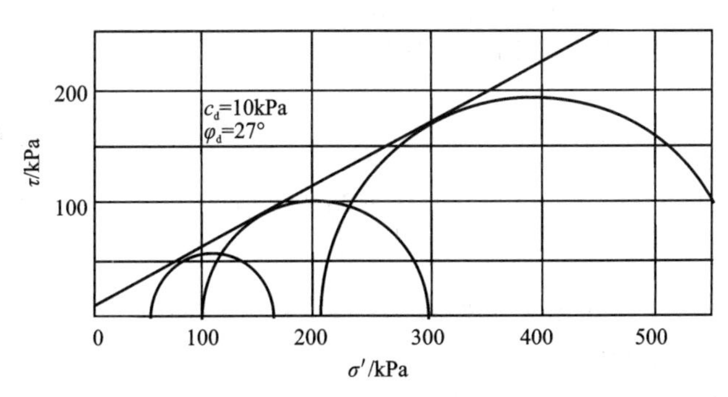

图 2-13　固结排水剪强度包线

若各应力圆无规律，难以绘制各应力圆的强度包线，可按应力路径，即以 $(\sigma'_1-\sigma'_3)/2$ 为纵坐标，以 $(\sigma'_1+\sigma'_3)/2$ 为横坐标，绘制有效应力路径曲线，并计算有效内摩擦角和有效黏聚力。

(1)在三轴试验过程中,如何用 B 值来判断试样是否饱和?

(2)不固结不排水剪试验、固结不排水剪试验和固结排水剪试验分别适用于什么工况和什么地下水位条件?

(3)现需要测量干密度 $\rho_d=1.52g/cm^3$ 状态下干砂的三轴压缩试验,如何在三轴仪上装样?

第六节　无侧限抗压强度试验

一、试验目的

无侧限抗压强度试验实际上是三轴压缩试验的一种特殊情况,即测定土样在无侧向压力情况下抵抗轴向压力的能力。该试验所反映的抗压强度可通过土体破坏时莫尔圆半径的大小来表述。由于无黏性土在无侧限条件下试样难以成型,故该试验主要用于黏性土,尤其适用于原状饱和软黏土。在无侧限压缩试验中,土样不用橡胶膜包裹,并且剪切速度快,水来不及排出,所以属于不固结不排水剪试验。

二、试验设备

(1)应变控制式无侧限压缩仪(图 2-13):由测力计、加压框架和电机等设备组成。

(2)轴向位移计:量程 10mm,分度值 0.01mm 的测力计百分表。

(3)天平:量程 2000g,最小分度值 0.1g。

(4)其他:秒表、直尺、切土刀、钢丝锯及凡士林等。

图 2-13　应变控制式无侧限压缩仪

三、试验步骤

(1)制样,试样直径宜为 35～50mm,高度与直径比宜为 2.0～2.5。

(2)将制备好的试样放在天平上称重,并测定试样的高度和直径,并用余土测定试样的含水率。

(3)在试样两端涂抹凡士林,放在底座上,转动手轮至试样与加压板刚好接触,并将百分表调零。

(4)轴向应变速率宜为(1～3)%/min。匀速转动手柄,轴向应变小于 3%时,每隔 0.5%轴向应变读数 1 次;轴向应变大于或等于 3%时,每隔 1%轴向应变读数 1 次。试验宜控制在 8～10min 内。

(5)当测力计有峰值出现时，继续进行到应变为3%～5%时停止；无峰值时，进行到应变为20%时停止。

(6)试验结束，取下试样拍照，并记录试样破坏的形状。

四、数据处理

(1)轴向应变按下式计算：

$$\varepsilon_1 = \frac{\Delta h}{h_0} \tag{2-27}$$

(2)试样所受的轴向应力按下式计算：

$$A_a = \frac{A_0}{1-\varepsilon_1} \tag{2-28}$$

$$\sigma = \frac{C \cdot R}{A_a \times 10} \tag{2-29}$$

式中：ε_1为轴向应变(%)；Δh为试样轴向变形(mm)；h_0为试样初始高度(mm)；A_a为校正后的试样横截面积(cm^2)；A_0为试样初始横截面积(cm^2)；σ为轴向应力(kPa)；C为测力计率定系数(N/0.01mm)；R为量力环的百分表读数(0.01mm)。

(3)以轴向应变为横坐标，以轴向应力为纵坐标，绘制关系曲线。取曲线上最大轴向应力作为无侧限抗压强度；若无峰值或不明显时，取轴向应变为15%所对应的轴向应力为无侧限抗压强度(图2-14)。

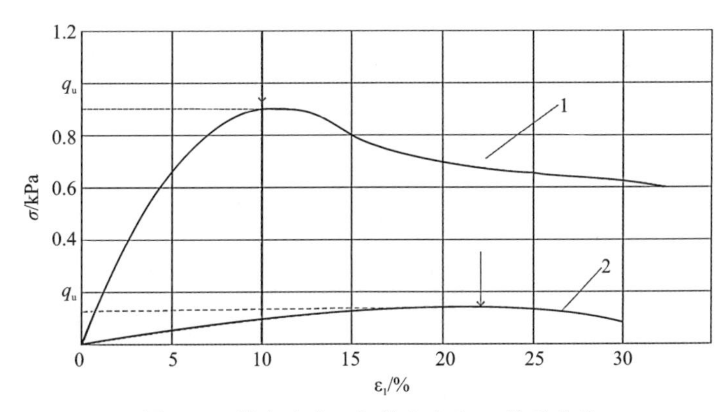

图2-14 轴向应力σ与轴向应变ε_1关系曲线

1.原状样；2.重塑样

按下式计算灵敏度：

$$S_t = \frac{q_u}{q'_u} \tag{2-30}$$

式中：S_t为灵敏度；q_u为原状土的无侧限抗压强度(kPa)；q'_u为重塑土的无侧限抗压强度(kPa)。

(1)无侧限抗压强度试验中试样的高度与直径比宜为 2.0～2.5,能否做成直径 50mm、高 50mm 的圆柱,为什么?

(2)由于不能改变围压,无侧限抗压强度试验能否测得一系列莫尔圆?能否得到强度破坏包线?

(3)能否做砂土的无侧限抗压强度?如何制备砂土的圆柱样?

第三章　土的动力特性试验

第一节　动三轴试验

一、试验目的

动三轴试验是在静三轴试验基础上发展起来的，通过在一定频率下循环改变一个或者几个主应力方向上的幅值来测定土体动态反应的试验，其内容从适应土体的应变范围而言，分较大（$10^{-2}\sim10$）和较小（$10^{-6}\sim10^{-2}$）两类应变范围下的强度和变形参数测定。其中，大应变范围内测定的主要是土体的动强度、动应力-应变之间的关系、孔隙水压力随振动次数变化规律，以及研究土体因固结比、密实度、土粒组成等的差异而呈现的不同破坏形式等。小应变范围内所测定的一般为土体的动弹性模量、动剪切模量、阻尼比等。因此，从测定内容上而言，动三轴试验较静三轴试验复杂，包括了土体强度和变形等多方面测试内容。

二、仪器设备

（1）振动三轴仪（图 3-1）：包括主机、静力控制系统、动力控制系统、量测系统、数据采集系统等。

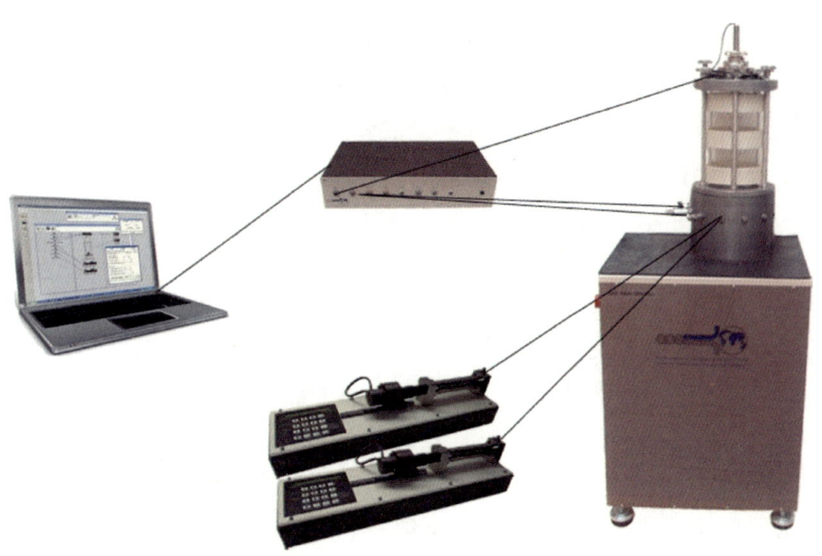
图 3-1　GDS 振动三轴仪

(2)供水系统。

(3)天平(称量 2000g,分度值 0.1g)。

(4)其他:烘箱、百分表、切土器、饱和器、滤纸、透水石、橡胶膜等。

三、试验步骤

1.试样制备

三轴试样分为原状土制样和重塑土制样。

1)原状土样制备

(1)对于较软土样,先用钢丝锯或切土刀切取一稍大于规定尺寸的土柱,放在切土盘的上、下圆盘之间,然后用钢丝锯紧靠侧板,由上往下细心切削,边切削边转动圆盘,直至土样被削成规定的直径。

(2)对于较硬的土样,先用切土刀切取一稍大于规定尺寸的土柱,放在切土架上,用切土器切削土样,边削边压切土器,直至切削到超出试样高度约 2cm 为止。

(3)将土样取下,套入承模筒中,用钢丝锯或刮刀将试样两端削平、称量,并取余土测定试样的含水率。

(4)如原始土样的直径大于 10cm,可用分样器切分成 3 个土柱,按上述方法切取直径为 39.1mm 的试样。

2)重塑土样制备

(1)黏土和粉土制备。由于黏土具有最优含水率特征,若直接配制饱和土样,在击实时反而不能击密,难以实现预期干密度,故应首先根据试样的干密度与含水率关系曲线,测算三轴制样击实筒击实预期干密度所需的含水率。然后将干土碾碎、风干、过筛,根据风干含水率和前述预期含水率值以及总干土质量,计算干土中所需加水量,将此计算水量均匀撒入干土中,塑料袋密封,静置 1d 后,经检测含水率达到预期含水率目标值后,进行击实。击实时,根据试样体积,计算需放入击实筒中湿土的总质量,将土分多层装入击样筒进行击实,其中粉质土建议分 3~5 层,黏质土分 5~8 层,并在各层面上用切土刀刮毛,便于层间结合。击实完最后一层,将击样器内试样两端整平,取出试样称量。试样制备完成后,用游标卡尺测定试样直径和高度,其中直径按下式计算:

$$D_0 = \frac{D_1 + 2D_2 + D_3}{4} \tag{3-1}$$

式中:D_0为试样计算直径(cm);D_1、D_2、D_3分别为试样上、中、下部位的直径(cm)。

(2)砂土制备。砂土制样与黏性土不同,可直接在压力室底座上进行。

①湿装法:将试样按照体积和干密度换算得到的干土质量,装入烧杯中,然后在干土中加水,放置在酒精灯上煮沸、排气。待冷却后,在试样底座上依次放上透水石(若是不饱和试样,不排水试验可以放置不透水板)、滤纸,用承模筒支撑乳胶膜,套入底座,用橡皮圈包紧橡胶膜与底座,合上对开圆模。往橡胶膜中注入 1/3 高度的纯水,再将已称量好的水和土分成三等份,依次舀入膜内成型,并保证水面始终高于砂面,直至膜内填满,待砂样安装完成,整平砂

面，依次放置滤纸和透水板。此法已饱和，主要针对初始密实度不高的试样。

②击实成型法：击实前也类似湿装法，在试样底座上依次放上透水石、滤纸，用承模筒支撑乳胶膜，套入底座，用橡皮圈包紧橡皮膜与底座，合上对开圆模。然后将干土样倒入对开模筒中击实，再利用水头使土饱和，然后整平砂面，放上透水石或不透水板，盖上试样帽，扎紧橡胶膜。

这两种方法完成后，为能保证试样在拆除对开模后依然直立，可施加 5kPa 的负压，或者将量水管降低 50cm 水头，使试样挺立，拆除承膜筒。待排水量管水位稳定后，关闭排水阀，记录排水量管读数，用游标卡尺测定试样上、中、下 3 个直径。

2. 试样饱和

(1)真空抽气饱和法。此法适用于原状土和重塑黏土。

(2)水头饱和法。此法适用于重塑粉砂土，为压力室内饱和法。一般是在试样装入压力室，完成安装后，对其施加 20kPa 的围压，然后提高试样底部量管水位，降低试样顶部量管的水位，使得两管水位差在 1m 左右。打开孔隙水压力阀、量管阀和排水管阀，使无气水从试样底座进入，直待其从试样上部溢出，流入水量和溢出水量相等为止。此外，为提高试样的饱和度和饱和率，宜在水头饱和前，从试样底部加通二氧化碳气体进入试样，置换孔隙中的空气。因为二氧化碳在水中的溶解度要大于空气，通气时二氧化碳压力建议设置为 5～10kPa，完成后再进行水头饱和。

(3)反压饱和法。反压饱和的原理是利用高水压使土体中的气泡变小或者溶解，进而实现饱和。当试样要求完全饱和时，该方法能使试样进一步饱和，适用于各种土质，但针对黏土的饱和时间较长，反压力较大，亦属于压力室内饱和法。该法是用双层体变管代替排水量管，在试样安装完成后，调节孔隙水压力，使之等于大气压力，并关闭孔压阀门、反压阀门、体变阀门。在不排水条件下，先对试样施加 20kPa 的围压，开孔隙水压力阀，待孔压传感器读数稳定时，记录读数，关闭孔压阀。从试样顶部连通管路施加水压力(反压)，同时增加围压，注意施加过程需分级施加，减少对土样的扰动，建议围压、反压同步增加的每级压力为 30kPa。当每级围压和反压作用持续一定时间后，缓慢打开孔压阀，观测试样孔压传感器读数。若孔隙水压力同步上升的数值与围压上升数值的比值大于 0.98，则认为试样已饱和，否则，需进一步同步增加围压和反压，直至满足试样的饱和判别条件。

3. 试验安装

(1)此步主要针对黏性土，而无黏性土在制样过程中实际已经完成安装。在压力室底座上，依次安放透水石、滤纸和饱和后的原状或重塑黏土试样，并在试样周身贴浸水滤纸条 7～9 条(如进行不固结不排水剪试验，或针对砂土试样则不用贴)，如不测定孔压，对不固结不排水剪试验也可安放有机玻璃片替代透水石。将橡胶膜套入承膜筒中，翻起橡胶膜上下边沿，用吸耳球吸气，使橡胶膜紧贴承膜筒；再将承膜筒套在试样外面，翻下橡胶膜下部边沿，使之紧贴底座；用橡皮圈将橡胶膜下部与底座扎紧，然后在试样顶部放入滤纸和透水石，移除承膜筒，更换为对开圆模。打开排水阀，使得试样帽中排气出水。在试样顶部，上翻橡胶膜的顶部边沿，使之与帽盖贴紧，并用橡皮圈扎紧，从而使试样与外界隔离。

(2)安放压力室罩，使得试样帽与罩中活塞对准。均匀将底座连接螺母锁紧，向压力室内注水，待水从顶部密封口溢出后，将密封口螺丝旋紧，并将活塞和测力计与试样顶部垂直对齐。

(3)将加载离合器的档位设置在手动和粗调位，转动手轮，当试样帽与活塞以及测力计接近时，改调速位到手动和细调位，转动手轮，使得试样帽与活塞恰好接触，测力计量力环的百分表刚有读数为止，调整测力计和变形百分表读数到零位。

4. 试样固结

如果试样需要施加反压进行饱和，则在固结前，先按静力三轴压缩试验中施加反压的方法进行饱和；如不需要，则按以下步骤进行固结。

试样固结基本方法类似静三轴试验相关步骤。但要注意，在某些动三轴仪中(特别是可以施加拉应力的设备)，试样的帽盖有时和轴力传感器嵌固在一起，因此压力室中的水压只能施加在试样的侧边，而无法作用于试样轴向。此时，即使是等压固结，也需要单独控制轴向压力的施加，使之与侧向水压力相等来实现。操作过程中，一般先对试样施加 20kPa 侧压力，然后逐级施加相同侧向压力和轴向压力，直到侧向压力和轴向压力相等并达到预定压力。就固结方式而言，动三轴试验中，既可进行等压固结，也可进行偏压固结。等压固结过程参考静三轴试验介绍。在偏压固结的情况下，需在等压固结变形稳定以后，再逐级施加轴向压力，直至预定的轴向压力。加压时不能产生过大变形，以防止土体破坏。

施加压力后，打开排水阀或体变阀和反压力阀，使试样排水固结。固结稳定标准：对于黏土和粉土试样，1h 内固结排水量变化不大于 $1cm^3$。对于砂土试样，等压固结时，关闭排水阀后 5min 内孔隙水压力不上升；不等压固结时，5min 内试样的轴向变形不大于 0.005mm。固结完成后，关闭排水阀，并计算动力试验前试样干密度。

5. 施加动应力

一般是在不排水条件下进行振动试验。加振动前，调整好动应力、动应变和动孔压传感器的零点读数。

1)动强度和液化试验

(1)加载前，先调节好应力零点，打开激振力电源。

(2)试样固结并安装完成后，设定试验方案，包括荷载大小、振动频率等，动强度试验宜采用正弦波激振，抗液化强度测定可参照动强度测定方案执行，振动频率宜根据实际工程动荷载条件确定，海相土可根据所处海域及所受动荷载特征取激振频率值。

(3)启动激振器，打开记录仪器，记录应力、应变和孔压的变化过程曲线，达到破坏标准后再激振 5～10 周即可停止试验，取激振停止时对应振次即为破坏振次 N。当应变达到一定水平(等压固结：一般是试样双幅轴向动应变极大值与极小值之差达到 5%或单幅轴向动应变峰值达到 5%；偏压固结：取总应变达到 10%)或者孔压达到设计标准，停止振动。

2)动弹性模量和阻尼比试验

(1)加振动前,动应力、动应变和动孔隙水压力传感器读数归零,对同一个试样进行试验,动应力由小到大逐级增加,振动时记录动应力-动应变关系和孔压特征。要求每级振动次数都不超过10次,只要能够测定试验结果,振次尽量少,以减少对试样孔压和刚度测定的影响。

(2)动应力由小到大逐级增加,后一级动应力可设定比前一级大1倍。如果试样的应变波形出现明显不对称或者孔压值较大时,应停止试验。记录动应力和动应变滞回环,直到预定振次的时候停机,拆样。

(3)同一干密度的试样,在同一固结应力比下,应在1～3个不同侧压力下试验,每一侧压力采用5～6个试样,每个试样分为5～6级逐级施加动应力,重复步骤(1)～(2)。

3)动力残余变形特性试验

(1)动力残余变形特性试验为饱和固结排水试验,可根据振动试验过程中的排水量计算其残余体积应变的变化过程,也可根据振动试验过程中的轴向变形量计算其残余轴应变及残余剪应变。

(2)试样固结完成后,根据设定的动荷载、激振频率、振动次数、振动波形等进行试验,可采用正弦波激振,激振频率宜根据实际工程动荷载确定,海相土可根据该海域及所受动荷载特征确定。

(3)试验中保持排水阀开启。

(4)对同一干密度的试样,可选择1～3个固结比。在同一固结比下,可选择1～3个不同的围压。每一围压下用3～5个试样,宜采用逐级施加应力的方法,每个试样采用4～5级轴向动应力。

(5)整个试验过程中的动荷载、侧压力、残余体积应变和残余轴向应变由控制软件自动采集。

(6)试验结束,卸掉压力,关闭压力源。

(7)完成后拆除试样,在需要时可测定拆除后试样干密度。

(8)根据所采集的应力-应变(包括体应变)时程记录,可对每个试样分别整理,以振次对数值为横坐标,残余体积应变为纵坐标,绘制残余体积应变和振次对数值的关系曲线;以振次对数值为横坐标,残余轴向应变为纵坐标,绘制残余轴向应变与振次对数值的关系曲线。

四、数据处理

(1)轴向动应力按下式计算:

$$\sigma_d = \frac{W_d}{A_c \times 10} \tag{3-2}$$

式中:σ_d为轴向动应力(kPa);W_d为轴向动荷载(N);A_c为试样固结后横截面积(cm^2)。

(2)轴向动应变按下式计算:

$$\varepsilon_d = \frac{\Delta h_d}{h_c} \times 100 \tag{3-3}$$

式中:ε_d为轴向动应变(%);Δh_d为轴向动变形(mm);h_c为试样固结后振前高度(mm)。

(3)动弹性模量和动剪切模量按下式计算：

$$E_d = \frac{\sigma_d}{\varepsilon_d} \times 100 \tag{3-4}$$

$$G_d = \frac{E_d}{2(1+\mu)} \tag{3-5}$$

式中：E_d为动弹性模量(kPa)；σ_d为轴向动应力(kPa)；ε_d为轴向动应变(%)；G_d为动剪切模量(kPa)；μ为泊松比。

(1)除了在研究土石坝筑坝材料、公路路堤填土、尾矿砂的动力学特征外，动三轴仪还可在哪些领域开展试验研究？

(2)某滑坡滑带土埋深100m，静止土压力系数0.5，地下水位埋深50m，试设计一套试验方案，研究滑带土在地震作用下的动力特性。

(3)根据激振方式的不同，动三轴分为电磁式、气动式和电液伺服式，请分析各激振方式的优缺点。

第二节　动单剪试验

一、试验目的

动单剪亦称为动简剪，它利用一种特别的剪切盒，使土样各点所受剪应力基本均布，从而其应变是均等的，实质上它接近于纯剪作用。动单剪仪能够最真实地反映地震荷载过程中土体的真实应力状态，能直接测定较大应变内的动剪切模量和阻尼比等参数，主要应用于判定液化势。

二、试验设备

动单剪仪分刚框式和叠环式两种基本形式，即其剪切容器采用刚框或叠环制作，图3-2为叠环双向剪切试验机。刚框式单剪容器由4块刚性金属铰接而成，铰链两两相对应，当其相对旋转时，刚性框板的原有矩形空间截面就会依次改变为左右倾斜的菱形截面，这样就会在试样内产生等角度的剪应变。叠环式单剪工作原理与之相同，只是剪切容器用薄的金属环叠放在一起，用整个体积应变来代替人为制造的剪损面上的位移。

图3-2　叠环双向剪切试验机

三、试验步骤

(1)试样安装：将试样套上乳胶膜，放入压力室内。连接竖向及水平向位移和荷载传感器。

(2)试样固结：根据试验设计，确定垂直荷载与固结时间。

(3)单剪仪剪切试验：试样固结完成后，开始剪切试验，设置循环荷载类型，通常为正弦函数，设置垂直荷载、周期与水平应变幅值、周期等，开始试验。

(4)试验结束后，垂直荷载、水平位移归为零，断开电源，取出试样进行含水率测试。

四、数据处理

(1)绘制剪应力、剪应变与时间、循环次数的关系曲线。图 3-3 为剪应变与循环次数关系曲线图。

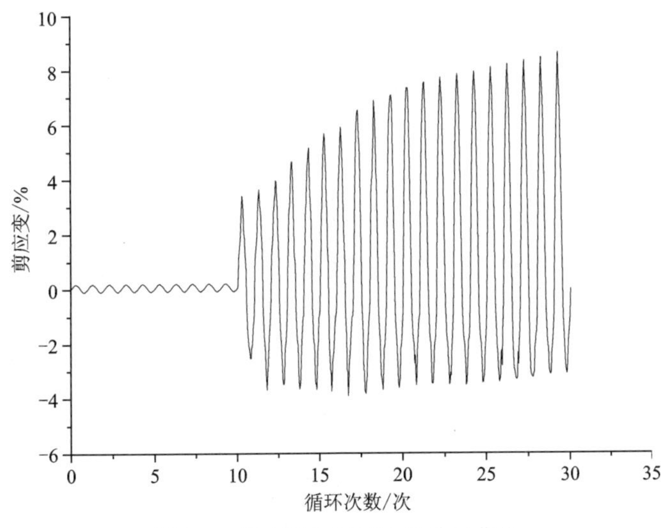

图 3-3 剪应变与循环次数关系曲线

(2)绘制剪应力与剪应变的关系曲线，如图 3-4 所示。

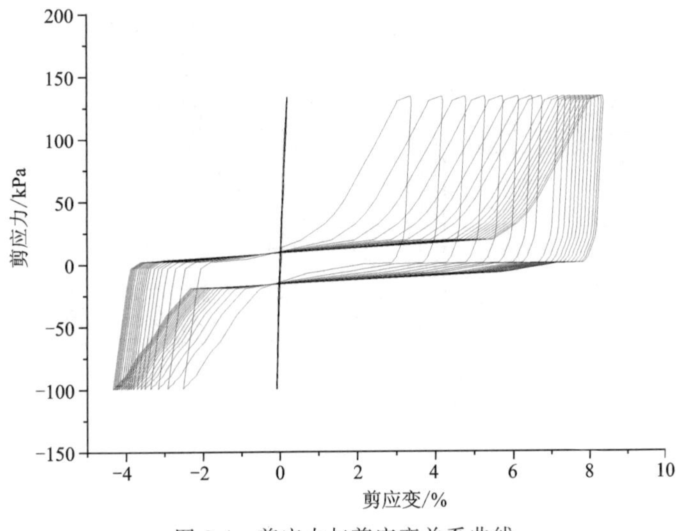

图 3-4 剪应力与剪应变关系曲线

(1)与动三轴仪相比,动单剪仪除了更接近天然土层受地震产生液化的过程和可以施加初始剪应力外,还有什么优势?

(2)用动单剪仪同样可以求得土体的动弹性模量、动强度及阻尼系数等弹性参数,在测求这些参数时,试样的受力状态与动三轴试验有何不同?

(3)与动三轴试验相比,动单剪试验有哪些优点?试样的破坏模式有何不同?

第三节　共振柱试验

一、试验目的

共振柱试验是在一定湿度、密度和应力条件下的圆柱或圆筒形土样上,用不同频率的激振力顺次使土样产生扭转振动或纵向振动,测定其共振频率,来确定弹性波在土样中的传播速度,再切断动力,测记出振动衰减曲线,由此推算出试样在发生小应变($10^{-6}\sim10^{-4}$)时的动剪切模量、动弹性模量和阻尼比等参数。

二、试验设备

(1)共振柱仪:主要由主机(图 3-5)、激振系统和量测系统三部分组成。

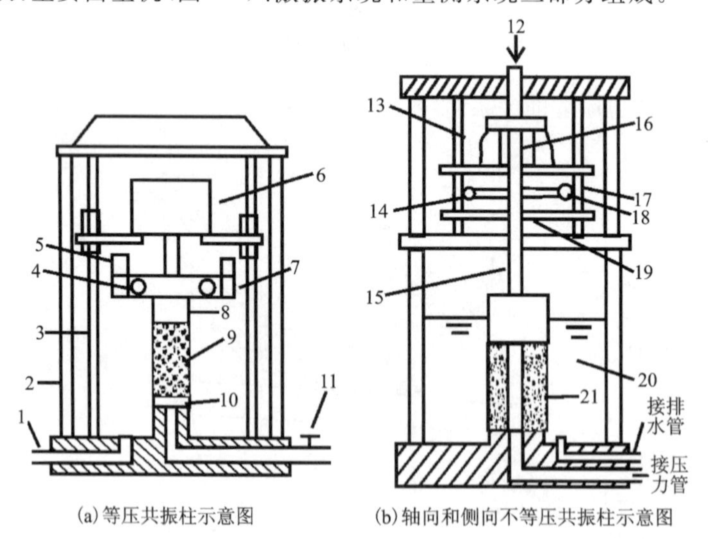

图 3-5　共振柱仪主机示意图

1. 接围压系统;2. 压力室外罩;3. 支架;4. 加速度计;5. 扭转激振器;6. 轴向激振器;7. 驱动板;8. 上压盖;9. 试样;10. 透水板;11. 接排水管;12. 轴向压力;13. 弹簧;14. 激振器;15. 旋转轴;16. 压力传感器;17. 导向杆;18. 加速度计;19. 上、下活动框架;20. 水;21. 试样

(2)天平:量程 200g,最小分度值 0.01g;量程 2000g,最小分度值 0.1g。

(3)透水石:直径与试样直径相同,渗透系数宜大于试样,使用前在水中浸泡。

(4)橡胶膜:具有弹性的乳胶膜,厚度以 0.1~0.2mm 为宜。

(5)附属设备:饱和器、切土盘、切土刀和分样器等。

三、试验步骤

1. 试样制备

一般选用实心试样,直径一般不超过 150mm,高度一般为直径的 2~2.5 倍。

2. 试样安装

(1)打开量管阀,使试样底座充水,当溢出水不含气泡时,关闭量管阀,在透水板上放湿滤纸。

(2)黏性土在装样时,先将试样放在压力室底座上,并将试样压入底座的凸条上,在试样四周贴 7~9 条宽 6mm 的湿滤纸条,再用承膜筒将乳胶膜套在试样外,用橡皮圈将其下端与底座扎紧,取下承膜筒,用对开模夹紧试样,把乳胶膜上端翻出模外。

(3)扭转振动。将加速度计和激振驱动系统安装在相应位置,翻起乳胶膜并扎紧在压盖上。

(4)轴向振动。将加速度计垂直固定于上压盖上,再将上压盖与激振器相连。当上压盖上下活动自如时,可垂直置于试样上端,翻起乳胶膜并扎紧在上压盖上。

(5)用引线将加力线圈与功率放大器相连,并将加速度计与电荷放大器相连。

(6)拆除对开圆模,装上压力室外罩。

3. 试样固结

(1)等压固结。转动调压阀,逐级施加至预定的围压。

(2)偏压固结。等压固结变形稳定以后,再逐级施加轴向压力,直至达到预定的轴向压力。

(3)打开排水阀,直至试样固结稳定,关闭排水阀。稳定标准:对于黏土和粉土试样,1h 内固结排水量变化不大于 0.1cm^3。对于砂土试样,等向固结时,关闭排水阀后 5min 内孔隙压力不上升;不等向固结时,5min 内轴向变形不大于 0.005mm。

4. 稳态强迫振动法操作步骤

(1)开启信号发生器、示波器、电荷放大器和频率计电源,预热,打开计算机数据采集系统。

(2)将信号发生器输出调至给定值,连续改变激振频率,由低频逐渐增大,直至系统发生共振,此时记录共振频率、动轴向应变或动剪应变。

(3)进行阻尼比测定时,当激振频率达到系统共振频率后,继续增大频率,这时振幅逐渐减小，测记每一激振频率和相应的振幅电压值。如此反复，测记7～10组数据，关闭仪器电源。以振幅为纵坐标、频率为横坐标绘制振幅与频率关系曲线。

（4）宜逐级施加动应变幅或动应力幅进行测试，后一级的振幅可控制为前一级的2倍。在同一试样上选用允许施加的动应变幅或动应力幅的级数时，应避免使孔隙水压力明显升高。

（5）关闭仪器电源，退去压力，取下压力室罩，拆除试样，清洗仪器设备，需要时测定试样的干密度和含水率。

5. 自由振动法操作步骤

（1）开启电荷放大器电源，预热，打开计算机系统电源。

（2）对试样施加瞬时扭矩后立即卸除，使试样自由振动，得到振幅衰减曲线。

（3）宜逐级施加动应变幅或动应力幅进行测试，后一级的振幅可控制为前一级的2倍。在每一级激振力振动完成后，逐次增大激振力，得到试样在应变幅值增大后测得的模量和阻尼比。应变幅值宜控制在10%以内。

（4）关闭仪器电源，退去压力，取下压力室外罩，拆除试样，清洗仪器设备，需要时测定试样的干密度和含水率。

四、数据处理

（1）动剪应变按下式计算：

$$\gamma = \frac{A_d d_c}{3d_1 h_c} \times 100 = \frac{Ud_c}{12\beta\pi^2 f_{nt}^2 d_1 h_c} \times 100 \tag{3-6}$$

式中：γ为动剪应变（%）；A_d为安装加速度计处的动位移（cm）；d_c为试样固结后的直径（cm）；d_1为加速度计到试样轴线的距离（cm）；h_c为试样固结后的高度（cm）；U为加速度计经放大后的电压值（mV）；β为加速度计标定系数（mV/981cm/s²）；f_{nt}为试验实测扭转共振频率（Hz）。

（2）动轴向应变按下式计算：

$$\varepsilon_d = \frac{\Delta h_d}{h_c} \times 100 = \frac{U}{\beta\omega^2 h_c} \times 100 \tag{3-7}$$

式中：ε_d为动轴向应变（%）；Δh_d为动轴向变形（cm）；ω为固有频率（rad/s）。

（3）扭转共振时的动剪切模量按下式计算：

$$G_d = \left(\frac{2\pi f_{nt} h_c}{\beta_s}\right)^2 \rho_0 \times 10^{-4} \tag{3-8}$$

式中：G_d为动剪切模量（kPa）；ρ_0为试样密度（g/cm³）；β_s为扭转无量纲频率因数。

（4）以动剪切模量为纵坐标，以动剪应变为横坐标，在半对数纸上绘制不同围压下动剪切模量与动剪应变关系曲线，如图3-6所示。曲线在纵轴上的截距即为该级围压下的最大动剪切模量$G_{d\max}$。

（5）以动剪切模量比为纵坐标，以动剪应变为横坐标，在半对数纸上绘制不同围压下动剪切模量比与动剪应变关系的归一化曲线，如图3-7所示。

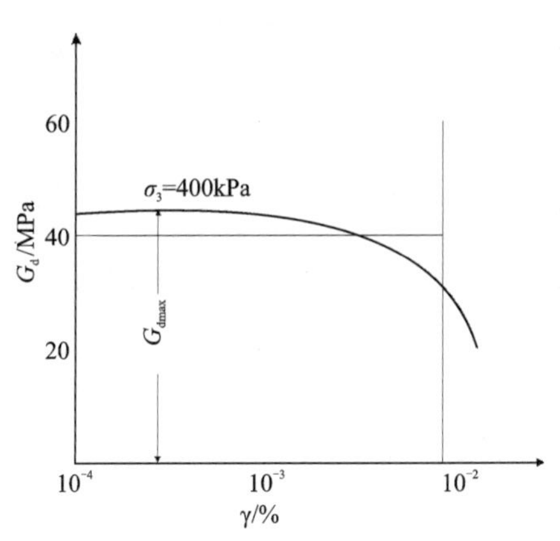

图 3-6　动剪切模量 G_d 与动剪应变 γ 关系曲线

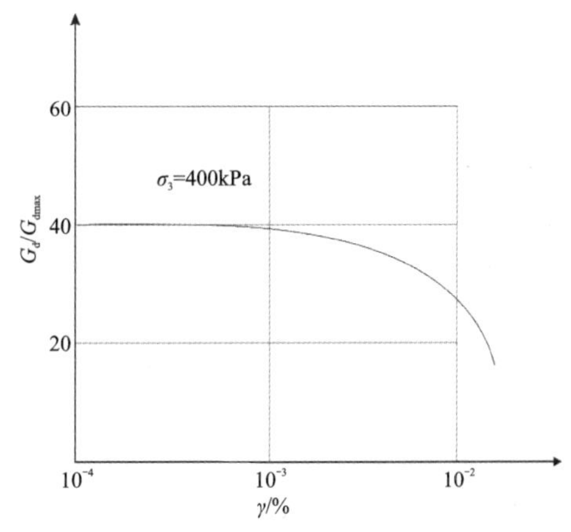

图 3-7　动剪切模量比 $G_d/G_{d\max}$ 与动剪应变 γ 关系曲线

(6)以最大动剪切模量为纵坐标,以围压为横坐标,在半对数纸上绘制关系曲线,如图 3-8 所示,其中:

$$G_{\mathrm{dmax}} = KP_{\mathrm{a}} \left(\frac{\sigma_3}{p_{\mathrm{a}}}\right)^n \tag{3-9}$$

式中:K 为当 $\sigma_3/p_a=1$ 时的 G_{dmax} 值;n 为直线斜率。

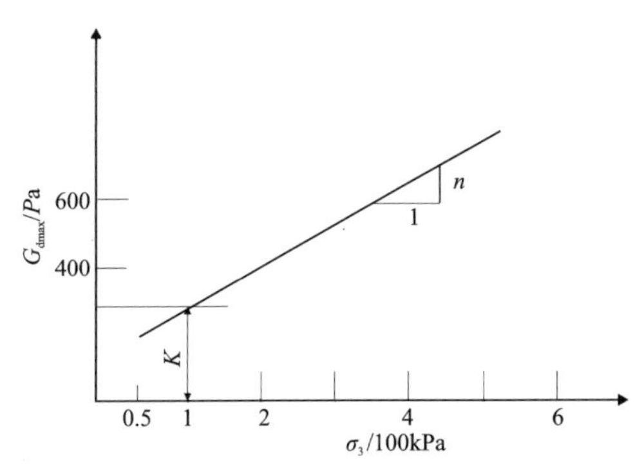

图 3-8　最大动剪切模量 $G_{d\max}$ 与围压 σ_3 关系曲线

(7)以阻尼比为纵坐标,以动剪应变(或轴向动应变)为横坐标,在半对数纸上绘制关系曲线,如图 3-9 所示。

(8)以动弹性模量为纵坐标,以轴向动应变为横坐标,在半对数纸上绘制关系曲线,如图 3-10 所示。

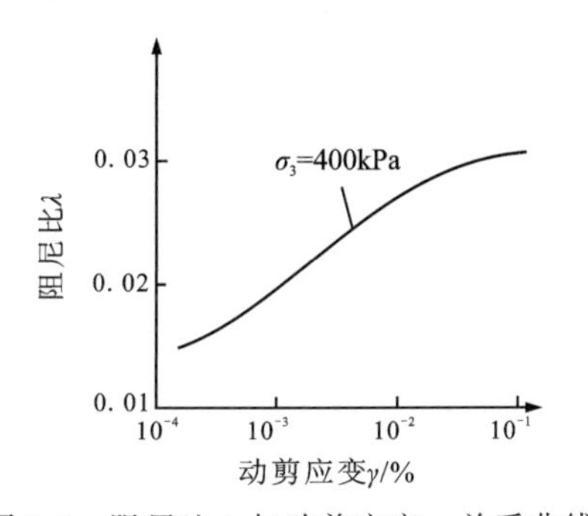

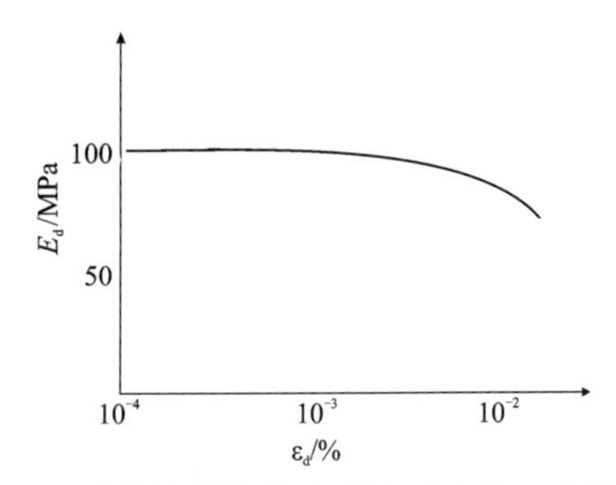

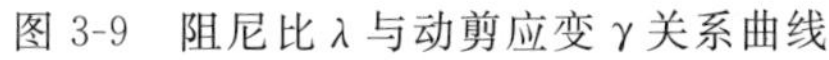

图 3-9　阻尼比 λ 与动剪应变 γ 关系曲线

图 3-10　动弹性模量 E_d 和轴向动应变 ε_d 关系曲线

(1)为什么说共振柱试验是一种无损试验技术，在多大的轴向应变下进行试验具有可逆性和重复性？

(2)除了试样的尺寸和形状对共振柱试验结果产生巨大影响外，还有哪些影响因素？

(3)共振柱试验与动三轴试验得出的动剪切模量、动弹性模量和阻尼比有何差别？

第四章　岩石的物理力学性质试验

第一节　含水率试验

一、试验目的

岩石含水率是指岩石试样在105～110℃温度下烘烤至恒重时失去的水分质量与达到恒重时试样干质量的比值，以百分数表示。岩石的含水率对于软岩来说是一个比较重要的物理性质指标，因为组成软岩的矿物成分中往往含有较多的黏土矿物，而这些黏土矿物遇水软化的特性，将对岩石的变形、强度有很大的影响。对中等坚硬以上的岩石，含水率的影响就小得多。试验采用称量控制，将试样反复烘干至称量达到恒重为止。

二、仪器设备

(1)天平：量程500g，分度值0.01g。

(2)烘箱。

(3)其他：铝盒、干燥器等。

三、试验步骤

(1)取原状试样5块以上，每个试件的质量为40～200g，准确称量烘干前的质量。

(2)将试样置于烘箱内，在105～110℃的温度下烘烤24h。

(3)将试样从烘箱中取出，放入干燥器内冷却至室温，准确称量烘干后的质量。

(4)称量应准确至0.01g。

四、数据处理

(1)描述岩石名称、颜色、矿物成分、结构、构造、风化程度等。

(2)天然含水率计算公式：

$$w_0 = \frac{m_1 - m_2}{m_2 - m_0} \times 100 \tag{4-1}$$

式中：w_0为岩石天然含水率(%)；m_0为铝盒质量(g)；m_1为铝盒加原状样的质量(g)；m_2为铝盒加烘干样的质量(g)。

注：计算值应精确至0.01%。

(1)在含水率试验中，水的含义是指孔隙水、自由水还是矿物结晶水？

(2)含水率试验一般是测定岩石的天然含水率，爆破法或湿钻取岩样的含水率是否具有代表性？取样有哪些注意事项？

(3)如何在不取样的情况下，测量岩石崖壁的含水率？

第二节　颗粒密度试验

一、试验目的

岩石的颗粒密度是指岩石固相物质的质量与其体积的比值(不包括岩石孔隙体积)，在数值上等于岩石的比重，即岩石固相物质的质量与4℃时同体积纯水质量之比，二者的差别是后者无量纲。岩石的颗粒密度取决于组成岩石的矿物密度及其在岩石中的相对含量，成岩矿物的密度越大，岩石的颗粒密度也越大，反之，则岩石的颗粒密度越小。大部分岩石的颗粒密度介于 $2.50 \sim 2.80g/cm^3$ 之间，超基性岩石的颗粒密度可以达 $3.00 \sim 3.40g/cm^3$，如橄榄岩颗粒密度为 $2.50 \sim 3.60g/cm^3$；酸性岩石的颗粒密度相对较小，如花岗岩颗粒密度为 $2.50 \sim 2.84g/cm^3$。岩石的颗粒密度试验可以分为比重瓶法和水中称量法。比重瓶法适用于各类岩石，水中称量法适用于除遇水崩解、溶解和干缩湿胀以外的其他各类岩石。本节主要介绍比重瓶法。

二、试验设备

(1)钻石机、切石机、磨石机。

(2)粉碎机、瓷研钵或玛瑙研钵、磁铁块。

(3)筛(孔径为0.25mm)。

(4)天平(分度值0.001g)。

(5)烘箱和干燥器。

(6)真空抽气设备和煮沸设备。

(7)恒温水槽。

(8)短颈比重瓶(容积100mL)。

(9)温度计(量程0～50℃)。

三、试验步骤

(1)将岩块粉碎，过0.25mm的筛子后，用磁铁吸去铁屑，把岩粉置于105～110℃的恒温下烘干，烘干时间不得少于6h，然后放入干燥器内冷却至室温。

(2)用四分法取其中两份岩粉,每份岩粉质量为15g,称量精确至0.001g。

(3)将称量后的岩粉装入烘干的比重瓶内,注入试液(纯水或煤油)至比重瓶容积的一半处。对含水溶性矿物的岩石,应使用煤油试液。

(4)当使用纯水作试液时,可采用煮沸法或真空抽气法排除气体。当使用煤油作试液时,应采用真空抽气法排除气体。

(5)当采用煮沸法排除气体时,煮沸后加热时间不应少于1h。

(6)当采用真空抽气法排除气体时,真空压力表读数宜为当地大气压,抽气应抽至无气泡逸出,且抽气时间不少于1h。

(7)将经过排除气体的试液注入比重瓶至近满,然后置于恒温水槽内,使瓶内温度保持稳定,上部悬液澄清,测量比重瓶内试液的温度。

(8)塞好瓶塞,使多余的试液自瓶塞毛细孔中溢出,将瓶外擦干,称量瓶、试液和岩粉的总质量。

(9)洗净比重瓶,注入经排除气体并与试验同温度的试液至比重瓶,称量瓶和试液的总质量。

(10)本试验应进行两次平行试验,平行误差不超过0.02g/cm³。

四、数据处理

岩石的颗粒密度按下式计算:

$$\rho_s = \frac{m_s}{m_1 + m_s - m_2} \cdot \rho_w \tag{4-2}$$

式中:ρ_s为颗粒密度(g/cm³);m_s为烘干岩粉质量(g);m_1为比重瓶和试液总质量(g);m_2为比重瓶、试液和岩粉总质量(g);ρ_w为试验温度下试液密度(g/cm³)。

注:计算值应精确至0.01g/cm³。

(1)岩石的颗粒密度由哪些矿物和胶结物决定,数值大概是多少?

(2)灰岩、砂岩和泥岩,哪种岩石必须采用煤油作为试液测试其颗粒密度?

(3)颗粒密度与块体密度的区别是什么?

第三节 块体密度试验

一、试验目的

岩石的块体密度是指岩石试样质量与试样体积之比,即单位体积内岩石(包括岩石孔隙体积)的质量。按试样含水状态,岩石块体密度可以分为天然密度、干密度和饱和密度。

岩石块体密度试验可分为量积法、水中称量法和密封法(包括蜡封法和高分子树脂胶涂抹法)。量积法适用于能制备成规则试件的各类岩石,水中称量法适用于除遇水崩解、溶解和干缩湿胀外的其他各类岩石,密封法适用于不能用量积法或直接在水中称量法进行试验的各类岩石。

量积法试件的圆柱体直径或方柱体边长宜为50～54mm,含大颗粒岩石的试件直径或边长应大于最大颗粒尺寸的10倍,试件高度与直径之比宜为2.0～2.5。

蜡封法试件宜为边长40～60mm的近似立方体或浑圆状岩块。

进行岩石块体干密度试验时每组试件数量不得少于3个,进行块体湿密度试验时试件数量不宜少于5个。

二、仪器设备

(1)钻石机、切石机、磨石机和砂轮机等。

(2)烘箱和干燥器。

(3)天平(最小分度值0.01g)。

(4)石蜡及熔蜡设备。

(5)水中称量装置。

(6)游标卡尺。

三、试验步骤

1.量积法试验步骤

(1)测量试件两端和中间3个断面上相互垂直的两个方向的直径或边长,按平均值计算截面积。

(2)测量两端面周边上对称四点和中心点处的高度,计算高度平均值。

(3)称量试件在天然状态下的质量m_0。

(4)试件烘干:对于不含矿物结晶水的岩石应在105～110℃的恒温下烘烤24h。对于含有矿物结晶水的岩石,应降低烘干温度,可在(40±5)℃恒温下烘烤24h。将试件从烘箱中取出,放入干燥器内冷却至室温,称试件质量m_s。

(5)长度量测精确至0.02mm,质量测量精确至0.01g。

2.石蜡密封法试验步骤

(1)制备试件并称量,称量精确至0.01g。

(2)将试件系上细线,置于温度60℃左右的融蜡中1～2s,使试件表面均匀涂上一层蜡膜,厚度约1mm。当蜡膜有气泡时,应用热针刺穿并用蜡液涂平,待冷却后称蜡封试件质量。

(3)将蜡封试件置于水中称量。

(4)取出试件,擦干表面水分后再次称量。当浸水后的蜡封试件质量增加时,应重新进行试验。

四、数据处理

(1)采用量积法,岩石块体密度按下式计算:

$$\rho_0 = \frac{m_0}{AH} \tag{4-3}$$

$$\rho_d = \frac{m_s}{AH} \tag{4-4}$$

式中:ρ_0为岩石块体天然密度(g/cm^3);m_0 为岩石块体天然状态下的质量(g);ρ_d为岩石块体干密度(g/cm^3);m_s 为岩石块体烘干后质量(g);A 为试件截面积(cm^2);H 为试件高度(cm)。

(2)采用蜡封法,块体密度按下式计算:

$$\rho_d = \frac{m_s}{\dfrac{m_1 - m_2}{\rho_w} - \dfrac{m_1 - m_s}{\rho_p}} \tag{4-5}$$

式中:ρ_d为岩石块体干密度(g/cm^3);m_1为蜡封试件质量(g);m_2为蜡封试件在水中的质量(g);ρ_w为水的密度(g/cm^3);ρ_p为石蜡的密度(g/cm^3);w 为岩石含水率(%)。

注:计算值应精确至 0.01g/cm^3。

(1)用蜡封法测定岩石的密度时,要将试样置于较高温度的融蜡中,是否会影响试样含水率测量?有什么新的改进措施?

(2)对于含黏土矿物较多的黏土岩、泥岩,应采用哪种方法测量块体密度?

(3)在测量具有缩裂性质岩块的干密度时,如何保证测量结果的可靠性?

第四节　吸水性试验

一、试验目的

岩石与水相互作用时所表现的性质称为岩石的水理性质。岩石的水理性质包括岩石吸水性、渗透性、膨胀性和崩解性,可用于岩体工程分类和工程类比。本节主要介绍岩石的吸水性,目的在于可以反映岩石微裂隙的发育程度,也可以间接地判断岩石的抗冻性。

岩石的吸水性包括自然吸水率试验和饱和吸水率试验,适用于遇水不崩解、不溶解和不湿胀的岩石。岩石的自然吸水率是试样在常压室温条件下所吸收水的质量与岩石固体质量的比值,采用自由吸水法测定。岩石的饱和吸水率是岩石孔隙中完全充满水时水的质量与岩石固体质量之比,采用煮沸法或真空抽气法测定。岩石的饱水系数为岩石自然吸水率与岩石的饱和吸水率之比。

二、仪器设备

(1)钻石机、切石机、磨石机和砂轮机等。

(2)烘箱和干燥器。

(3)天平。

(4)水槽。

(5)真空抽气设备和煮沸设备。

(6)水中称量装置。

三、试验步骤

(1)将试件置于烘箱内,在 105~110℃温度下烘烤 24h,取出放入干燥器内冷却至室温后称量。

(2)当采用自由浸水法时,将试件放入水槽,先注水至试件高度的 1/4 处,以后每隔 2h 分别注水至试件高度的 1/2 和 3/4 处,6h 后全部浸没试件。试件在水中自由吸水 48h 后,取出试件并擦干表面水分,称量。

(3)当采用煮沸法饱和试件时,煮沸容器内的水面应始终高于试件,煮沸时间不得少于 6h。经煮沸的试件,应放置在原容器中冷却至室温后,取出试件并沾去表面水分称量。

(4)当采用真空抽气法饱和试件时,饱和容器内的水面应高于试件,真空压力表读数宜为当地大气压值。抽气直至无气泡逸出为止,但抽气时间不得少于 4h。经真空抽气的试件,应放置在原容器中,在大气压力下静置 4h,取出并沾去表面水分称量。

(5)将经煮沸或真空抽气饱和的试件,置于水中称量装置上,称其在水中的质量。

(6)称量准确至 0.01g。

四、数据处理

按下式计算试样的吸水率、饱和吸水率:

$$\omega_a = \frac{m_0 - m_s}{m_s} \times 100 \tag{4-6}$$

$$\omega_{sa} = \frac{m_p - m_s}{m_s} \times 100 \tag{4-7}$$

式中:w_a为岩石吸水率(%);m_0为试件浸水 48h 后的质量(g);m_s为烘干试件质量(g);w_{sa}为岩石饱和吸水率(%);m_p为试件经强制饱和后的质量(g)。

(1)对于遇水崩解或溶解的岩块,如何测量其吸水率?

(2)除了岩石的吸水性外,还有哪些试验指标可以反映岩石的水理性质?

(3)如何在野外崖壁上直接测量岩块的吸水率?

第五节　单轴抗压强度试验

一、试验目的

就一般的岩石材料而言，工程师们往往会提出两个问题：一是岩石在各种应力作用下所能承受的最大荷载或允许最大应力是多少？二是在上述荷载作用下，岩石所产生的变形是否会影响工程正常使用？这两个问题就是岩石的强度和变形问题。所谓强度，是指岩石受力时抵抗破坏的能力，由岩石的强度指标表征，如岩石的单轴抗压强度。岩石的单轴抗压强度试验用来测定岩石的单轴抗压强度。当无侧限试样在纵向压力作用下出现压缩破坏时，单位面积上所承受的荷载称为岩石的单轴抗压强度，即试样破坏时的最大荷载与垂直于加载方向的截面积之比。它是反映岩块基本力学性质的重要参数。

二、试验设备

(1)钻石机、切石机、磨石机和车床等。

(2)测量平台、游标卡尺和电子秤。

(3)烘箱。

(4)水槽、煮沸设备或真空抽气设备。

(5)材料试验机：有足够的吨位，能够连续加载且无冲击，承压板面平整光滑且有足够的刚度，必须采用球形座。

三、试验步骤

(1)试样尺寸规格：一般采用直径50mm、高100mm的圆柱体或高径比为2～2.5的圆柱体，以及断面边长50mm、高100mm的方柱体，每组试样应制备3块。

(2)根据试验所需对试样进行烘干或饱和处理。

①烘干：在105～110℃温度下烘干24h。

②饱和处理：饱和容器内水面高于试样，抽真空，直到无气泡为止，总的抽气时间不少于4h。

(3)试样描述：包括岩石名称、颜色、结构、颗粒、节理裂隙和含水状态等，还需要测量试样尺寸，求其断面面积A。

(4)将试样置于试验机承压板中心，以0.5～1.0MPa/s的加载速度加荷，直至试样破坏，记下最大(破坏)荷载P。

(5)描述试样破坏后的形态，记录相关情况。

四、数据处理

按下式计算岩石单轴抗压强度和软化系数：

$$R=\frac{P}{A} \tag{4-8}$$

$$\eta = \frac{\overline{R}_w}{\overline{R}_d} \tag{4-9}$$

式中：R 为岩石单轴抗压强度（MPa）；P 为破坏荷载（N）；A 为试样截面积（mm^2）；η 为软化系数；$\overline{R}_w$ 为岩石饱和单轴抗压强度平均值（MPa）；$\overline{R}_d$ 为岩石烘干单轴抗压强度平均值（MPa）。

注：岩石单轴抗压强度计算值取 3 位有效数字，岩石软化系数计算值应精确至 0.01。

（1）对于层状或片状岩石，如何取样测量其不同方向上的单轴抗压强度？

（2）一般来说，灰岩和泥岩哪种软化系数大？说明岩石与水相互作用时强度降低还是升高？

（3）影响单轴抗压强度试验的因素有哪些？

第六节　三轴压缩强度试验

一、试验目的

为了测量岩石在不同应力条件下的强度和变形特征，需要开展岩石的三轴压缩强度试验。岩石三轴压缩强度试验采用等侧向压力，能制成圆柱体试件的种类岩石均可采用侧向压力三轴压缩强度试验，从而获得岩石的弹性模量、泊松比、抗压强度、体积模量、剪切模量等。圆柱体试件直径一般为试验机承压板直径的 0.96～1.00 倍，试件高度与直径之比宜为 2.0～2.5。

二、试验设备

（1）钻石机、切石机、磨石机和车床等。

（2）测量平台。

（3）三轴试验机（图 4-1）。

图 4-1　GCTS RTX-1000 岩石三轴试验机

三、试验步骤

（1）各试件侧压力可按等差级数或等比级数进行选择。最大侧压力应根据工程需要和岩石特性及三轴仪性能确定。

（2）应根据三轴仪要求安装试件和局部位移传感器。

（3）应以不大于 0.05MPa/s 的加载速度同步施加侧向压力和轴向压力至预定的侧压力值，记录试样的轴向变形、径向变形，并作为初始值。

(4)加载应采用一次连续加载法。应以0.5～1.0MPa/s的加载速度施加轴向荷载,应逐级测读轴向荷载、轴向变形和径向变形,直至试件破坏,并应记录破坏载荷。

(5)开展同一批试样在不同侧压力下的试验。

(6)应对破坏后的试件进行描述,当有完整的破坏面时,应量测破坏面与试件轴线方向的夹角。

四、数据处理

(1)不同侧向压力条件下的最大主应力按下式计算:

$$\sigma_1 = \frac{P}{A} \tag{4-10}$$

式中:σ_1为不同侧压力条件下的最大主应力(MPa);P为不同侧向压力条件下试件轴向破坏荷载(N);A为试件横截面积(mm^2)。

(2)应根据计算的最大主应力σ_1及相应施加的侧向压力σ_3,在τ-σ坐标图上绘制莫尔应力圆;应根据莫尔-库仑强度准则确定岩石在三向应力状态下的抗剪切强度参数,包括摩擦系数f值和黏聚力c值。

(3)抗剪切强度参数也可采用下述方法确定。在以σ_1为纵坐标、以σ_3为横坐标的坐标图上,根据各试件的σ_1、σ_3值,绘出各试件的坐标点,并应建立下列线性方程式:

$$\sigma_1 = F\sigma_3 + R \tag{4-11}$$

式中:F为σ_1-σ_3关系曲率的斜率;R为σ_1-σ_3关系曲线在σ_1轴上的截距,等同于试件的单轴抗压强度(MPa)。

(4)根据参数F、R,莫尔-库仑强度准则参数分别按下式计算摩擦系数f值和黏聚力c值:

$$f = \frac{F-1}{2\sqrt{F}} \tag{4-12}$$

$$c = \frac{R}{2\sqrt{F}} \tag{4-13}$$

(1)岩石三轴压缩强度试验的应力-应变关系曲线一般可以分为几个阶段?

(2)在不同的侧向压力下,岩块试样的破裂形式有哪几种?

(3)如何测量岩石在三轴压缩过程中的轴向应变和径向应变?有哪些技术?

第七节 抗拉强度试验

一、试验目的

岩石在纵向拉力作用下出现拉伸破坏时，单位面积所承受的拉力称为岩石的单轴抗拉强度，即试样破坏时的最大荷载与垂直于加载方向的截面积之比。岩石的抗拉强度试验大体可以分为直接法和间接法。一般来说，对岩石直接进行抗拉强度的试验（图 4-2）比较困难，目前大多进行各种各样的间接试验，采用理论公式计算出抗拉强度。间接试验较常用的是劈裂法和弯曲梁法，本节重点介绍劈裂法。

劈裂法也称径向压裂法，是由巴西学者 Hondros 提出的试验方法，因此习惯上也称巴西法（图 4-3）。该试验方法是用一个实心圆柱试样，使其承受径向压缩线荷载直至破坏。然后根据 Boussinesq 半无限体上作用集中力的解析解，求得试样破坏时作用在试样中心的最大拉应力，即为岩石的抗拉强度。

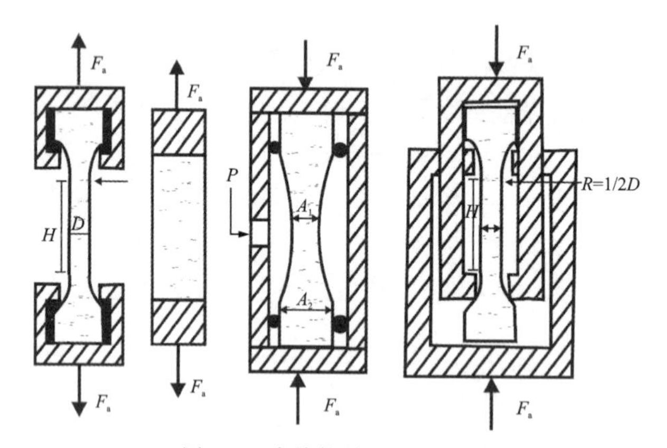

图 4-2 直接拉伸试验示意图

H. 试样平直段高度；F_a. 施加的轴向力；R. 试样半径；D. 试样直径；A. 截面积；P. 水压力

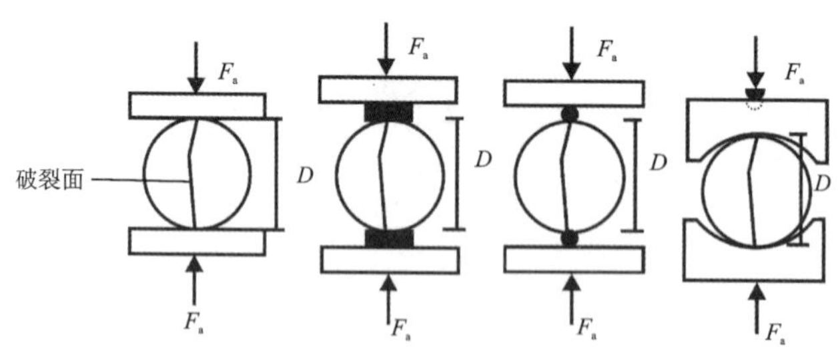

图 4-3 劈裂法抗拉强度试验示意图

F_a. 施加的轴向力；D. 试样直径

二、试验设备

（1）钻石机、切石机、磨石机和车床等。

(2)测量平台。

(3)材料试验机。

(4)垫条。

三、试验步骤

(1)试样制备:标准试件采用圆柱体,直径宜为48～54mm,高度宜为直径的0.5～1.0倍,并应大于岩石中最大颗粒直径的10倍。

(2)试样加工精度要求与岩石单轴抗压强度试验试样加工精度要求相同,试样的含水状态可以根据需要选择天然状态、烘干状态或饱和状态,同一含水状态下每组试样数为6件。

(3)通过试件直径的两端,在试件的侧面沿轴线方向画两条加载基线,把两根垫条沿其固定。对于较坚硬岩石建议选直径1mm的钢丝为垫条,对于较软弱的岩石选用宽度与试件直径之比0.08～0.10的硬纸板或胶木板为垫条。

(4)把试样放在承压板中心,调整球形座,使其均匀受力,作用力通过两垫条确定的平面。

(5)以0.3～0.5MPa/s的加载速率直至试件破坏,较软岩应适当降低加载速率,记录试件破坏时的最大荷载。

(6)试件最终破坏应通过两垫条决定的平面,否则试验无效。

(7)观察试样在受载过程中的破坏过程,并记录破坏形态。

四、数据处理

岩石的抗拉强度按下式计算(计算值取3位有效数字):

$$\sigma_t = \frac{2P}{\pi DH} \tag{4-14}$$

式中:σ_t为岩石的抗拉强度(MPa);P为试样破坏时的最大荷载(N);D为试样的直径(mm);H为试样的厚度(mm)。

(1)为什么岩石直接进行抗拉强度的试验比较困难?

(2)对于软弱和较软弱的岩石,如果还用直径为1mm钢丝垫条,会发生什么情况?

第八节　抗剪强度试验

一、试验目的

岩石抗剪强度是岩石最重要的特性之一,是指试样在有正应力的条件下,剪切面受剪切力作用而使试样被剪断破坏时的剪切力与剪断面积之比,亦即岩石对剪切破坏的极限抵抗能力。岩石抗剪强度试验采用直接剪切仪,利用压力机施加垂直荷载,在预定的剪切面方向施加剪切荷载，从而绘制压应力 σ 与剪应力 τ 的关系曲线，按照莫尔-库仑强度准则求得岩石黏聚力 c 和内摩擦角 φ。

岩石的抗剪强度通常有两种：抗剪断强度和抗剪强度。抗剪断强度是指岩石在一定垂直压力作用下，被水平剪断时的最大剪应力；抗剪强度是指岩石沿已有的破裂面或软弱面剪切滑动时的最大剪应力。

二、试验设备

(1)制样设备：钻石机、切石机、磨石机。

(2)试件测量设备：如游标卡尺及位移计等。

(3)岩石直剪试验仪(图 4-4)。

图 4-4　岩石直剪试验仪

三、试验步骤

(1)试样制备：岩石直剪试验试件的直径或边长不得小于 50mm，高度与其相等，试件各端面平行。每组试验试件的数量不少于 5 个。

(2)试件安装：把试件置于剪切盒内，间隙用填料填实，法向荷载和剪切荷载应通过预定剪切面的几何中心。水平位移测表和法向位移测表测剪切位移对称布置，各测表数量不得少于 2 个。预留剪切缝宽度应为试件剪切方向长度的 5%，或为结构面充填物的厚度。

(3)施加法向荷载：

①根据每个试件的情况，施加不同的法向应力，对应的最大法向应力值不宜小于预定的法向应力。各试件的法向荷载，宜根据最大法向荷载等分确定。

②对岩石结构面有充填物的试件，最大法向应力应以不挤出充填物为宜。

③不需要固结的试件，法向荷载依次施加完毕，即测读法向位移，5min 后再测读 1 次，即可施加剪切荷载。

④需要固结的试件，应按充填物的性质和厚度分1～3级施加。在法向荷载施加完毕后的第1h内，每15min读数1次，然后每隔0.5h读数1次。当法向位移不超过0.05mm/h时，即认为固结稳定，可施加剪切荷载。

(4)剪切荷载的施加：加载速度应控制在0.5～0.8MPa/s之间，根据预估最大剪切载荷，宜分8～12级施加。若剪切面强度较低，可适当降低剪切荷载速度。

(5)试件破坏后，应继续施加剪切载荷，直至测出趋于稳定的剪切载荷值为止。剪切过程中，应使法向载荷始终保持恒定。

(6)试验结束后对剪切面进行描述：量测并确定有效剪切面积；描述剪切面的破坏情况，擦痕的分布、方向和长度；测定剪切面的起伏差，绘制沿剪切方向断面高度的变化曲线；当结构面有充填物时，准确判断剪切面的位置，并记录其组成成分、性质和厚度等。

四、数据处理

(1)按下式计算作用于剪切面上的法向应力和剪应力：

$$\sigma = P/A \tag{4-15}$$

$$\tau = Q/A \tag{4-16}$$

式中：σ为作用在剪切面的法向应力(MPa)；P为作用在剪切面的法向荷载(N)；τ为作用在剪切面上的剪应力(MPa)；Q为作用在剪切面的剪切荷载(N)；A为有效剪切面积(mm^2)。

(2)绘制各法向应力下的剪应力与剪切位移及法向位移关系曲线，应根据曲线确定各剪切阶段特征点的剪应力。

(3)根据各剪切阶段特征点的剪应力和法向应力点绘在坐标图上，绘制剪应力和法向应力关系曲线，按莫尔-库仑强度准则确定相应的岩石抗剪强度参数。拟合直线的截距为岩石黏聚力c，倾角为岩石的内摩擦角φ。

(1)岩石的剪切强度可以分为抗剪断强度和抗剪强度，区别是什么？哪个强度大？

(2)测定岩石抗剪断强度的室内方法还有双面剪切法、变角板法等，试查阅资料解释其基本原理。

第二篇

原位测试

第五章　载荷试验

地基土的载荷试验是确定各类地基土承载力和变形特性参数的综合性测试手段，主要分为平板载荷试验、螺旋板载荷试验和岩石地基载荷试验。

平板载荷试验是在岩土体原位，用一定尺寸的承压板，施加竖向荷载，同时观测承压板沉降，测定岩土体承载力和变形特性。平板载荷试验根据试验位置不同，又可分为浅层平板载荷试验和深层平板载荷试验。浅层平板载荷试验适用于地下水位以上浅层地基土，包括各种填土和含碎石的土，试验基本理论基础为刚性平板作用于均质土各向同性半无限弹性介质表面。深层平板载荷试验适用于深层地基土和大直径桩的桩端土，试验深度不应小于 5m，试验基本理论基础为刚性圆形板作用于均质土各向同性半无限弹性介质内部。

螺旋板载荷试验是将螺旋板旋入地下预定深度，通过传力杆向螺旋板施加竖向荷载，同时量测螺旋板沉降，测定土的承载力和变形特性。螺旋板载荷试验是由常规的平板载荷试验演变发展而来的，该试验最初从挪威技术学院 Janbu 等(1973)提出并研制的现场压缩仪开始，适用于深层或地下水位以下难以采取原状土试样的砂土、粉土和灵敏度高的软黏性土。螺旋板载荷试验基本理论基础与平板载荷试验相同，当板的埋深较浅时，按浅层考虑；当板的埋深较深时，按深层考虑。

岩石地基载荷试验是在现场通过用一块圆形刚性承压板传递上部荷载并逐级加载，同时量测承压板相应的沉降，得到压力-沉降曲线（即 p-s 曲线）来确定岩石地基承载力的试验，适用于确定完整、较完整、较破碎岩基作为天然地基或桩基基础持力层时的承载力。

载荷试验因直观、实用在岩土工程实践中广为应用。必须指出，由于载荷试验一般采用缩尺模型，而土力学中的承载力并不是地基土的固有特性，而是与基础相关的一个概念，所以对试验影响土层范围及尺寸效应应充分估计，载荷试验成果应与其他测试方法得到的结果对比综合分析，并结合地区经验与场地特点将试验成果应用于岩土工程分析评价。

第一节　浅层平板载荷试验

一、基本原理

在拟建建筑场地上，将一定尺寸和几何形状（方形或圆形）的刚性板，放置在被测的地基持力层上，逐级增加荷载，并测得相应的稳定沉降，直至达到地基破坏标准，由此可得到 p-s 曲线，然后根据 p-s 曲线推求承压板下 1.5～2.0 倍承压板直径或宽度的深度范围内地基土的强度、变形的综合性状。典型的平板载荷试验 p-s 曲线可以划分为 3 个阶段，如图 5-1 所示。

(1)直线变形阶段：为弹性变形阶段，主要是承压板下土体压实，其 p-s 呈线性关系，对应于此线性段的最大压力 p_0 称为比例界限压力。

(2)剪切变形阶段：为弹塑性变形阶段，当荷载大于 p_0 而小于极限压力 p_u 时，p-s 关系由直线变为曲线关系，曲线的斜率逐渐变大，该阶段除了土体的压实外，还有局部剪切破坏发生。

(3)破坏阶段：为塑性变形阶段，当荷载大于极限压力 p_u 时，即使荷载维持不变，沉降也会持续发展或急剧增大，始终达不到稳定标准，该阶段土体中形成连续的剪切破坏滑动面，在地表出现隆起及环状或放射状裂隙，此时在滑动土体的剪切面上各点的剪应力均达到或超过土体的抗剪强度。

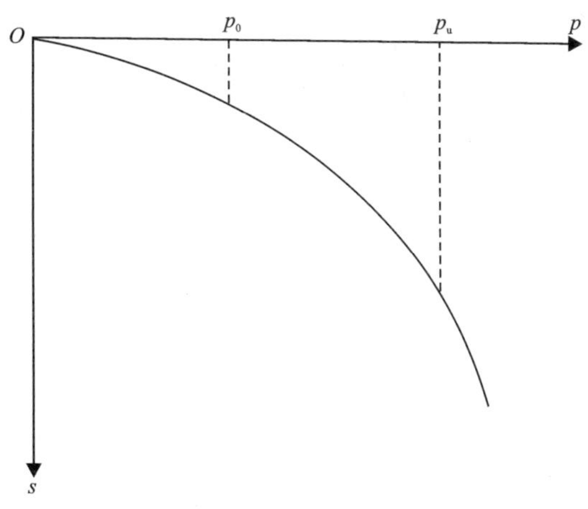

图 5-1　平板载荷试验 p-s 曲线

二、仪器设备

浅层平板载荷试验的试验设备由 3 部分组成，即加荷系统、反力系统和量测系统。

1. 加荷系统

加荷系统是指通过承压板对地基土施加额定荷载的装置，包括承压板和加荷装置。承压板的功能类似于建筑物的基础，所施加的荷载通过承压板传递给地基土。承压板一般采用圆形或方形的刚性板，也有根据试验的具体要求采用矩形承压板。

加荷装置可分为千斤顶加荷装置和重物加荷装置两种，如图 5-2(a)～(d)所示为千斤顶加载方式，如图 5-2(e)、(f)所示为重物加载方式。重物加荷装置是将具有已知重量的标准钢锭、钢轨或混凝土块等重物按试验加载计划依次放置在加载台上，达到对地基土分级施加荷载的目的，这种加载方式目前已经很少采用。千斤顶加荷装置是在反力装置的配合下对承压板施加荷载，根据使用的千斤顶类型，又分为机械式和油压式；根据使用千斤顶数量的不同，又分为单个千斤顶加荷装置和多个千斤顶联合加荷装置。

经过标定的带有油压表的千斤顶可以直接读取施加荷载的大小，如果采用不带油压表的千斤顶或机械式千斤顶，则需要配置压力传感器，以确定施加荷载的大小，并在试验之前对压力传感器进行标定。

2. 反力系统

载荷试验常见的反力系统布置形式如图 5-2(a)～(d)所示，其反力可以由重物[图 5-2(a)]、地锚[图 5-2(b)～(d)]或地锚与重物联合提供，然后再与梁架组合成稳定的反力系统。当在岩体内(如探坑或探槽)进行载荷试验时，可以利用周围稳定的岩体提供所需要的反力，如图 5-3 所示。

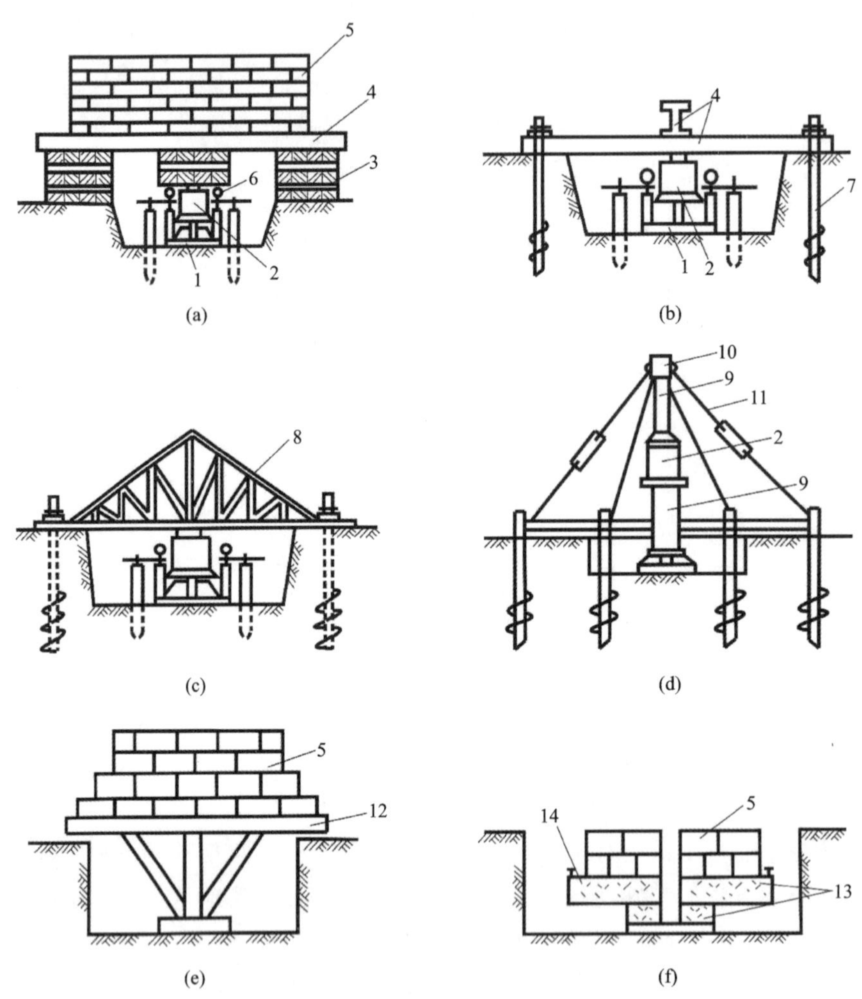

图 5-2 常见的载荷试验反力系统与加载布置方式

1. 承压板；2. 千斤顶；3. 木跺；4. 钢梁；5. 钢锭；6. 百分表；7. 地锚；8. 桁架；9. 立柱；10. 分力帽；11. 拉杆；12. 载荷台；13. 混凝土板；14. 测点

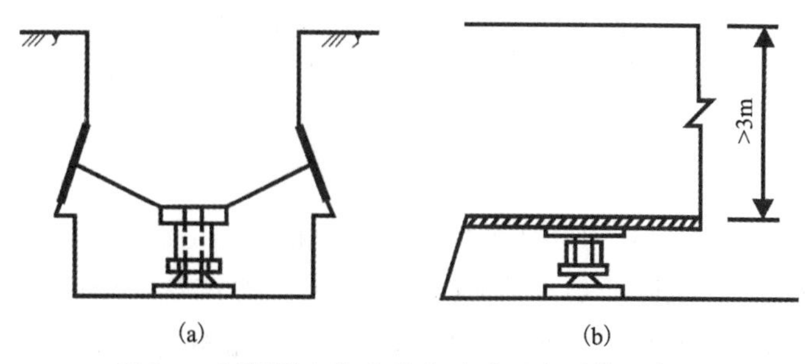

图 5-3　坚硬岩土体内载荷试验反力系统示意图

3. 量测系统

量测系统主要是指沉降量测系统，承压板的沉降量测系统包括基准梁、基准桩、位移测量仪器和其他附件。根据载荷试验的技术要求，将基准桩打设在试坑内适当的位置，基准桩与承压板之间的距离必须满足有关规范的要求，将基准梁架设在基准桩上，采用万向磁性表座将位移测量仪器固定在基准梁上，组成完整的沉降量测系统。位移量测仪器可以采用精度不低于 0.01mm 的百分表或位移传感器。

三、技术要求和操作步骤

1. 试验的技术要求

对于浅层平板载荷试验，每个场地试验点不宜少于 3 个且应当满足下列技术要求。

1)试坑的尺寸及要求

浅层平板载荷试验的试坑宽度或直径不应小于承压板宽度或直径的 3 倍，以满足半空间表面受荷边界条件。试坑底部的岩土应避免扰动，保持其原状结构和天然含水率，在承压板下铺设不超过 20mm 的砂垫层找平，并尽快安装设备。

2)承压板的尺寸

浅层平板载荷试验宜采用圆形刚性承压板，承压板面积可取 0.25～0.5m^2，但在工程实践中，承压板的尺寸根据地基土的类型和试验要求有所不同，一般情况下可参照下面的经验值选取。

(1)对于一般黏性土地基，常用面积为 0.5m^2 的圆形或方形承压板。

(2)对于碎石类土，承压板直径(或宽度)应为最大碎石直径的 10～20 倍。

(3)对于砂类土或均质密实土，如 Qp_3 老黏土或密实砂土，承压板的面积以 0.10m^2 为宜。

(4)对于软土和粒径较大的填土，承压板尺寸应不小于 0.5m^2。

(5)对于强夯处理后场地的地基，有时要求承压板的尺寸应大于 1.0m×1.0m。

3)位移量测系统的安装

支撑基准梁的基准柱或其他类型的支点应离承压板和地锚(如果采用地锚提供反力)一定的距离，以避免在试验过程中地表变形对基准梁的影响，与承压板中心的距离应大于1.5d(d 为承压板边长或直径)，与地锚的距离应不小于 0.8m。

基准梁架设在基准桩上时，两端不能固定，以避免由于基准梁热胀冷缩引起沉降观测的误差。沉降测量仪器应对称地布置在承压板上，百分表或位移传感器的测头应垂直于承压板设置。

4)加载方式

载荷试验的加载方式一般采用分级维持荷载沉降相对稳定法(通常称为慢速法);有地区经验时，也可采用分级加荷沉降非稳定法(通常称为快速法)或等沉降速率法。加荷等级的划分，一般取 10～12 级，并应不小于 8 级;卸载时，卸载值一般取每级加载值的 2 倍，并逐级卸载。最大加载量应不小于地基土承载力设计值的 2 倍，荷载的量测精度应控制在最大加载量的±1%以内。

5)沉降观测

当采用慢速法加载方式时，对于土体，每级荷载施加后，间隔 5min、5min、10min、10min、15min、15min 测读 1 次沉降，以后间隔 30min 测读 1 次沉降，当连续 2h 且沉降量不大于 0.1mm/h 时，可以认为沉降已达到相对稳定标准，可施加下一级荷载;当试验对象是岩体时，间隔 1min、2min、2min、5min 测读 1 次沉降，以后每隔 10min 测读 1 次，当连续 3 次读数差不大于 0.01mm 时，认为沉降已达到相对稳定标准，可施加下一级荷载。

采用快速法加载方式时，每加一级荷载按间隔 15min 观测 1 次沉降。每级荷载维持 2h，即可施加下一级荷载。最后一级荷载可观测至沉降达到上述沉降相对稳定标准或仍维持 2h。

当采用等沉降速率法加载方式时，控制承压板以一定的速率沉降，测读与沉降相应所加的荷载，直至试验土层达到破坏阶段。

6)试验终止加载条件

载荷试验一般应尽可能进行到试验土层达到破坏阶段，然后终止加载。当出现下列情况之一时，可认为地基已达破坏阶段，并可终止加载。

(1)承压板周边的土体出现明显侧向挤出，周边岩土出现明显隆起或径向裂缝持续发展。

(2)本级荷载的沉降量大于前级荷载沉降量的 5 倍，或沉降量急剧增大，p-s 曲线出现明显陡降。

(3)在某级荷载下 24h 沉降速率不能达到相对稳定标准。

(4)总沉降量与承压板直径(或边长)之比超过 0.06。

(5)总加荷量已达设计值的 2 倍或超过第 1 个拐点至少 3 级荷载，地基虽未达到上述破坏条件，也可终止加载。

2. 试验的操作步骤

1)试验设备的安装

试验设备安装时应遵循先下后上、先中心后两侧的原则，即首先放置承压板，然后放置千斤顶于其上，再安装反力系统，最后安装量测系统。这里以地锚反力系统为例说明设备的安装步骤。

(1)下地锚。在确定试坑位置后，根据最大加载量要求使用地锚的数量(4 只、6 只或更多)，以试坑中心为中心点对称布置地锚。各个地锚的埋设深度应当一致，一般地锚螺旋叶片全部进入较硬地层为好，可以提供较大的反力。

(2)挖试坑。根据固定好的地锚位置重复测试坑位置，根据试验技术要求开挖试坑至试验深度。

(3)放置承压板。在试坑的中心位置，根据承压板的大小铺设不超过20mm厚的砂垫层并找平。然后小心平放承压板，防止承压板倾斜着地。

(4)千斤顶和测力计的安装。以承压板为中心，从下到上在承压板上依次放置千斤顶、测力计和分力帽，并使其重心保持在一条垂直直线上。

(5)横梁和连接件的安装。通过连接件将次梁安装在地锚上，以承压板为中心将主梁通过连接件安装在次梁下，形成完整的反力系统。

(6)沉降测量元件的安装。打设基准桩，安装测量横杆(基准梁)，通过磁性表座固定位移百分表(或位移传感器)，形成完整的沉降量测系统。

如果采用测力计来量测荷载的大小，在试验之前还需要安装测力计的百分表。如果采用位移传感器量测地基沉降，传感器的电缆线应连接到位移记录仪上，并进行必要的设置。

2)试验操作步骤

(1)加载操作。加载等级一般分为10～12级，并应不小于8级。最大加载量应不小于地基土承载力设计值的2倍，荷载的量测精度控制在最大加载量的±1%以内。加载必须按照预先规定的级别进行，第一级荷载需要考虑设备的重量和挖掉土的自重。所加荷载是通过事先标定好的油压表读数或测力计百分表的读数反映出来，因此，必须预先根据标定曲线或表格计算出预定的荷载所对应的油压表读数或测力计百分表读数。

(2)稳压操作。每级荷重下都必须保持稳压，加压后地基土沉降、设备变形和地锚受力拔起等原因，都会引起荷载减小，必须随时观察油压表的读数或测力计百分表指针的变化，并通过千斤顶不断补压，使所施加的荷载保持相对稳定。

(3)沉降观测。采用慢速法加载方式时，每级荷载施加后，间隔5min、5min、10min、10min、15min、15min测读1次沉降，以后间隔30min测读1次沉降，当连续2h每小时沉降量不大于0.1mm时，可以认为沉降已达到相对稳定标准，可施加下一级荷载。直至达到前述试验时终止加载条件。

(4)试验观测与记录。当采用百分表观测沉降时，在试验过程中必须始终按规定将观测数据记录在载荷试验记录表中。试验记录是载荷试验中最重要的第一手资料，必须正确记录并严格校对，确保试验数据记录的可靠性。

四、资料整理与成果应用

1. 资料的整理

载荷试验的最后成果是通过对现场原始试验数据进行整理，并依据现有的规范或规程进行分析得出。其中载荷试验沉降观测记录是最重要的原始资料，不仅记录沉降数据，还记录了荷载等级和其他与载荷试验相关的信息，如承压板形状、尺寸、载荷点的试验深度、试验深度处的土性特征，以及沉降观测百分表或传感器在承压板上的位置等(一般以图示的方式标注在记录表上)。载荷试验资料整理分为以下几个步骤。

1)绘制 p-s 曲线

根据载荷试验沉降观测原始记录,将荷载 p 与沉降 s 数据标在坐标纸上,绘制 p-s 曲线。

2)p-s 曲线的修正

如果原始 p-s 曲线的直线段延长线不通过原点(0,0),则需要对 p-s 曲线进行修正。可采用以下两种方法就行修正。

(1)图解法。

先以一般坐标纸绘制 p-s 曲线,如果开始的一些观测点(p,s)基本上在一条直线上,则可直接用图解法进行修正。即将 p-s 曲线上的各点同时沿 s(沉降)坐标平移 s_0,使 p-s 曲线的直线段通过原点,如图 5-4 所示。

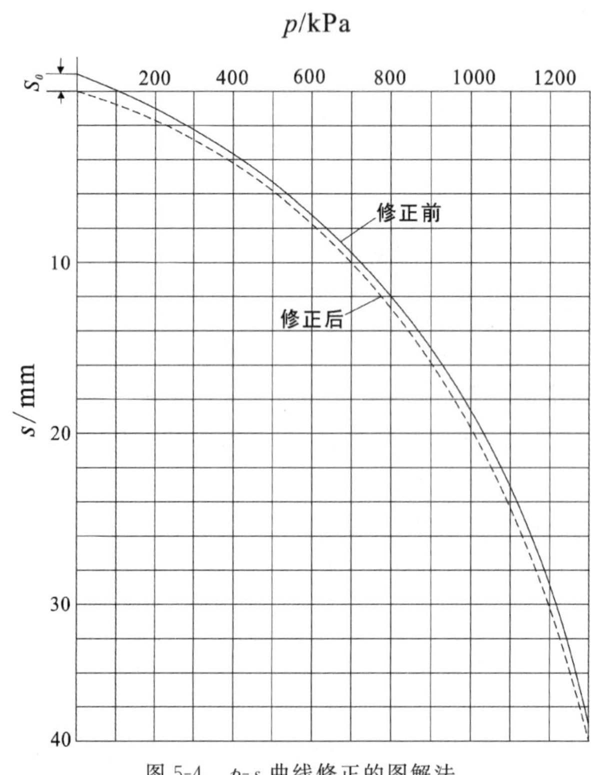

图 5-4　p-s 曲线修正的图解法

(2)最小二乘修正法。

对于已知 p-s 曲线开始一段近似为直线(即 p-s 曲线具有明显的直线段和拐点),可用最小二乘法求出最佳回归直线的方程式。假设 p-s 曲线的直线段可以用下式来表示:

$$s = s_0 + c_0 p \tag{5-1}$$

需要确定两个系数 s_0 和 c_0。如果 s_0 等于零,则表明该直线通过原点,否则不通过原点。求得 s_0 后,$s' = s - s_0$ 即为修正后的沉降数据。

对于圆滑型或不规则型的 p-s 曲线(即不具有明显的直线段和拐点),可假设其为抛物线或高阶多项式表示的曲线,通过曲线拟合求得常数项,即 s_0,然后按 $s' = s - s_0$ 对原始数据进行修正。

3）绘制 s-lg$t$ 曲线和 lg$p$-lg$s$ 曲线

在单对数坐标纸上绘制每级荷载下的 s-lg$t$ 曲线，同时需要标明每根曲线的荷载等级，荷载单位为 kPa。在有必要时，可在双对数坐标纸上绘制 lg$p$-lg$s$ 曲线，注意标明坐标名称和单位。

2. 试验成果的应用

1）确定地基土的承载力

在资料整理的基础上，应根据 p-s 曲线拐点，必要时结合 s-lg$t$ 曲线或 lg$p$-lg$s$ 曲线的特征，确定比例界限压力 p_0。无论是深层还是浅层平板载荷试验，当满足前 3 个试验终止条件之一时，则对应的前一级荷载即可判定为极限压力 p_u。

（1）拐点法。

如果拐点明显，直接从 p-s 曲线上确定拐点作为比例界限压力，并取该比例界限压力 p_0 所对应的荷载值作为地基土的承载力特征值。

（2）极限荷载法。

先确定极限压力 p_u，当极限压力 p_u小于对应比例界限压力的荷载值 2 倍时，取极限压力的一半作为地基承载力特征值。

（3）相对沉降法。

若 p-s 关系呈缓变曲线时，可取对应于某一相对沉降值（即 s/b，b 为承压板直径或边长）的压力作为地基土承载力的估计，即在 p-s 曲线上取 s/b 为一定值所对应的荷载为地基土承载力特征值。

当承压板面积为 0.25～0.50m²，对低压缩性土和砂土，取 $s/b=0.01\sim0.015$ 所对应的荷载作为地基土承载力特征值；对中、高压缩性土，取 $s/b=0.02$ 所对应的荷载作为地基土承载力特征值，但其值应不大于最大加载量的一半。当承压板的面积大于 0.5m²时，应结合结构物沉降变形的控制要求、基础宽度和不大于最大加载量一半的原则，综合确定地基土承载力特征值。

确定地基土的承载力时，同一土层参加统计的试验点数不应小于 3 个，当各试验点实测的承载力极差（即最大值与最小值之差）小于平均值的 30％时，取其平均值作为该土层的承载力特征值。

2）确定地基土的变形模量

对于各向同性地基土，当地表无超载（相当于承压板置于地表）时，土的变形模量按下式计算，即：

$$E_0 = 0.785(1-\mu^2)D_c\frac{p}{s}\ \text{（承压板为圆形）} \tag{5-2}$$

$$E_0 = 0.886(1-\mu^2)a_c\frac{p}{s}\ \text{（承压板为方形）} \tag{5-3}$$

式中：E_0为试验土层的变形模量（kPa）；μ 为土的泊松比（碎石取 0.27、砂土取 0.30、粉土取 0.35、粉质黏土取 0.38、黏土取 0.42）；D_c为承压板的直径（cm）；p 为单位压力（kPa）；s 为对应于施加压力的沉降量(cm)；a_c为承压板的边长(cm)。

3)平板载荷试验的其他应用

平板载荷试验的其他应用有如评价地基土不排水抗剪强度，预估地基土最终沉降量和检验地基处理效果，是否达到地基土承载力的设计值。

第二节　深层平板载荷试验

深层平板载荷试验适用于深层地基土和大直径桩的桩端土，试验深度应不小于5m，试验基本理论基础为刚性圆形板作用于均质土各向同性半无限弹性介质内部。

试验基本原理和仪器设备同浅层平板载荷试验。试验的技术要求和操作步骤中，对于试验坑的尺寸及要求，深层平板载荷试验试井直径应等于承压板直径，当试验井直径大于承压板直径时，紧靠承压板周围土的高度应不小于承压板直径；对于承压板面积的选取，深层载荷试验选用0.5m^2；对于试验终止加载条件，深层平板载荷试验也略有不同，具体如下。

(1)沉降量急剧增大，p-s 曲线出现可判定极限承载力的陡降段，且总沉降量超过0.04d(d为承压板的直径)。

(2)在某级荷载下，24h沉降速率不能达到稳定标准。

(3)本级荷载下的沉降量大于前一级荷载下沉降量的5倍。

(4)当承压板下持力层坚硬，沉降量较小时，最大加载量已达到或超过地基土承载力设计值的2倍时。

(5)总加荷量已达设计值的2倍，深层地基土虽未达到上述破坏条件，也可终止加载。其余同浅层平板载荷试验。

试验资料整理与成果应用中，对于确定地基土变形模量，深层平板载荷试验同螺旋板载荷试验，其余成果整理同浅层平板载荷试验。

第三节　螺旋板载荷试验

螺旋板载荷试验是将螺旋形承压板旋入地下试验深度，通过传力杆对螺旋板施加荷载，观测螺旋板的沉降，以获得荷载-沉降-时间的关系，然后根据理论公式或经验关系获得地基土参数的一种现场测试技术。通过螺旋板试验可以确定地基土的承载力、变形模量、基床系数和固结系数等参数。

螺旋板载荷试验适用于地下水位以下一定深度处的砂土、软黏性土、一般黏性土和硬黏性土层。螺旋板旋入土中会引起一定的土体扰动，但若适当选择轴径、板径、螺距等参数，并保持螺旋板板头的旋入进尺与螺距一致，以及保持与土接触面光滑，可对土体的扰动减小到合理的程度。

一、仪器设备

螺旋板载荷试验设备由螺旋形承压板、传力杆、反力装置、加载和量测系统等组成。反力装置由地锚或重物及构架组合而成，提供反力应大于最大试验荷载的 1.2 倍。螺旋形载荷板、传力杆等构件要求有足够的强度和刚度，并保持传力系统垂直。YDL 型螺旋板载荷试验装置如图 5-5 所示。

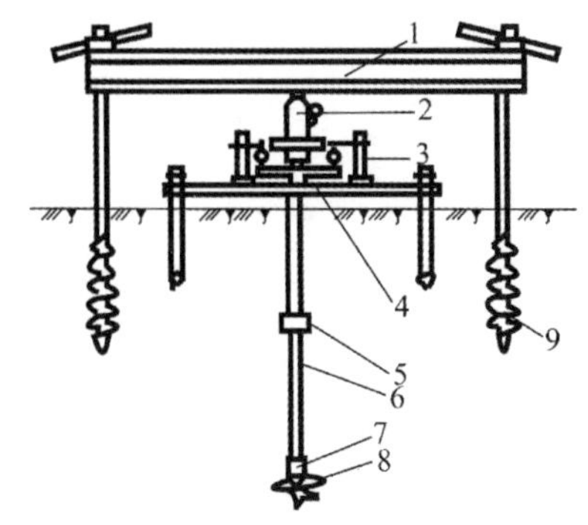

图 5-5　YDL 型螺旋板载荷试验装置

1. 横梁；千斤顶；3. 百分表及表座；4. 基准梁；5. 立柱；
6. 传力杆；7. 力传感器；8. 螺旋板；9. 地锚

二、试验要点

螺旋板载荷试验应在钻孔中进行，钻孔钻进时应在离试验深度 200～300mm 处停钻，并清除孔底受压或受扰动土层。螺旋板头入土时，应按每转一圈下入一个螺距进行操作，减少对土的扰动。螺旋形承压板需完全进入天然土层中，并紧密接触。

采用应力法加载方式，用油压千斤顶分级加荷，每级荷载对砂类土、中—低压缩性的黏性土、粉土宜采用 50kPa，对高压缩性黏性土宜采用 25kPa。每加一级荷载后，第 1 小时内按 5min、10min、15min、15min、15min 间隔观测沉降量，以后按 30min 的时间间隔观测沉降量，达到相对稳定后施加下一级荷载。相对稳定标准为 2h 内每小时沉降量不超过 0.1mm。采用应变法加载方式，对砂类土和中—低压缩性黏性土宜采用 1～2mm/min 加荷速率，每下沉 1～2mm 测读压力 1 次；对高压缩性黏性土宜采用 0.25～0.50mm/min 加荷速率，每下沉 0.25～0.5mm 测读压力 1 次。终止试验条件同平板载荷试验。

三、资料整理与成果应用

螺旋板载荷试验 p-s 曲线和 s-lg$t$ 曲线与试验土层的土性之间的理论关系与平板载荷试验有所不同。由于试验在土层中的某一深度进行，p-s 曲线上的特征值除了比例界限压力和极限压力之外，还有初始压力(定义为 p-s 曲线直线段的起点)。在理论上初始压力相当于试验深度上覆土层的自重压力，可把螺旋板载荷试验假设为一刚性圆板作用在均质各向同性的弹性半无限体的内部(承压板埋置深度大于 6 倍板径)，对于 p-s 曲线的直线段，可采用弹性理论来分析压力与沉降之间的关系：

$$E = ar\frac{p}{s} \tag{5-4}$$

式中：E 为弹性介质的弹性模量(kPa)；a 为与土的泊松比 μ 有关的影响系数，无量纲；r 为圆板的半径(m);p/s 为 p-s 关系直线段的斜率(kN/m^3)。

当假设土-板界面为完全黏结(粗糙)时:

$$a=\frac{\pi}{4}\times\frac{(3-4\mu)(1+\mu)}{4(1-\mu)} \tag{5-5}$$

当假设土-板界面为完全光滑时:

$$a=\frac{(3-4\mu)(1+\mu)+\left(1-\frac{\pi}{4}\right)(1-2\mu)^2}{4(1-\mu)} \tag{5-6}$$

除了可以评价地基土的承载力外,螺旋板载荷试验和深层平板载荷试验的变形模量可按下式计算:

$$E_0=\omega\frac{pb}{s} \tag{5-7}$$

式中:ω 为与试验深度和土类有关的系数,可按表 5-1 选用;b 为承压板或螺旋板直径(m);p/s 为 p-s 关系直线段的斜率(kN/m^3)。

表 5-1 螺旋板载荷试验和深层平板载荷试验计算系数 ω

b/z	土类				
	碎石土	砂土	粉土	粉质黏土	黏土
0.30	0.477	0.489	0.491	0.515	0.524
0.25	0.469	0.480	0.482	0.506	0.514
0.20	0.460	0.471	0.474	0.497	0.505
0.15	0.444	0.454	0.457	0.479	0.487
0.10	0.435	0.446	0.448	0.470	0.478
0.05	0.427	0.437	0.439	0.461	0.468
0.01	0.418	0.429	0.431	0.452	0.459

注:b/z 为承压板直径与承压板距地面深度之比。

第四节 工程实例

一、工程概况

港珠澳大桥海底隧道全长约 6.7km,其中沉管段由 33 节混凝土矩形沉管组成,从西人工岛至东人工岛依次编号 E1~E33。由于地质条件复杂,为保证荷载作用下地基沉降变形满足设计要求,采用了多种地基处理方法,有挤密砂桩(SCP)+堆载预压+碎石垫层、挤密砂桩(SCP)+块石夯平+碎石垫层和天然地基+块石夯平+碎石垫层。

二、仪器设备

该工程自行研制了水下载荷试验系统,试验系统由荷载块、承压板、基准板、吊架、测量系统组成(图 5-6)。承压板通过钢丝绳悬挂在荷载块正下方 1.0m 位置;基准板通过吊架悬挂在承压板两侧，并与承压板满足1倍承压板宽的净距要求，且基准板与承压板底高程保持一致；荷载块、承压板、基准板上布置水下测量设备组成测量系统。

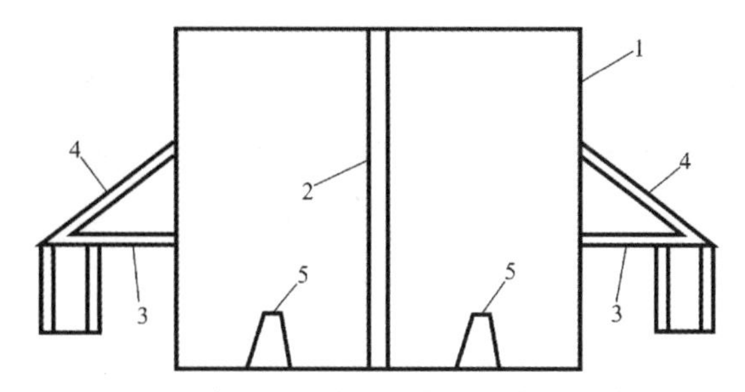

图5-6 碎石垫层水下荷载试验装置示意图

1.荷载块；2.承压板；3.基准板；4.吊架；5.测量系统

三、数据处理

1.试验沉降数据

试验系统共进行12组水下试验，获得沉管隧道碎石垫层沉降量。60kPa级别地基沉降量为32.1～45.0mm，平均沉降量为35.2mm，最大差异沉降量为12.9mm。100kPa级别地基沉降量为60.8～88.8mm，平均沉降量为74.7mm，最大差异沉降量为28.0mm。产生最大沉降的地基处理方法为挤密砂桩＋堆载预压＋碎石垫层。

2.试验沉降与隧道沉降对比

港珠澳大桥自2013年5月第一节沉管沉放至2017年5月完成最终接头，至2017年9月E1～E33管节平均沉降量为46.4mm，载荷试验与沉管隧道沉降见表5-2。

表5-2 载荷试验与沉管隧道沉降

地基处理类型	不同加载级别平均沉降/mm			
	载荷试验	沉管隧道	载荷试验	沉管隧道
	60kPa	45kPa	100kPa	100kPa
SCP＋堆载预压＋碎石垫层	39.3	72.6	80.8	90.9
SCP＋抛石夯平＋碎石垫层	32.3	68.2	77.1	
天然地基＋抛石夯平＋碎石垫层	32.6	44.0	69.7	

3.结论

(1)水下载荷试验验证了港珠澳大桥沉管隧道地基经过不同方法处理后，变形协调性满足设计要求。试验获得的沉降量主要为碎石垫层产生的瞬时沉降，为后期工程中碎石垫层预抬量设计提供了依据，对减小管节间差异沉降有积极作用。

(2)对比沉管沉降，水下载荷试验方法获得的沉降特性与沉管沉降特性相吻合，验证了该试验系统的可靠性。

(3)水下载荷试验系统第一次实现了深水条件下的载荷试验，能够满足任意水深要求且测量精度高，测量精度不受水深影响，稳定性效果好，适应较为恶劣的海况环境，试验方法便捷，对周边环境无影响。

(1)载荷试验有哪几种类型？各自的适用范围是什么？

(2)浅层平板载荷试验和深层平板载荷试验有哪些相同点和不同点？终止条件有何差别？

(3)螺旋板载荷试验的技术要点有哪些？

(4)水下平板载荷试验已经成功实施，你能否设计一套水下螺旋板载荷试验系统？

第六章　标准贯入试验

第一节　基本原理

标准贯入试验简称标贯试验，是用质量为63.5kg的穿心锤，以76cm的落距，将标准规格的贯入器，自钻孔底部预打15cm，记录再打入30cm的锤击数，即用标准贯入击数N来判定土的物理力学特性和相关参数的一种原位测试方法。

标贯试验是一种特殊类型的动力触探，与圆锥动力触探不同之处在于触探头不是圆锥头，而是贯入器（一定规格的可开合式取土器），并且不能连续贯入，每贯入0.45m必须提钻一次，然后换上钻头进行回转钻进至下一试验深度，重新开始试验。该试验方法简单易掌握，适用于砂土、粉土及黏性土，同时能取样，便于直接观察描述土层情况，作为一种重要的原位测试手段，在国内外应用广泛。影响标准贯入试验击数的因素众多，如土层上覆土压力、地下水、钻进方法、贯入速度、试验孔径、贯入深度、钻杆垂直度等，导致其工作状态和边界条件十分复杂。

标贯试验技术自20世纪40年代末期发展起来后，通过长期大量的实践应用，积累了相当丰富的经验，在工程实践中发挥着不可替代的作用，在美国及日本应用最为广泛。在我国，标贯试验技术于20世纪50年代初期由南京水利试验处研制并在治淮工程中得到广泛的推广，积累了大量的使用经验，20世纪60年代起在国内得以普及。

第二节　试验设备

标贯试验仪器设备主要由贯入器、穿心锤和触探杆（钻杆）3部分组成，如图6-1所示。

1. 贯入器

标准规格的贯入器是由对开管和管靴两部分组成的探头，对开管是由两个半圆管合成的圆筒形取土器，管靴是一个底端带刃口的圆筒体。两者通过丝扣连接，管靴起到固定对开管的作用。

2. 穿心锤

穿心锤重为63.5kg的铸钢件，中间有一直径为45mm的穿心孔，此孔起放导向杆作用。国际与国内的穿心锤除了质量相同外，锥型上不完全统一，有直筒型或上小下大的锤型，甚至套筒型，因此穿心锤的重心不一样，与钻杆的摩擦也不一样。落锤能量受落距控制，落锤方式有自动脱钩和非自动脱钩两种。目前国内外使用十分普遍的是自动脱钩装置。国际上仍有采用手拉钢索提升落锤的方式。

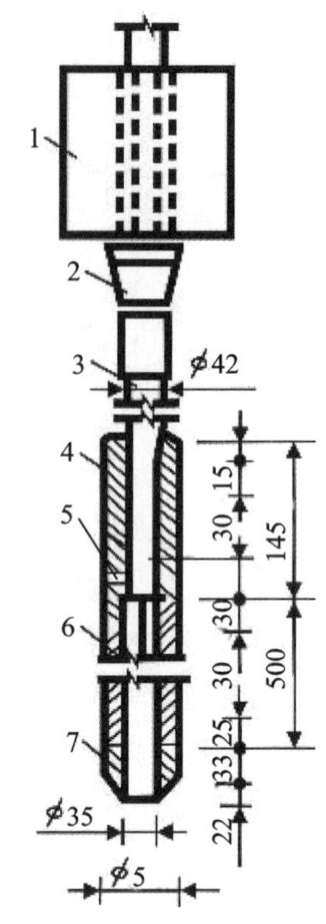

图6-1 标贯试验设备

1.穿心锤；2.锤垫；3.触探杆；4.贯入器；5.出水孔；6.对开管；7.贯入器靴

3. 触探杆

国际上多采用直径为50mm或60mm的无缝钢管，而我国则常用直径为42mm的工程地质杆，在与穿心锤连接处设置一锤垫。

第三节 试验要点

(1)试验在钻孔中进行，先用钻具钻至预定试验深度以上约15cm处并保持孔内水位略高于地下水位，清除残土。在不能保持孔壁稳定的钻孔中进行试验时，应采用套管(套管长不得超过试验深度)或泥浆护壁，并缓慢上提钻具，以避免或减小孔底涌砂造成试验土层的扰动。钻孔钻进方法以回转钻进为宜，也可采用冲击钻进，但不能使用孔底射流钻进。

(2)贯入前要检查探杆接头，不能松脱。慢慢将贯入器下入孔中，贯入时要保持探杆竖直。穿心锤落距76cm，并应自由落下，采用自动脱钩装置落锤，能较好地保证落距和自由下落要求，锤击频率应小于30击/min。在正式贯入前先将贯入器打入15cm(不计击数)，接着记录每贯入10cm、累计贯入30cm的锤击数N'。

(3)提取贯入器，取贯入器中土样描述或送试验室进行颗分及含水率、液限和塑限试验。

(4)每隔1.0～2.0m深或根据需要重复上述步骤进行试验。

(5)当遇硬土层，锤击数已达50击，而贯入深度未达30cm时，可记录50击的实际贯入深度，按下式换算成相当于贯入深度为30cm的标贯试验锤击数N，并终止试验。

$$N = 30 \times \frac{50}{\Delta S} \tag{6-1}$$

式中：ΔS为50击时的贯入深度(cm)。

第四节　影响因素及校正

一、标准贯入试验的影响因素

1. 钻孔孔底土的应力状态

不同的钻进工艺(回转、水冲等)、孔内外水位的差异、钻孔直径的大小等,都会改变钻孔底土体的应力状态,因此会对标贯试验结果产生重要影响。

2. 锤击能量

通过实测,即使是自动自由落锤,传输给探杆系统的锤击能量也有很大的波动,变化范围达到±(45%～50%),对于不同单位、不同机具、不同操作水平,锤击能量的变化范围更大。

为了提高试验质量,可对输入探杆系统的锤击能量进行直接标定。在打头附近设置一测力计,记录探杆受锤击后的 $F(t)$-t 波形曲线(图 6-2),用下式可计算进入探杆的第一个冲击应力波的能量 E_i,即:

$$E_i = \frac{ck_1k_2k_c}{AE}\int_0^{\Delta t}[F(t)]^2\mathrm{d}t \tag{6-2}$$

式中:$F(t)$为在探杆中随时间变化的动压力;Δt 为第一个应力波持续的时间,自 $t=0$ 开始;$\Delta t=2L'/c$(L'为测力点到贯入器底部的长度,c 为应力波在探杆中的传播速度);A 为探杆截面积;E 为探杆的杨氏弹性模量;k_1为测力点在打头以下 ΔL 位置时的修正系数;k_2为探杆系统长度 L 不大于杆长 L_e时的理论修正系数;L_e为等代杆长,锤质量与探杆单位长度质量之比;k_c为理论弹性波速 c 修正为实际弹性波速 c_a的修正系数。

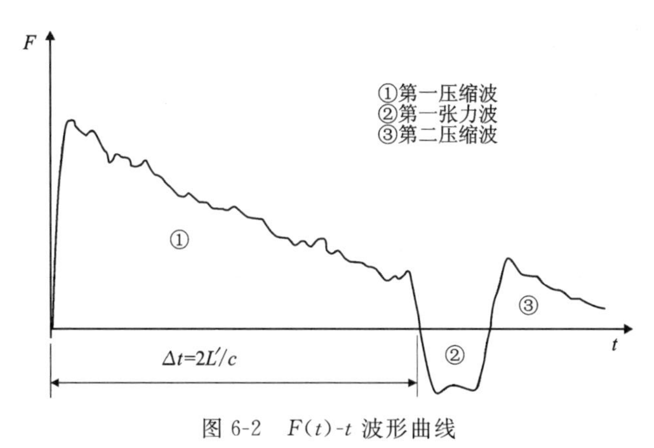

图 6-2　$F(t)$-t 波形曲线

由理论分析可得:

$$k_1 = \frac{1-\exp(-4r_m)}{1-\exp[-4r_m(1-d)]} \tag{6-3}$$

$$k_2 = \frac{1}{1-\exp(-4r_m)} \tag{6-4}$$

$$k_c = \frac{c_a}{c} \tag{6-5}$$

式中：r_m为探杆系统（总长 L）的质量 m 与锤质量 M 的比值。

$$d = \Delta L / L \tag{6-6}$$

式中：d 为打头以下深度与总探杆长度之比。

计算得到的 E_i与理论的锤击动能 E^*（$=mgH$，即 476N・m）的比即为实测应力波能量比 ER_i：

$$ER_i = \frac{E_i}{E^*} \times 100\% \tag{6-7}$$

按标准的贯入器，用标准的锤（67.5kg）和落距（76cm），考虑到锤击效率，标准的应力波能量比为 60%，则可用实测 ER_i修正标准贯入击数 N_i，即：

$$N_{60} = \left(\frac{ER_i}{60}\right) N_i \tag{6-8}$$

式中：N_i为相应于能量比为ER_i的实测锤击数（击）；N_{60}为修正为标准应力波能量比的标准贯入击数（击）。

二、标贯试验的修正

1. 触探杆长度的修正

与圆锥动力触探相同，关于试验成果进行杆长修正问题，国内外的意见并不一致，在建立标贯击数 N 与其他原位测试或室内试验指标的经验关系公式时，对实测值是否修正和如何修正也不统一，故在标贯试验成果应用时，需要特别注意，应根据建立统计关系式时的具体情形来决定是否对实测击数进行修正。因此，在勘察报告中，对于所提供的标贯击数应标明是否已进行了触探杆长修正。

我国《建筑地基基础设计规范》(GB 50007—2011)规定标贯试验的最大深度不宜超过 21m，当试验深度大于 3m 时，实测锤击数 N'需按下式进行长度修正：

$$N = \alpha N' \tag{6-9}$$

式中：N'为实测击数（击）；α 为修正系数，按表 6-1 确定。

表 6-1 触探杆长度修正系数 α

触探杆长度/m	≤3	6	9	12	15	18	21
α	1.00	0.92	0.86	0.81	0.77	0.73	0.70

2. 地下水的影响

1953 年美国 Terzaghi 和 Peck 认为，对有效粒径 d_{10}在 0.05～0.1mm 范围内的饱和粉细砂，当密度大于某一临界密度时，由于透水性小，标贯产生的孔隙水压力可使 N'偏大。相当于此时临界密度的实测值 $N'=15$ 击。当 $N'>15$ 击时应按下式修正：

$$N = 15 + (\alpha N' - 15)/2 \tag{6-10}$$

3. 土的自重压力影响

依据室内试验，砂土自重应力对标贯试验有很大影响，表现在同样标贯击数下，不同深度的砂土相对密度可能不同，主要是砂土自重应力影响实测锤击数，因此评价砂土液化建议采用下式校正：

$$N = C_N N' \tag{6-11}$$

$$C_N = 0.77\lg(2000/\sigma_0) \tag{6-12}$$

式中：N'为实测击数(击)；N 为校正后上覆压力等于 100kPa 的标贯击数(击)；C_N为土体上覆压力校正系数，由 Peck 于 1974 年提出；σ_0为实测深度处土的有效上覆压力(kPa)。

第五节　成果应用

1. 利用 *N-H* 关系曲线划分土层

一般来说，锤击数越少，土的颗粒越细；锤击数越多，土的颗粒越粗。对某一地区进行多次勘察实践后，可建立起当地土类与锤击数的关系。若与其他测试方法进行对比，可进一步提高划分土层精度。

2. 确定土的承载力

与利用动力触探试验成果评价地基土的承载力一样，我国原《建筑地基基础设计规范》(GBJ 7—1989)曾规定，可利用 N 确定砂土和黏性土的承载力标准值，见表 6-2 和表 6-3，但在《建筑地基基础设计规范》(GBJ 50007—2011)中，这些经验表格未被纳入，并不是否认这些经验的使用价值，而是这些经验在全国范围内不具有普遍意义。读者在参考这些表格时还应结合当地实践经验。

表 6-2　N 值与砂土承载力标准值的关系

N/击		10	15	30	50
f_k/kPa	中、粗砂	180	250	340	500
	粉、细砂	140	180	250	340

表 6-3　N 值与黏性土承载力标准值的关系

N/击	3	5	7	9	11	13	15	17	19	21	23
f_k/kPa	105	145	190	235	280	325	370	430	515	600	680

注：表 6-2 和表 6-3 的 N 为人拉锤的测试结果，人拉与自动的锤击数按 $N_{(人拉)}=0.74+1.12N_{(自动)}$进行换算。

3. 评定砂土密实状态和相对密实度 D_r

(1)用标贯试验确定砂土密实度，在国内外已经得到广泛承认，其划分标准也比较接近

《岩土工程勘察规范》(GB 50021—2001)(2009 年版)规定，砂土的密实度应根据标贯试验锤击数实测值 N 划分为密实、中密、稍密和松散，可按表 6-4 评价砂土的密实度。

表 6-4　砂土的密实度表

N/击	0～4	4～10	10～15	15～30	30～50	>50
国内	松散		稍密	中密	密实	
国外	很松	松	中密		密实	极密

(2)国内外对砂土标贯试验研究表明，标贯击数与砂土相对密实度的关系受土层有效自重应力 σ'_{v0} 的制约。我国建设部综合勘察研究院研究提出 N-D_r-σ'_{v0} 关系图，如图 6-3 所示，根据标准贯入试验锤击数和试验点深度，利用该图可以查得砂土的相对密实度 D_r。

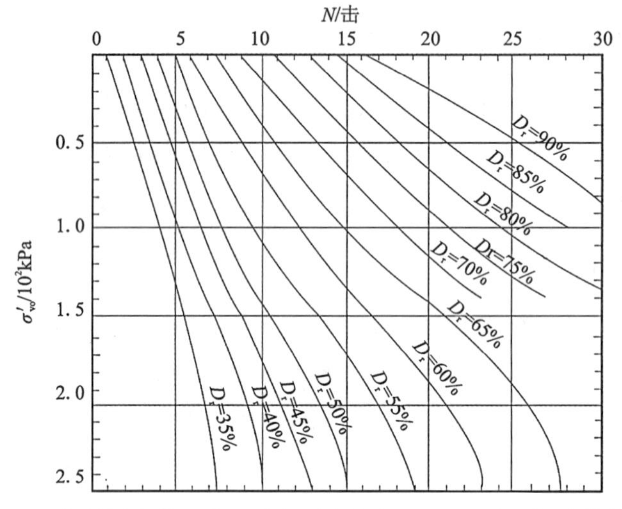

图 6-3　标贯锤击数 N 与土的相对密实度 D_r 和上覆压力 σ'_{v0} 的关系

4. 评定黏性土的稠度状态

(1)Terzaghi 和 Peck(1948)提出了标贯试验锤击数 N 与稠度状态关系，见表 6-5。

表 6-5　黏性土标贯试验锤击数 N 与稠度状态关系表

N/击	<2	2～4	4～8	8～15	15～30	>30
稠度状态	极软	软	中等	硬	很硬	坚硬
q_u/kPa	<25	25～50	50～100	100～200	200～400	>400

(2)武汉冶金勘察公司用 149 组标贯试验锤击数与黏性土液性指数资料，经统计分析得到二者的经验关系，如表 6-6 所示。

表 6-6 N 与液性指数 I_L 的经验关系

N/击	<2	2～4	4～7	7～18	18～35	>35
I_L	>1.0	1.0～0.75	0.75～0.50	0.50～0.25	0.25～0	<0
稠度状态	流动	软塑	软可塑	硬可塑	硬塑	坚硬

5. 判别饱和砂土、粉土的地震液化

《建筑抗震设计规范》(GB 50011—2010)(2016 年版)中规定对饱和砂土、粉土的液化判别用标贯试验的方法。

(1)首先根据地层条件进行初步判别,饱和砂土和饱和粉土为 6 度时,一般情况下可不进行判别,但对液化沉陷敏感的乙类建筑可按 7 度的要求进行判别;当为 7～9 度时,乙类建筑物可按本地区抗震设防烈度的要求进行判别。

(2)饱和砂土和饱和粉土为第四纪晚更新世(Qp_3)及以前时,7 度、8 度时可判别为不液化土;当粉土的黏粒(粒径小于 0.005mm 的颗粒)含量百分率在 7 度、8 度和 9 度分别不小于 10%、13%和 16%时,可判别为不液化土。浅埋天然地基的建筑,当上覆非液化土层厚度和地下水位深度符合下列条件之一时,可不考虑液化影响:

$$d_u > d_0 + d_b - 2 \tag{6-13}$$

$$d_w > d_0 + d_b - 3 \tag{6-14}$$

$$d_u + d_w > 1.5d_0 + 2d_b - 4.5 \tag{6-15}$$

式中:d_u为上覆非液化土层厚度(m),计算时应将淤泥和淤泥质土层扣除;d_0为液化土特征深度(m),查表 6-7;d_b为基础埋置深度(m),不超过 2m 时应采用 2m;d_w为地下水位深度(m),宜按设计基准期内年平均最高水位,也可按近期内年最高水位采用。

表 6-7 液化土特征深度 单位:m

饱和土类别	烈度		
	7 度	8 度	9 度
粉土	6	7	8
砂土	7	8	9

(3)当饱和砂土、粉土的初步判别认为需进一步进行液化判别时,应采用标贯试验判别法判别地面下 20m 范围内土的液化;对可不进行天然地基及基础的抗震承载力验算的种类建筑,可只判别地面下 15m 范围内土的液化。当饱和砂土和粉土的标贯锤击数实测值(未经杆长修正)小于液化判别标贯锤击数临界值时,应判别为液化土。

在地面下 20m 深度范围内,液化土判别标贯锤击数临界值可按下式计算:

$$N_{cr} = N_0\beta[\ln(0.6d_s + 1.5) - 0.1d_w]\sqrt{3/\rho_c} \tag{6-16}$$

式中:N_{cr}为液化土判别标贯锤击数临界值(击);N_0为液化土判别标贯锤击数基准值(击),应

按表 6-8 采用；d_s为饱和土标贯试验点深度(m)；d_w为地下水位(m)；ρ_c为黏粒含量百分率，当小于 3 或为砂土时，均应采用 3；β 为调整系数，设计地震第一组取 0.80，第二组取 0.95，第三组取 1.05。

表 6-8 液化判别标贯锤击数基准值

设计基本地震加速度/($m \cdot s^{-2}$)	0.10	0.15	0.20	0.30	0.40
液化判别标贯锤击数基准值/击	7	10	12	16	19

6. 确定单桩承载力

我国岩土工程勘察和地基基础设计规范没有关于利用标贯试验结果确定单桩的承载力的规定，但当积累了大量的工程经验后，可以用标贯击数来估计单桩承载力。例如，北京市勘察设计研究院提出利用如下的经验公式估算单桩承载力：

$$Q_u = p_b A_p + (\sum p_{fc} L_c + \sum p_{fs} L_s) U + C_1 - C_2 x \tag{6-17}$$

式中：p_b为桩尖以上和以下 $4D$ 范围内 N 平均值换算的桩极限端承力(kPa)，见表 6-9；p_{fc}、p_{fs}为桩身范围内黏性土、砂土 N 值换算的极限桩侧阻力(kPa)，见表 6-9；L_c、L_s为黏性土层、砂土层的桩段长度(m)；U 为桩截面周长(m)；A_p为桩截面面积(m^2)；C_1为经验参数(kN)，见表 6-10；C_2为孔底虚土折减系数(kN/m)，取 18.1kN/m；x 为孔底虚土厚度(m)，预制桩取 x=0m；当虚土厚度大于 0.5m 时，取 x=0.5m，而端承力取 0m。

表 6-9 N 与 p_{fc}、p_{fs}和 p_b的关系 单位：kPa

N		1	2	4	8	12	14	20	24	26	28	30	35
预制桩	p_{fc}	7	13	26	52	78	104	130					
	p_{fs}			18	36	53	71	89	107	115	124	133	155
	p_b			440	880	1320	1760	2200	2640	2860	3080	3300	3850
钻孔灌注桩	p_{fc}	3	6	10	25	37	50	62					
	p_{fs}		7	13	26	40	53	66	79	86	92	99	14
	p_b			110	220	330	450	560	670	720	780	830	970

表 6-10 经验参数 C_1 单位：kN

桩型	预制桩	钻孔灌注桩	
土层条件	桩周有新近堆积土	桩周无新近堆积土	桩周无新近堆积土
C_1	340	150	180

7. 评定土的变形参数(E_0或 E_s)

国内的一些勘察设计单位根据标贯试验成果建立的评定土的变形参数的经验公式见表 6-11。

表 6-11 N 与 E_0 或 E_s 的经验关系 单位：MPa

单位	关系式	适用土类
冶金部武汉勘察公司	$E_s=1.04N+4.89$	中南、华东地区黏性土
湖北省水利电力勘察设计院	$E_0=1.066N+7.431$	黏性土、粉土
武汉市城市规划设计院	$E_0=1.41N+2.62$	武汉地区黏性土、粉土
西南综合勘察设计院	$E_s=0.276N+10.22$	唐山粉砂岩

8. 评定土的强度指标

采用标贯试验成果，可以评定砂土的内摩擦角 φ 和黏性土的不排水抗剪强度 c_u。国内外已对此进行了大量的研究，得出了许多经验关系式。但是标贯试验锤击数与土性指标之间的统计关系式同样具有地区特征，不应照搬。使用以下的经验关系式时应与当地的地区经验相结合。

(1)采用标贯试验锤击数 N 评价砂土的内摩擦角，Gibbs 和 Holtz(1957)的经验关系为：

$$N=4.0+0.015\frac{2.4}{\tan\varphi}\left[\tan^2\left(\frac{\pi}{4}+\frac{\varphi}{2}\right)e^{\pi\tan\varphi}-1\right]+\sigma_{v0}\tan^2\left(\frac{\pi}{4}+\frac{\varphi}{2}\right)e^{\pi\tan\varphi}\pm 8.7 \tag{6-18}$$

式中：σ_{v0} 为上覆压力(kPa)。

(2)Wolff(1989)的经验关系式为：

$$\varphi=27.1+0.3N_1-0.000\,54N_1^2 \tag{6-19}$$

式中：N_1 为用上覆压力修正后的锤击数，采用 Peck 等的修正关系，即：

$$N_1=0.77\lg\left(\frac{2000}{\sigma_{v0}}\right)N \tag{6-20}$$

(3)Peck 的经验关系式为：

$$\varphi=0.3N+27 \tag{6-21}$$

(4)Meyerhof 的经验关系为：

当 $4\leqslant N\leqslant 10$ 击时

$$\varphi=\frac{5}{6}N+26\frac{2}{3} \tag{6-22}$$

当 $N>10$ 时

$$\varphi=\frac{1}{4}N+32\frac{1}{2} \tag{6-23}$$

将式(6-22)、式(6-23)用于粉砂时应减 5°，用于粗砂时应加 5°。

(5)根据标贯试验锤击数 N 评定黏性土的不排水抗剪强度 c_u(kPa)，Terzaghi 和 Peck 的经验关系式为：

$$c_u=(6\sim 6.5)N \tag{6-24}$$

(6)Stroud(1974)提出，当土质 $N\leqslant 60$ 时，标贯击数 N 与不排水抗剪强度 c_u 的相关关系为：

$$c_u=(5\sim 6)N \tag{6-25}$$

第六节　工程实例

一、工程概况

某拟建 1.2 万 kW 的热电厂，主要建构筑物为主厂房、冷却塔和烟囱等。通过工程详细勘察得知场区地层自上而下如下。

(1)粉土：浅黄色，稍湿—湿，$w=28.7\%$，$I_P=5.5$，夹有 0.5～1.0m 厚的粉砂透镜体，该层厚 2.2～3.0m，平均厚度为 2.5m。

(2)细砂：褐黄色，湿，稍密—中密状，$e=0.85$，层厚 3.5～5.2m，平均厚度为 4.5m。

(3)粉质黏土：黄褐色，可塑状，$I_P=12.5$，$I_L=0.65$，该层在 20m 勘探深度内未揭穿。

原设计方案采用钢筋混凝土预制桩或筏板基础，鉴于桩不易穿越厚砂层，且筏板基础不能解决粉细砂液化问题。最后改用施工速度快且经济的强夯法进行地基处理与加固，现场采用标贯试验检验强夯法处理具有液化性的粉细砂地基效果。

二、标贯试验

在主要建构筑物区域如主厂房、冷却塔和烟囱各布置两个标贯试验孔，考虑到该场区 7m 深范围内都是液化性地基土，标贯孔深取 7m，标贯频率为 1 次/m。采用上述方法进行现场标贯试验，试验成果见表 6-12。

表 6-12　场地标贯试验实测成果

深度/m	主厂房区 N/击	冷却塔区 N/击	烟囱区 N/击	深度/m	主厂房区 N/击	冷却塔区 N/击	烟囱区 N/击
0.5	14.5	15	15.5	4.5	22.5	21	22
1.5	15	16.5	16	5.5	23	22	22
2.5	17	16	20	6.5	22	20	21
3.5	23	22	21				

三、标贯试验成果应用

1. 确定地基土承载力

结合场地勘察资料和标贯试验成果，可知主厂房和冷却塔区 2.5m 深范围内皆为粉土，而烟囱区 2.5m 处为粉砂透镜体。采用数理统计方法得到场地地基土层标贯值，查承载力表得知场区地基土承载力值见表 6-13。

表 6-13　场地地基土承载力值

地基土层	粉土	粉砂透镜体	细砂
标准贯入击数/击	15.5	20	21.5
地基土承载力/kPa	182	203	210

2. 判别液化性

室内颗分试验结果得到粉土层黏粒含量为 4.5%，粉砂和细砂层黏粒含量均小于 3%。本场区抗震设防烈度为 8 度，由本场区地理位置查《建筑抗震设计规范》(GB 50011—2010)(2016 年版)附录 A，可得本场区设计基本地震加速度值为 0.20g，设计地震分组为第一组，因此可得，液化判别标贯锤击数基准值 $N_0=12$ 击，调整系数 $\beta_m=0.8$。现场观测地下水位埋深 1.5m，考虑本区域地下水位波动 1m，本次计算地下水位取 0.5m，可得液化判别标贯锤击数临界值 N_{cr}，列于表 6-14 中。

表 6-14　本场区液化判别标贯锤击数临界值 N_{cr}

深度 d_s/m	0.5	1.5	2.5	3.5	4.5	5.5	6.5
黏粒含量 ρ_c/%	4.5	3.0	3.0	3.0	3.0	3.0	3.0
液化判别标准贯入锤击数临界值 N_{cr}/击	4.8	9.6	12.4	14.6	16.5	18.0	19.4

从表 6-13 与表 6-14 的对比可知，强夯处理后的地基土标贯试验实测击数均大于相应深度的液化判别标贯锤击数临界值 N_{cr}，故本场区强夯处理后的地基土在抗震设防烈度 8 度情况下不具有液化性。

(1)简述标贯试验的要点。

(2)标贯试验需要进行哪些修正？如何修正？

(3)运用标贯试验成果可以进行哪些工程应用？

第七章 静力触探试验

第一节 基本原理

静力触探试验(Cone Penetration Test,简称 CPT)是用准静力把具有一定规格的内部装有传感器的圆锥形探头以一定的速率压入土中,利用探头内的力传感器,通过电子量测仪器将探头受到的贯入阻力记录下来。由于地层中各种土的软硬不同,探头所受的阻力也不同,传感器将这种大小不同的贯入阻力通过电信号输入到记录仪表记录下来,再通过贯入阻力与土的工程地质特征之间的定性关系来实现土层剖面、提供浅基承载力、选择桩尖持力层和预估单柱承载力等目的。静力触探分为机械式和电测式两种。机械式采用压力表测量贯入阻力,电测式则采用传感器和电子测试仪表测量贯入阻力,目前我国多采用的是电测式。

静力触探试验适用于软土、一般黏性土、粉土、砂土和含有少量碎石的土层。与传统钻探试验方法相比,具有快速、精确、经济和节省人力等特点。特别是对于地层变化较大的复杂场地以及不易取得原状土样的饱和砂土和高灵敏度的软黏土地层的勘察,静力触探更具有独特的优越性。此外,在桩基勘察中,静力触探的某些优点,如能准确地确定桩尖持力层等也是一般的常规勘察手段所不能比拟的。

静力触探技术的缺点之一是贯入机理尚难弄清,原因是探头压入土中,土体受压产生剪切变形,土单元的受力条件极复杂,再加上地下水、振动等其他一些因素影响,使得至今难以像十字板试验那样,能用数学、力学方法来描述贯入机理并提出工程可用的理论公式,因而目前对静力触探成果的解释主要还是经验性的。静力触探技术的另一缺点还在于它不能直接识别土层,以及对碎石类土层和较密实砂土层难以贯入,因此有时还需要与钻探配合才能完成岩土工程勘察任务。

第二节 试验设备

静力触探试验设备包括标定设备和触探贯入设备。前者包括测力计或力传感器和加卸荷用的装置(标定架)及辅助设备等,主要是在室内通过率定设备和率定探头求出地层阻力与仪表读数之间的关系,从而得到探头率定系数,要求新探头或使用一个月后的探头都应及时进行率定;后者由贯入系统和量测系统两部分组成,下面对触探贯入设备进行介绍。

1. 贯入系统

贯入系统主要由贯入装置、探杆和反力装置 3 部分组成。

1)贯入装置

贯入装置按加压方式不同可划分为液压式、手摇链条式和电动机械式 3 种。液压式如图 7-1(a)所示，是利用汽油机或电动机带动油泵，通过液压传动使油缸活塞下压或提升，国内使用油缸总推力达 10～20t。手摇链条式如图 7-1(b)所示，是以手摇方式带动齿轮传动，通过两个 ϕ60mm 的链轮带动链条循环往复移动，将探杆压入土内。手摇链条式设备具有结构轻巧、操作简单、不用交流电以及易于安装和搬运等特点，但贯入能力较小，只有 2～3t。电动机械式是以电动机为动力，通过齿条(或齿轮)传动及减速，使螺杆下压或提升，当无电源时，也可用人力旋转手轮加压或提升。将这种设备固定在卡车上就是静力触探车，因其具有搬运、操作方便和工作环境好的特点而受到用户欢迎。

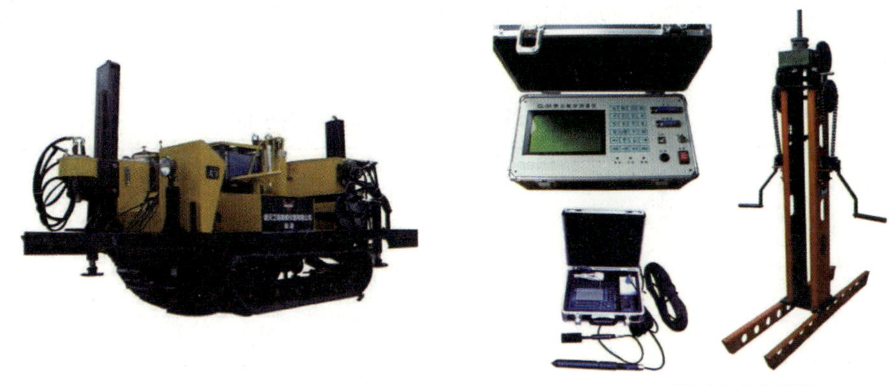

(a)车载式静力触探仪　　(b)手摇式静力触探仪

图 7-1　静力触探试验贯入装置

2)探杆

探杆是传递贯入力给探头的媒介。为了保证触探孔的垂直，探杆应采用高强度的无缝合金钢管制造。同时对其加工质量和每次使用前的平直度、磨损状态进行严格的检查。

3)反力装置

当把探头压入土层时，若无反力装置，整个触探仪要上抬。所以反力装置的作用是不使其上抬。一般采用的方法有 3 种：一是地锚反作用；二是压重物；三是地锚与重物联合使用。如将触探仪装在汽车上，利用汽车的重量作反力，实际上还是属于压重物的方法，车载静力触探也可以同时使用 2～4 个地锚，增加部分反力。

2. 量测系统

量测系统主要包括探头和记录仪器两部分。

1)探头

目前在工程实践中常用的有单桥探头、双桥探头和多功能探头(如孔压探头)，如图 7-2 所示。

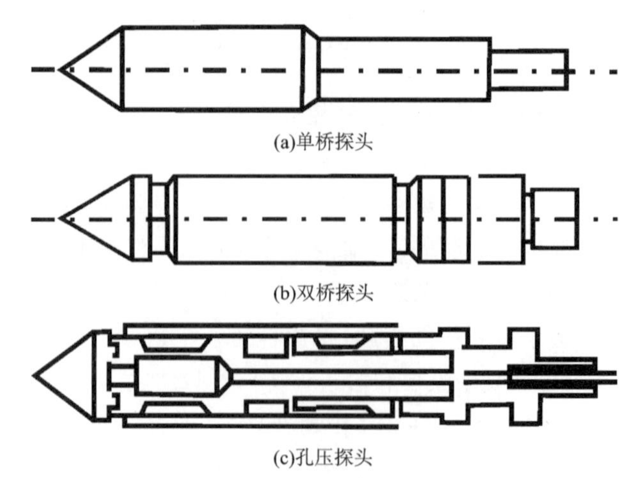
(a)单桥探头

(b)双桥探头

(c)孔压探头

图 7-2　常用探头结构示意图

(1)单桥探头。单桥探头只能量测比贯入阻力 p_s 一个参数，它主要由外套筒、顶柱、空心柱等组成。常用的单桥探头规格见表 7-1。

表 7-1　测定比贯入阻力 p_s 的单桥探头规格

类型	锥底直径/mm	锥底面积/cm²	有效侧壁长度/mm	锥角/(°)	触探杆直径/mm
Ⅰ	35.7	10	57	60	33.5
Ⅱ	43.7	15	70	60	42.0
Ⅲ	50.4	20	81	60	42.0

(2)双桥探头。双桥探头将锥尖与摩擦筒分开，由锥尖阻力量测部分和侧壁摩擦阻力量测部分组成，可以同时测量锥尖阻力 q_c 和侧壁摩擦阻力 f_s 两个参数，分辨率较高。锥尖阻力量测部分由锥头、空心柱下半段和加强筒组成；侧壁摩擦阻力部分由摩擦筒、空心柱上半段和加强筒组成。常用双桥探头规格如表 7-2 所示。

表 7-2　测定锥尖阻力 q_c 和侧壁摩擦阻力 f_s 的双桥探头规格

类型	锥底直径/mm	锥底面积/cm²	摩擦筒表面积/cm²	有效侧壁长度/mm	锥角/(°)	触探杆直径/mm
Ⅰ	35.7	10	200	179	60	33.5
Ⅱ	43.7	15	300	219	60	42.0
Ⅲ	50.4	20	300	189	60	42.0

(3)孔压探头。孔压探头除了能够测定锥尖阻力和侧壁摩擦阻力外，还可以同时量测指定位置的孔隙水压力。孔压探头一般是在双桥探头上再安装一种可量测触探时所产生超孔隙水压力的装置——透水过滤器和孔隙水压力传感器而构成的多功能探头。国内一些企业也生产在单桥探头上安装孔压量测装置的孔压探头。

孔压静力触探探头按滤水器的位置不同而有不同的类型。在孔压静力触探技术发展历史上，孔压滤水器的位置有位于锥尖、锥面、锥肩和摩擦筒尾部等几种情况，但目前孔压探头滤水器的位置已经大致固定，一般位于锥面、锥肩和摩擦筒尾部，测得的孔隙压力分别记为 u_1、u_2、u_3。1989 年国际土力学与基础工程学会（ISSMFE）建议锥肩（u_2 位置）作为量测孔压的标准位置，如图 7-3 所示。

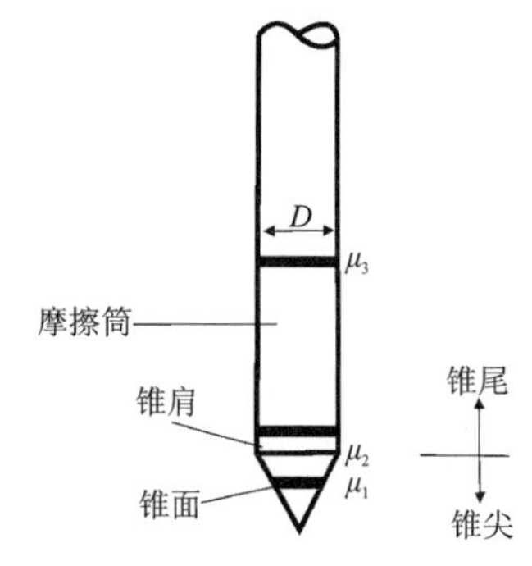

图 7-3　标准孔压探头过滤器位置示意图

孔压探头是一种比较新的探头类型，它不仅可以同时测定锥尖阻力 q_c、侧壁摩擦阻力 f_s 和孔隙水压力 u，还能在停止贯入时量测超孔隙水压力 Δu 的消散过程，直至达到稳定的静止孔隙水压力 u_0。与传统静力触探相比，孔压静力触探除了具有一般触探的功能外，还可以根据孔压消散的原理评定土的渗透性和固结特性，但是由于孔压静力触探技术所求得的水平固结系数不能用于计算地基竖向固结速率等因素限制，该技术在工程中的应用仍不是很广泛。

2）记录仪器

静力触探记录仪器有数字式电阻应变仪、电子电位差自动记录仪和微计算机数据采集仪等。微计算机数据采集仪的功能包括数据的自动采集、储存、打印、分析整理和自动成图，使用方便。

第三节　试验方法

1. 试验的技术要求

在静力触探试验工作之前，应注意搜集场区既有的工程地质资料，根据地质复杂程度及区域稳定性，结合建筑物平面布置、工程性质等条件确定触探孔位、深度，选择使用的探头类型和触探设备。

1）试验前的准备工作

在现场进行静力触探试验之前，应该做好以下准备工作。

（1）将电缆按探杆的连接顺序一次穿齐，所用探杆应比计划深度多 2～3 根，电缆应备有足够的长度。

（2）安放触探机的地面应平整，使用的反力措施应保证静力触探达到预定的深度。

（3）检查探头是否符合规定的规格，连接记录仪，检查记录仪是否工作正常，整个系统是否在标定后的有效期内，并调零试压。对于孔压探头应进行预饱和处理。

2）触探机的安装和调试

（1）机座水平校准。触探开孔前用水平尺校准机座保持水平并与反力装置锁定，是保证探杆垂直贯入地下的首要环节。如果触探孔偏斜，将使触探深度出现误差，并将给内业资料整理与分析增加许多不必要的误差因素；严重时，不仅会使探杆弯曲、折断，而且由于土层固有的各向异性和探头内部结构弱点将会导致测试结果无效。

(2)触探位置与钻孔间距。根据众多的现场压桩和室内标定试验结果，在 30 倍桩径或探头直径范围以内，土体的边界条件对测试成果有一定影响。因此静力触探试验孔与先前试验孔或其他钻孔之间应该有足够的距离以防止交叉影响。在一般静力触探试验中，应使布置的触探孔距原有钻孔至少 2m；如果出于平行试验对比需要，考虑到土层在水平方向的变异性，对比孔间距不宜大于 2m，此时宜先进行静力触探试验，而后进行勘探或其他原位试验。在孔压静探试验中，与先前孔之间的距离在正常情况下应该至少为孔直径的 25 倍，也应避免周边地区的挖掘行为。

(3)探杆平直度的检查。触探主机应该尽可能地以轴向压力将探杆压入。对于前 5m 的探杆，弯曲度不得大于 0.05%；对于后续探杆的弯曲度，在触探孔深度小于 10m 时，不得大于 0.2%；深度大于 10m 时，不得大于 0.1%。

2. 静力触探试验的操作步骤

在进行贯入试验时，如果浅层遇到密实、粗颗粒或含碎石颗粒较多的土层，在试验之前应先打预钻孔。必要时使用套筒防止孔壁坍塌。在软土或松散土中，预钻孔应穿过硬壳层。静力触探试验的操作顺序如下。

(1)先将探头贯入土中 15～20cm，然后提升 5cm 左右，待仪表无明显温漂后，记录初始读数或将仪器调零后再正式贯入。

(2)探头应匀速竖直压入土中，贯入速率为 1.2m/min。

(3)探头在地面下 6m 深度范围内，每贯入 2～3m 应提升探头一次，并记录零漂值；当超过 6m 后，视零漂值的大小可放宽归零检查的深度间隔或不作归零检查。

(4)在试验过程中，应每隔 3～4m 校核 1 次实际深度，终孔起拔探杆时和探头拔出地面时应记录仪器的零漂值。

(5)当遇到以下情况时，可终止静力触探试验：①要求的贯入长度或深度已经达到；②圆锥触探仪的倾斜度已经超过了量程范围；③反力装置失效；④试验记录显示异常；⑤任何对试验设备可能造成损坏的因素都可以使试验被迫终止。

3. 孔压静力触探的测试方法

保证孔压静力触探试验质量的关键是孔压量测系统(滤水器和传压空腔)的排气饱和，如排气饱和不彻底，则会滞缓孔隙水压力的传播速度，使部分超孔隙水压力消耗于压缩未排尽的空气上，严重影响测试成果。常用的饱和方法为真空抽气饱和法，将孔压探头置于真空的密封容器中，抽真空 3～12h，然后将饱和液体吸入传压空腔内以达到饱和。孔压静力触探试验应注意以下事项。

(1)触探头孔压系统饱和是保证正确量测孔压的关键。如果探头孔压量测系统未饱和，含有气泡，则量测时会有一部分孔隙水压力在传递过程中消耗于空气压缩上，引起作用在孔压传感器上的孔压下降，使测试结果失真。

(2)触探全过程不得提升探头。因为探头提升会产生“抽气”作用，使应变腔中的液体逸出，导致之后的测试结果失真。

(3)过滤器更换。孔压探头在完成一孔的触探之后，应更换过滤器，并将更换下来的过滤器重新进行脱气处理。

第四节 成果整理和应用

一、静力触探试验资料的整理

1.原始数据的修正

1)贯入深度修正

当记录深度(贯入长度)与实际深度有出入时，应将深度误差沿深度进行线性修正。在静力触探试验中同时量测探头的偏斜角 θ(相对铅垂线)，若每隔 1m 测 1 次偏斜角，则深度修正 Δh_i 为：

$$\Delta h_i = 1 - \cos\left(\frac{\theta_i + \theta_{i-1}}{2}\right) \tag{7-1}$$

式中：Δh_i 为第 i 段深度修正值(m)；θ_i、θ_{i-1} 为第 i 次及第 $i-1$ 次实测的偏斜角(°)。

这样，深度 h_n 处总的深度修正值为 $\sum_{i=1}^{n}\Delta h_i$，实际的深度为 $h_n - \sum_{i=1}^{n}\Delta h_i$。

2)零漂修正

为了估计量测参数的质量，应在触探试验之后和设备保养之前，直接读取零读数以确定零漂值。对于高零漂值，还应当比较试验前零读数与试验后及保养之后的零读数来进行分析和评价。一般归零检查的深度间隔按线性内插法对测试值加以修正。

3)锥尖阻力的修正

由于在孔压触探试验过程中，触探仪周围充满水压力，这将影响锥尖阻力和侧壁摩擦阻力。当孔压量测过滤器位于触探仪的 u_2 位置时(图 7-4)，锥尖阻力可用下式修正：

$$q_t = q_c + u_2(1 - a) \tag{7-2}$$

式中：q_t 为修正后的锥尖阻力(MPa)；q_c 为量测的锥尖阻力(MPa)；u_2 为在 u_2 位置(即锥肩位置)量测的孔隙水压力(MPa)；a 为有效面积比，$a = A_a/A_c$；A_a、A_c 分别为顶柱和锥底的横截面积(cm^2)。

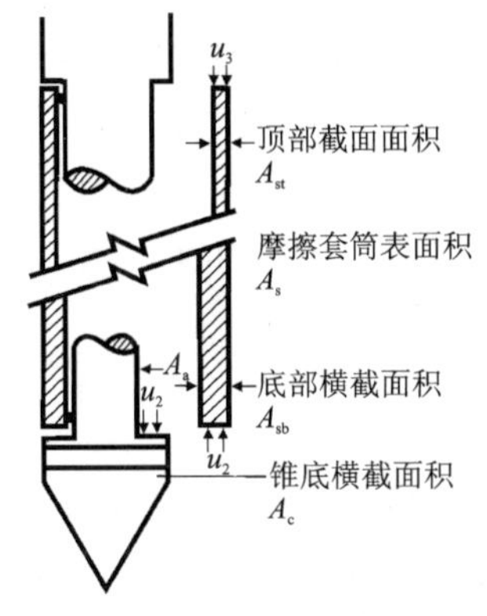

图 7-4 锥尖阻力和侧壁摩擦阻力面积修正

在孔压静力触探试验中，有效面积比 a 的变化值通常在 0.3～0.9 之间。量测的侧壁摩擦阻力由于地下水压力的存在也将受到相似的影响。

4)侧壁摩擦阻力修正

当同时在探头的 u_2 和 u_3 位置安装孔压量测装置时，可以采用下式对侧壁摩擦阻力进行修正：

$$f_t = f_s - \frac{(u_2 A_{sb} - u_3 A_{st})}{A_s} \tag{7-3}$$

式中：f_t 为修正后的侧壁摩擦阻力(MPa)；f_s 为实测的侧壁摩擦阻力(MPa)；A_s 为摩擦套筒的横截面积(cm^2)；A_{st}、A_{sb} 为套筒顶部与底部的横截面积(cm^2)；u_2 为套筒与探头之间部位量测孔隙水压力(MPa)；u_3 为套筒尾部位置量测的孔隙水压。

该修正只能在 u_2 与 u_3 都量测了的情况下使用。该修正对细粒土最重要，在细粒土中对超孔隙水压力的影响很显著，建议使用修正后的数据进行土层分析和类别划分。

2. 单孔各分层的试验数据统计计算

结合其他勘探资料(如同一场地的钻孔资料)，根据静力触探曲线对地基土进行分层，然后对各层的试验结果分层统计。对于单桥探头，只需统计各层的比贯入阻力 p_s；对于双桥探头，则需要统计各分层的锥尖阻力 q_c 和侧壁摩擦阻力 f_s，并按下式计算各测试点的摩阻比 R_f：

$$R_f = \frac{f_s}{q_c} \times 100\% \tag{7-4}$$

在进行单孔各分层的试验数据统计时，可采用算术平均法或按触探曲线采用面积积分法。计算时，应剔除个别异常值，并剔除超前值和滞后值。计算整个勘察场地的分层贯入阻力时，可按各孔穿越该层的厚度加权平均法计算；或将各孔触探曲线叠加后，绘制谷值与峰值包络线和平均值线，以便确定场地分层的贯入阻力在深度上的变化规律及变化范围。

3. 绘制触探曲线

对于单桥探头，只需要绘制 p_s-h 曲线；对于双桥探头，要绘制的触探曲线包括 q_c-h 曲线、f_s-h 曲线和 R_f-h 曲线；在孔压静力触探试验中，除了双桥静力触探试验曲线外，还要绘制 u_2-h 曲线，最好采用修正后的锥尖阻力 q_c 和侧壁摩擦阻力 f_s 来绘制触探曲线，并结合钻探资料附上钻孔柱状图，如图 7-5 所示。由于贯入停顿间歇，曲线会出现“喇叭口”或尖峰，在绘制静力触探曲线时，应加以圆滑修正。

二、静力触探试验成果的应用

1. 地基土的分类

双桥探头可同时获得两个触探参数(q_c、f_s)，且不同土层的 q_c 和 R_f 值很少完全一样，这就决定了双桥探头判别土类的可能性。例如，砂的 q_c 值一般很大，R_f 值通常不大于 1%；均质黏性土 q_c 值一般较小，而 R_f 值常大于 2%。在不同的地层条件下，q_c 和 R_f 的组合特征见表 7-3。

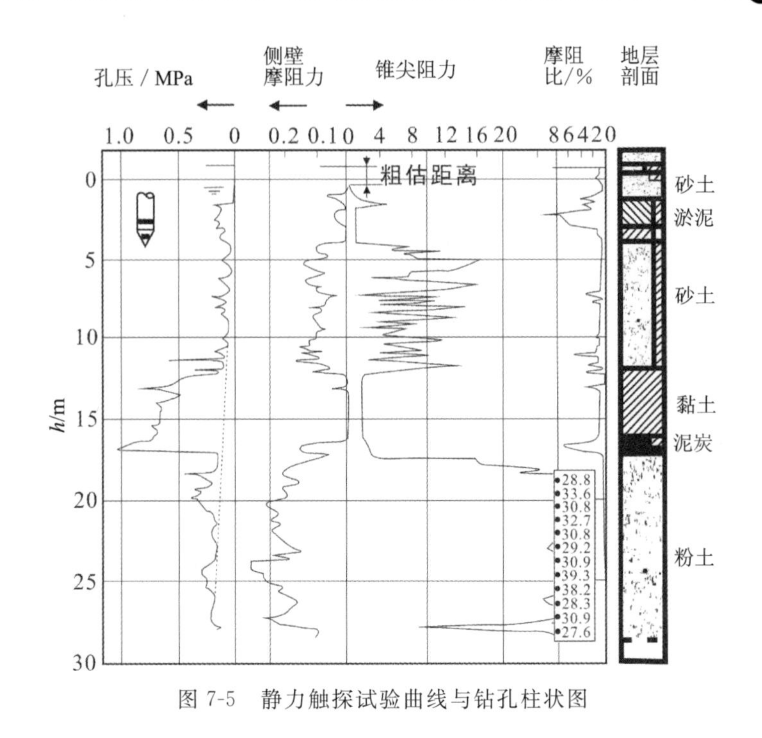

图 7-5 静力触探试验曲线与钻孔柱状图

表 7-3 q_c和 f_s各种情况的比较

q_c值变化情况	f_s值的变化情况		
	减小	不变	增大
减小	硬层到软层时的过渡阶段(相当于超前深度与滞后深度范围)	一般不存在	被圆锥压下的小砾石挤压摩擦筒(甚至楔入其间缝隙时)
不变	直径大于圆锥的卵石或碎石被圆锥压入到软层或松散的土层	通常情况	一般不存在
增大	在中密实或密实土中,圆锥压到直径大于圆锥的卵石或砾石	探头进入到不能贯穿的软岩或坚硬土层时	阻力随深度增加的土层或尚未达极限阻力的密实砂土(即在临界深度以上)*

*.当 $R_f=4\%\sim6\%$,土层可能含有一些分散砾石的硬黏土;当 $R_f=0.5\%\sim2\%$时,土层可能含有一定数量砂的密实砾石土。

均质土层在通常情况下,R_f值可视为不随深度变化的常数。但因其状态不同,而使 R_f有不同的值域。对成层土,当土层厚度较薄时(如 30cm)或处在土层界面附近时,R_f值常表现不稳定,这是土层界面效应所致,受界面上、下土层的强度与变形性质控制。

2. 土的原位状态参数与应力历史

1)土的重度

土的重度除通过室内试验得到外,还可利用单桥触探的比贯入阻力 p_s估算一般饱和黏性土的重度，计算公式如下：

当 $p_s<400\text{kPa}$ 时

$$\gamma = 8.23 p_s^{0.12} \tag{7-5}$$

当 $400\leqslant p_s<4500\text{kPa}$ 时

$$\gamma = 9.56 p_s^{0.095} \tag{7-6}$$

当 $p_s\geqslant 4500\text{kPa}$ 时

$$\gamma = 21.3 \tag{7-7}$$

式中：γ 为土的重度（kN/m^3）。

2）砂土的相对密实度

我国《铁路工程地质原位测试规程》（TB 10018—2018）建议石英质砂类土的相对密实度 D_r 可根据比贯入阻力 p_s 按表 7-4 判断。

表 7-4　石英质砂类土的相对密实度 D_r

密实程度	p_s/MPa	D_r	密实程度	p_s/MPa	D_r
密实	$p_s\geqslant 14$	$D_r\geqslant 0.67$	稍密	$2\leqslant p_s\leqslant 6.5$	$0.33\leqslant D_r\leqslant 0.40$
中密	$6.5<p_s<14$	$0.40<D_r<0.67$	松散	$p_s<0.33$	$D_r<0.33$

3. 土的强度参数

利用静力触探资料估算不排水抗剪切强度 S_u 的方法，主要分为理论方法和经验公式法两类。

1）理论方法

用来计算不排水抗剪切强度的理论包括经典承载力理论、孔穴扩张理论、应力路径理论等，所有的不排水抗剪切强度 S_u 与锥尖阻力 q_c 之间的关系式都可归纳为以下形式，即：

$$q_c = N_c S_u + \sigma_0 \tag{7-8}$$

式中：N_c 为理论圆锥系数；σ_0 为土中原位总应力（kPa）。

由于圆锥贯入是个复杂的过程，因此所有的理论解都针对土的性质、破坏机理和边界条件作出了种种假定。这些理论解不仅需要根据现场和室内试验数据进行验证，而且在模拟不同应力历史、非均质特征、灵敏度等条件下真实土体性能时具有局限性。

2）经验公式法

利用量测的锥尖阻力 q_c 按下式估算 S_u，即：

$$S_u = \frac{(q_c - \sigma_{v0})}{N_k} \tag{7-9}$$

式中：N_k 为经验圆锥系数，根据已有的研究成果，取值范围为 11～19；σ_{v0} 为土中原位竖向总应力（kPa）。

对于灵敏度高的（灵敏度 $S_t=2\sim7$，塑性指数 $I_P=20\sim40$）软黏性土，建议根据单桥触探比贯入阻力采用下式估算其不排水抗剪切强度，即：

$$S_u = 0.9(p_s - \sigma_{v0})/N_k \tag{7-10}$$

式中：N_k为系数，可按下式计算，即：

$$N_k = 25.81 - 0.75S_t - 2.25I_P \tag{7-11}$$

当缺乏 S_t、I_P资料时，也可按下式粗略估计黏性土的不排水抗剪强度，即：

$$S_u = 0.04p_s + 2 \tag{7-12}$$

4. 土的变形参数

利用静力触探试验可估算土的变形参数。

(1)黏性土的压缩模量 E_s为：

$$E_s = \alpha_m q_c \tag{7-13}$$

式中：α_m为经验参数。

桑格列拉(Sanglerat，1972)提出了对于不同土类的经验参数 α_m与锥尖阻力 q_c的对应关系见表 7-5。

表 7-5 不同土类经验参数 α_m与锥尖阻力 q_c的对应关系

不同土类的 α_m	锥尖阻力 q_c/MPa	土的性质
$3<\alpha_m<8$	$q_c<0.7$	低塑性黏土
$2<\alpha_m<5$	$0.7<q_c<2.0$	
$1<\alpha_m<2.5$	$q_c>2.0$	
$3<\alpha_m<6$	$q_c>2.0$	低塑性粉土
$1<\alpha_m<3$	$q_c<2.0$	
$2<\alpha_m<6$	$q_c<2.0$	高塑性粉土和黏土
$2<\alpha_m<8$	$q_c<1.2$	有机质粉土
$1.5<\alpha_m<4$	$q_c<0.7$	泥炭和有机质黏土

(2)有机质含量小于 10%的黏性土压缩模量 E_0为：

$$E_0 = 7q_c \tag{7-14}$$

(3)饱和黏性土不排水压缩模量 E_u为：

$$E_u = 11.0p_s + 0.12 \text{ 或 } E_u = 11.4p_s \tag{7-15}$$

(4)砂土的压缩模量 E_s为：

$$E_s = \xi q_c \tag{7-16}$$

式中：ξ为经验系数，一般取 1.4～4.0。

实际工程中计算砂性土压缩模量 E_0的常用公式见表 7-6。

表 7-6 用 p_s 估算 E_0 的经验公式

单位	经验关系	使用范围
铁道部一院	$E_0=3.57p_s^{0.6836}$	粉、细砂
辽宁煤矿院	$E_0=2.5p_s$	中、细砂

5. 土的固结系数

孔压静力触探可测试土层中孔隙水压力及超孔隙水压力随时间的消散过程，所以可以被用来估算土层的固结系数，这种方法对软黏土特别有效。

在孔压静力触探试验中，当圆锥探头贯入土中之后，土体受到挤压及剪切，使孔隙水压力急剧增长。在圆锥停止贯入后超静孔隙水压力即逐渐消散，利用现场测定的超孔隙水压力随时间的消散过程线，采用实测曲线与理论曲线相拟合的方法由下式可推求水平向固结系数 C_h ：

$$C_h=\frac{r^2T}{t\sqrt{\frac{200}{I_r}}}\tag{7-17}$$

式中：r 为孔压圆锥探头半径(cm)；T 为某时刻消散水平的时间因数；t 为某消散水平的消散时间(s)；I_r 为土刚度指数，$I_r=G/G_u$，G 为剪切模量(kPa)，G_u 为不排水抗剪切强度(kPa)，选择的 I_r、t 值是与某一消散水平相对应的，一般选 50%的消散水平作为设计值。

6. 地基承载力评价

梅耶霍夫(Meyerhof，1956)提出了用静力触探资料直接估算砂土地基上浅基础极限承载力的公式，即：

$$q_{ult}=\bar{q}_c(B/C)(1+D/B)\tag{7-18}$$

式中：C 为经验常数，取值为 12.2m；B 为基础宽度(m)；D 为基础埋置深度(m)；$\bar{q}_c$ 为基底$\pm B$范围内锥尖阻力的平均值(kPa)。

用于浅基础设计时，梅耶霍夫建议安全系数取 3。

应用静力触探的锥尖阻力，Tand 等(1995)也提出在轻胶结中密砂土上浅基础的极限承载力公式，即：

$$q_{ult}=R_kq_c+\sigma_{v0}\tag{7-19}$$

式中：R_k取值范围为 0.14～0.2，取决于基础的形状和基础的埋深；σ_{v0} 为基底以上的竖向压应力(kPa)。

7. 单桩承载力估算

利用静力触探数据来确定桩的承载力是静力触探成果的经典应用之一，尽管桩基承载力的影响因素很多，国内外的实践经验表明，采用静力触探成果估算桩基的承载力往往能够给出满意的结果。常用的方法有巴斯特曼特-吉内塞利法(Bustamante-Aneselli，1982)、德鲁伊特-贝灵恩法(DeRuiter-Ringen，1979)、我国《建筑桩基技术规范》(JGJ 94—2008)和《铁路桥涵设计规范》(TB 10002—2017)等方法。这里主要介绍《建筑桩基技术规范》(JGJ 94—2008)

中用静力触探资料确定单桩承载力的方法。

当根据单桥探头静力触探成果确定混凝土预制桩单桩竖向极限承载力标准值时，可按下式计算，即：

$$Q_{uk}=Q_{sk}+Q_{pk}=u\sum q_{sik}l_i+\alpha p_{sk}A_p \tag{7-20}$$

式中：Q_{uk}、Q_{sk}，Q_{pk}分别为单桩竖向、桩侧和桩端极限承载力标准值(kPa)；u 为桩身周长(m)；q_{sik}为用静力触探比贯入阻力值估算的桩周第 i 层土的极限侧阻力标准值(kPa)；l_i为桩穿越第 i 层土的厚度(m)；α 为桩端阻力修正系数，按表 7-7 所示取值；p_{sk}为桩端附近的比贯入阻力标准值(平均值)(kPa)；A_p为桩端面积(m^2)。

表 7-7　桩端阻力修正系数 α

桩入土深度/m	$l<15$	$15\leqslant l\leqslant 30$	$30<l\leqslant 60$
α	0.75	0.75～0.90	0.90

注：桩入土深 $15\leqslant l\leqslant 30$m 时，$\alpha$ 值按 l 值直线内插取得，其中 l 为桩长(不包括桩尖高度)。

q_{sik}值应结合土工试验资料，依据土的类别、埋藏深度、排列次序，按图 7-6 所示的折线取值。

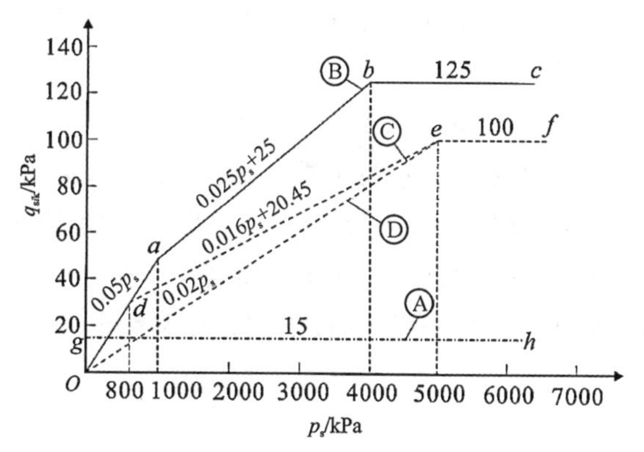

图 7-6　q_{sik}-p_s曲线

注：图中线段 gh 适用于地表以下 6m 内的土层；线段 $Oabc$ 适用于粉土和砂土土层以上(或无粉土及砂土土层地区)的黏性土；线段 $Odef$ 适用于粉土及砂土土层以下的黏性土；线段 Oef 适用于粉土、粉砂、细砂及中砂。

当桩端穿越粉土、粉砂、细砂及中砂层底面时，折线 D 估算的 q_{sik}值需乘以表 7-8 中系数 ξ_s值。

表 7-8　系数 ξ_s值

p_s/p_{s1}	$\leqslant 5.0$	7.5	$\geqslant 10.0$
ξ_s	1.00	0.50	0.33

注：①p_s为桩端穿越的中密—密实砂土、粉土的比贯入阻力平均值；p_{s1}为砂土、粉土的下卧软土层的比贯入阻力平均值；②采用单桥探头，圆锥底面积为 15cm²，锥角为 60°。

当 $p_{sk1}\leqslant p_{sk2}$时

$$p_{sk}=\frac{1}{2}(p_{sk1}+\beta p_{sk2}) \tag{7-21}$$

当 $p_{sk1} > p_{sk2}$ 时

$$p_{sk1} = p_{sk2} \tag{7-22}$$

式中：p_{sk1} 为桩端全截面以上 8 倍桩径范围内的比贯入阻力平均值(kPa)；p_{sk2} 为桩端全截面以下 4 倍桩径范围内的比贯入阻力平均值(kPa)，如桩端阻力层为密实的砂土层，其比贯入阻力平均值 $p_s > 20$MPa 时，则需乘以表 7-9 中系数 C 予以折减后，再计算 p_{sk2} 及 p_{sk1} 的值；β 为折减系数，按 p_{sk2}/p_{sk1} 值从表 7-10 中选用。

表 7-9　系数 C 取值

p_s/MPa	20～30	35	>40
系数 C	5/6	2/3	1/2

表 7-10　折减系数 β 取值

p_{sk2}/p_{sk1}	≤5.0	7.5	12.5	>15.0
β	1	5/6	2/3	1/2

当根据双桥探头静力触探资料确定混凝土预制桩单桩竖向极限承载力标准值时，对于黏性土、粉土和砂土，可按下式计算，即：

$$Q_{uk} = u\sum l_i \beta_i f_{si} + \alpha q_c A_p \tag{7-23}$$

式中：f_{si} 为第 i 层土的探头平均侧阻力；q_c 为桩端平面上、下探头阻力，取桩端平面以上 $4d$(d 为桩的直径或边长)范围内按土层厚度的探头阻力加权平均值，然后再和桩端平面以上 $1d$ 范围内的探头阻力进行平均计算；α 为桩端阻力修正系数，对黏性土、粉土取 2/3，饱和砂土取 1/2；β_i 为第 i 层土桩端侧阻力综合修正系数，按下式计算黏性土、粉土。

黏性土、粉土

$$\beta_i = 10.04\,(f_{si})^{-0.55} \tag{7-24}$$

砂土

$$\beta_i = 5.05\,(f_{si})^{-0.45} \tag{7-25}$$

注：双桥探头的圆锥底面积为 15cm^2，锥角为 60°，摩擦套筒高为 21.85cm，侧面积为 300cm^2。

8. 砂性土地基的液化评价

静力触探试验是评价地基土液化势的理想原位测试方法，下面介绍铁道部科学研究院等单位提出的采用单桥探头比贯入阻力 p_s 进行砂土液化判别的方法。

该方法主要根据唐山地震不同烈度地区 125 份试验资料，运用判别函数对试验数据进行统计分析。在统计分析中，考虑了砂土层埋深(1.0～15.0m)、上覆非液化土层厚度(0～10.6m)、地下水位深度(0.2～6.8m)、震中距(3.1～105.0km)和比贯入阻力的大小(3.4～42.3MPa)5 个影响因素，提出了以下饱和砂土液化临界比贯入阻力 p'_s 的计算公式，即：

$$p'_s = p_{s0}[1 - 0.05(d_u - 2)][1 - 0.065(d_w - 2)] \tag{7-26}$$

式中：d_u为上覆非液化土层厚度（m）；d_w为地下水位深度（m）；p_{s0}为液化判别饱和砂土比贯入阻力临界值（d_u＝2.0m，d_w＝2.0m），按表7-11所示取值。

表7-11 p_{s0}取值范围

抗震设防烈度	7	8	9
p_{s0}/MPa	5.0～6.0	11.5～13.0	18.0～20.0

当实测砂土的比贯入阻力 p_s小于按上式计算的临界值时，判为液化；反之，判为不液化。

第五节　工程实例

一、工程概况

港珠澳大桥跨越珠江口水域，东连香港，西接澳门、珠海，采用桥、岛、隧结合的方案，主体工程长约为36km，其中隧道长为6.648km，东西人工岛分别长625m。岛隧工程采用了桩基、土层加固等多种基础形式，为了确保工程竖向变形能够平顺过渡，必须查明本工程的地质条件。为此在工程中进行了地质勘察工作，其中包括大量的孔压静力触探试验（CPTU）。根据补充勘察中钻孔及孔压静力触探试验孔的布置，有34个CPTU试验孔附近布置有地质钻孔，对应孔距约为5m。比较孔压静力触探试验数据与地质钻孔柱状图，可以互相验证不同勘察手段所得到的结果，同时可以看出不同勘察方法的优缺点。

二、孔压静力触探试验结果

1. 用于对比的两个勘察孔情况简介

本次选取了编号为CPTU238的孔压静力触探试验孔及其相邻编号为GITB26的地质钻孔，作为一对典型勘察孔进行对比分析，两者的间距约为5m。孔压静力触探试验采用沉入到海底表面的静力触探驱动装置将探头压入土体，地质钻孔采用置于船上的地质钻机进行水上钻探。孔压静力触探试验得到了锥尖阻力、侧壁摩擦阻力和孔隙水压力随深度的变化情况。需要特别说明的是，试验点水深约为10m，孔压静力触探试验所测得的孔隙水压力是以海底表面的孔隙水压力为零点起算的。可以看出，孔压静力触探结果的规律性非常好，具体表现在：

（1）锥尖阻力、侧壁摩擦阻力在淤泥层中随深度的增大而线性增大，淤泥由于渗透性较差而产生了超静孔隙水压力。

（2）相对于淤泥层而言，3-1黏土层锥尖阻力、侧壁摩擦阻力明显变大，孔隙水压力也明显增大。

（3）对于某些土层，其阻力大，但超静孔隙水压力几乎降为零，反映出了砂层的明显特征。

2. 土层划分的方式

对于地质钻孔，根据采取的芯样颜色、状态并结合室内颗粒分析、稠度指标等试验结果，对土层进行划分，划分的结果是准确可信的。对于 GITB26 地质钻孔，将－64m 高程以上的土体划分为 5 层。对于孔压静力触探试验，应根据测得的锥尖阻力、侧壁摩擦阻力和孔隙水压力随深度的变化情况，根据经验方法对土的性质进行推测，并将性质类似的土体划分为 1 层。根据 Robertson 等(1990)提出的基于归一化参数 Q_t、F_r 和 B_q 的土类划分图，将 CPTU238 孔压静力触探试验孔在触探深度范围内的土层划分为 8 层，具体分层情况见图 7-7。

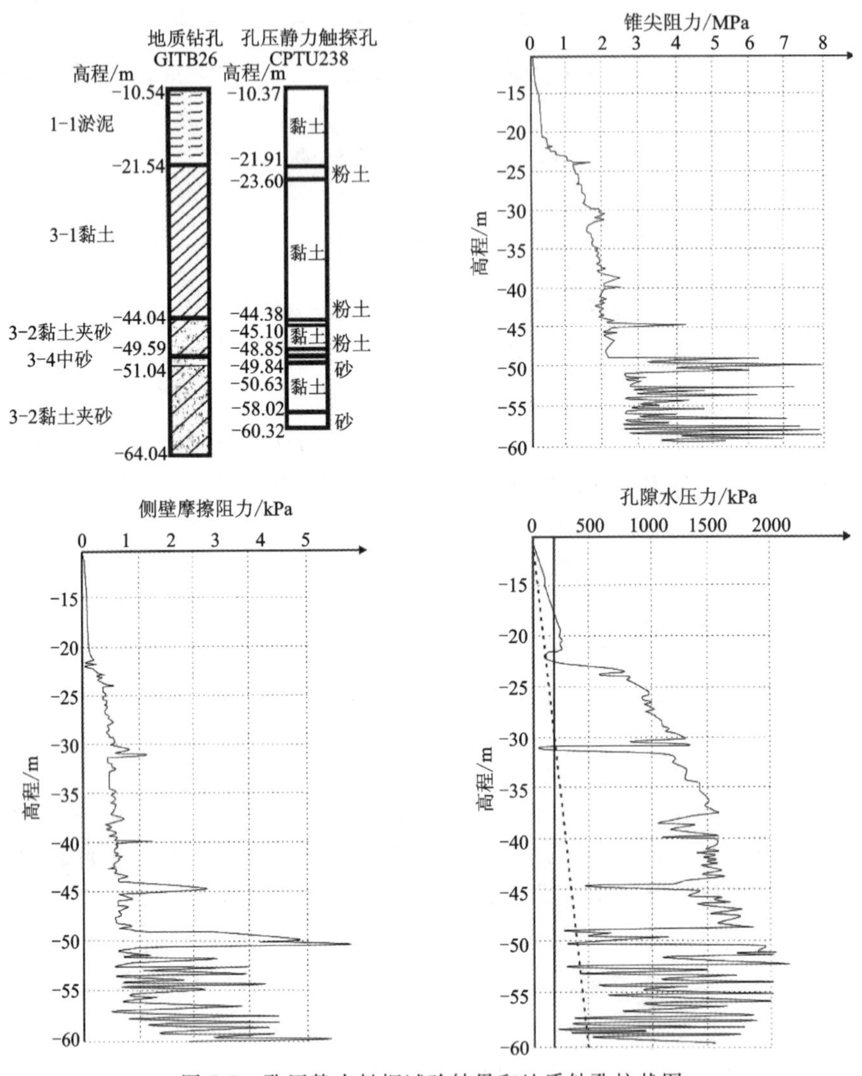

图 7-7　孔压静力触探试验结果和地质钻孔柱状图

3. 土层划分结果分析

对比两种方式对地基土层的划分结果，可以看出孔压静力触探试验与地质钻探在土层划分方面，大的土层划分是一致的。比如 1-1 淤泥、3-1 黏土、3-2 黏土夹砂、3-4 中砂层，两种勘察方法均能将其独立划分出来。大层之间的分界线也基本一致，因此可以认为，孔压静力触探试验在广东地区对于大的土层划分是可行的。

对比两孔的柱状图，地质钻孔将地基土划分为5层，孔压静力触探孔将地基土划分为8层，相比之下孔压静力触探试验在土层划分上比地质钻孔更为精细。更仔细地分析孔压静力触探的各曲线可以发现，在沉积黏土大层中，存在多个砂层夹层，具体表现在如高程约为－24m和－31m处，锥尖阻力、侧壁摩擦阻力局部增大，而孔隙水压力骤降至静水压力。这种薄的夹层在地质钻探过程中经常会忽略，而对于广东软土地区，连续的薄层砂层是非常重要的水平排水层，如设置了竖向排水措施，则有砂层夹层和没有夹层，其排水固结速度的差别是非常巨大的。由此也可以看出，有了孔隙水压力这一参数，对于土性的判断是非常重要的。如果没有孔隙水压力的佐证，仅凭阻力的局部变化很难判断夹层的性质。

4. 孔压静力触探试验的优缺点

通过上述实例分析，孔压静力触探试验用于广东地区土体的土层划分是可行的。广东地区软土、砂层分布广泛，更适合孔压静力触探试验的应用。

孔压静力触探试验的优点：①能够提供连续的反映土体特性的数据；②试验数据重现性好、结果可靠；③经济高效。

孔压静力触探试验的缺点：①不能在砾石、胶结好的土层中使用；②试验过程中不能取样，无法直观地对土质进行分类；③需要熟练的操作人员。

(1)什么是静力触探，静力触探试验的适用范围是什么？

(2)静力触探包括哪些仪器设备？就贯入设备而言有哪几种？

(3)静力触探试验所用单桥探头和双桥探头的优点和缺点。

(4)贯入的垂直度和贯入速率对试验结果有哪些影响？

(5)孔压静力触探试验前为什么要对探头进行脱气处理？

第八章　动力触探试验

第一节　试验原理

圆锥动力触探试验(Dynamic Penetration Test,简称 DPT)是利用一定的锤击能量,将一定规格的圆锥探头打入土中,根据打入土中的难易程度(用贯入阻力或贯入一定深度的锤击数表征)来判别土的性质的一种现场测试方法。圆锥动力触探技术在国内外应用极为广泛,是一种主要的土的原位测试方法。DPT 按锤击能量的不同,划分为轻型、重型和超重型 3 种,重锤质量分别为 10kg、63.5kg 和 120kg。在工程实践中,应根据土层的类型和试验土层的坚硬与密实程度来选择不同类型的试验设备。圆锥动力触探的试验数据通常以打入土中一定深度的锤击数表示,也可以用动贯入阻力表示。圆锥动力触探可适用于不同的土类,设备相对简单、操作方便、适应性广,并有连续贯入的特性,但试验误差较大,再现性较差。

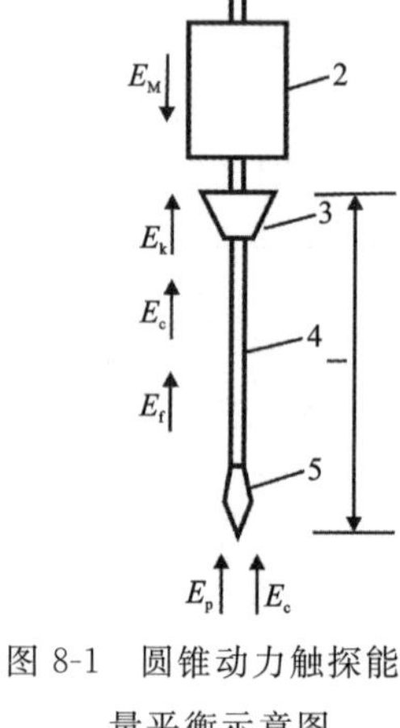

图 8-1　圆锥动力触探能量平衡示意图

1. 导杆;2. 重锤;3. 锤垫;4. 探杆;5. 探头

如图 8-1 所示为圆锥动力触探能量平衡示意图,动力触探试验的理想自由落锤能量 E_M 可按下式计算:

$$E_M = \frac{1}{2}Mv^2 \tag{8-1}$$

式中:M 为落锤的质量(kg);v 为锤自由下落碰撞探杆前的速度(m/s)。

实际的锤击功与理想的落锤能量不同,受落锤方式、导杆摩擦、锤击偏心、打头的材质、形状与大小、杆件传输能量的效率等因素的影响,要损失一部分能量,应按下式进行修正:

$$E_p = e_1 e_2 e_3 E_M \tag{8-2}$$

$$\text{或 } E_p \approx 0.60 E_M \tag{8-3}$$

平均传至探头的能量,消耗于探头贯入土中所做的功,即:

$$E_p = \frac{R_d A h}{N} \tag{8-4}$$

式中:E_p 为平均每击数传递给圆锥探头的能量(J);e_1 为落锤效率系数,对于自由落锤,$e_1 \approx 0.92$;e_2 为能量输入探杆系统的传输效率系数,对于国内通用的大钢探头,$e_2 \approx 0.65$;e_3 为杆长传输能量的效率系数,它随杆长的增大而增大,杆长大于 3m 时,$e_3 \approx 0.65$;h 为贯入度(m);

N 为贯入度 h 的锤击数；R_d 为探头单位面积的动贯入阻力（J/cm^2）；A 为探头的截面积（cm^2）。

其中

$$R_d = \frac{E_p}{A} \times \frac{N}{h} = \frac{E_P}{A_s} \tag{8-5}$$

式中：s 为平均每击的贯入度（$s=h/N$）。其余符号同上。

由此可以看出，当规定一定的贯入深度（或距离）h，采用一定规格（规定的探头截面、圆锥角和质量）的落锤和规定的落距，那么锤击数 N 的大小就直接反映了动贯入阻力 R_d 的大小，即直接反映被贯入土层的密实程度和力学性质。因此，实践中常用贯入土层一定深度的锤击数作为圆锥动力触探的试验指标。

第二节　仪器设备

一、轻型圆锥动力触探

如图 8-2 所示，轻型圆锥动力触探试验设备包括导向杆、穿心锤、锤垫、探杆和圆锥探头 5 部分。

二、重型圆锥动力触探

重型和超重型动力触探的设备，尽管在尺寸和重量上有差别，但与轻型动力触探设备有相似之处。重型和超重型动力触探试验一般都采用自动落锤方式，因此，在重锤之上增加了提引器。

国内采用的提引器尽管结构不同，但从其基本原理上可以分为内挂式和外挂式两种。内挂式提引器利用导杆的缩颈，使提引器内的活动装置（钢珠、偏心轮和挂钩）发生变位，完成挂锤、脱钩及自由落锤的过程；外挂式提引器利用上提力完成挂锤，靠导杆顶端所设弹簧锥或凸块，强制挂钩张开，使重锤自由落下。如图 8-3 所示为钢球缩颈式（内挂式）自动落锤装置。

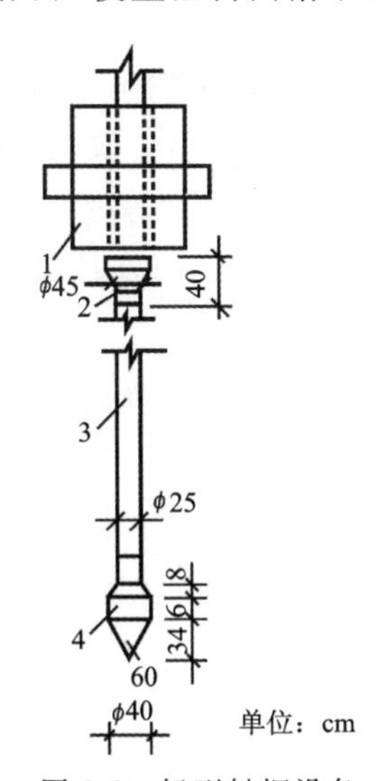

图 8-2　轻型触探设备

1. 穿心锤；2. 锤垫；3. 探杆；4. 圆锥探头

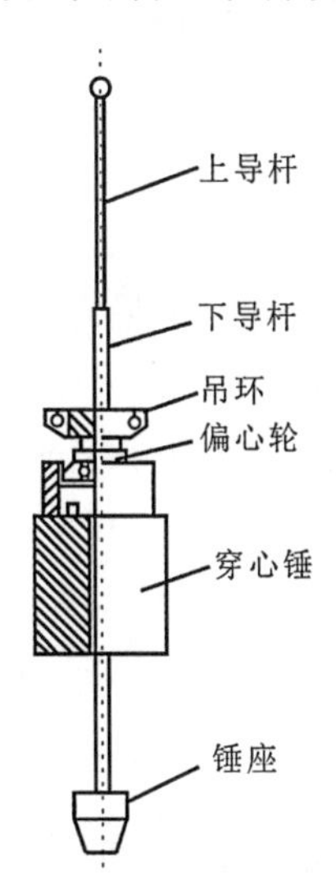

图 8-3　钢球缩颈式（内挂式）自动落锤装置

三、超重型圆锥动力触探

如图 8-4 所示，超重型圆锥动力触探试验设备主要有触探探头(同重型触探探头)、提锤架偏心轮、锤体、导向杆、触探杆等组成。

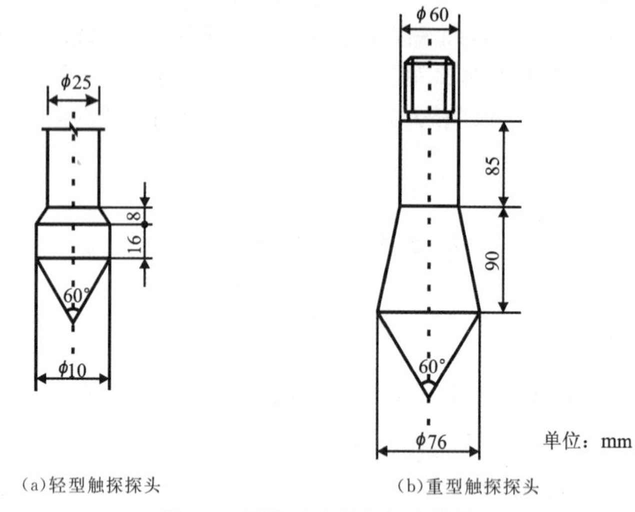

图 8-4　圆锥动力触探探头结构

第三节　操作步骤

一、轻型圆锥动力触探

(1)先用轻便工具(螺纹钻、洛阳铲等)钻至指定试验深度，然后将探头与探杆放入孔内，保持探杆垂直，探杆的偏斜度不应超过 2%，就位后进行锤击贯入试验，贯入 30cm 后记录锤击数；再继续向下贯入，记录下一试验深度的锤击数。重复该试验步骤至预定试验深度。在试验过程中为了减少碎土与钻杆之间的阻力，可以用小螺钻预先将碎土取出，然后再就位继续贯入试验。如遇密实坚硬土层，当贯入 30cm 所需锤击数超过 100 击或贯入 15cm 超过 50 击时，可以停止作业。如果需要对下卧地层继续进行试验，可以用钻机穿透坚实土层后再继续进行贯入试验。

(2)重锤提升有人力和机械两种方法，将 10kg 的锤提升至 50cm 高度时，自由落下。锤击频率应控制在 15～30 击/min 之间。

(3)现场记录，以每贯入 30cm 记录相应锤击数，作为轻型圆锥动力触探的试验指标，当遇到较坚硬地层，锤击数较高时，也可分段记录，以每贯入 10cm 记录 1 次锤击数，但资料整理时，必须按贯入 30cm 所需击数作为指标进行计算。

二、重型圆锥动力触探

(1)试验进行之前，必须对机具设备进行检查，确认各部正常后才能开始工作，机具设备的安装必须稳固，试验时支架不得偏移，所有部件连接处螺纹必须紧固。

(2)试验时，应采取机械或人工措施，使探杆保持垂直，探杆的偏斜度不应超过2%，重锤沿导杆自由下落，锤击频率为15～30击/min。重锤下落时，应注意周围试验人员的人身安全，遵守操作纪律。

(3)在试验过程中，每贯入1m，宜将探杆转动一圈半；当贯入深度超过10m时，每贯入20cm宜转动探杆一次，以减少探杆与土层的摩阻力。

(4)在预钻孔内进行作业时，当钻孔直径大于90mm、孔深大于15m、实测击数大于8击/10cm时，可下直径不大于90mm的套管，以减小探杆径向晃动。

(5)为保持探杆的垂直度，锤座距孔口的高度不宜超过1.5m。

(6)遇到密实或坚硬的土层，当连续3次$N_{63.5}$大于50击时，可停止试验，或改用超重型动力触探进行试验。

三、超重型圆锥动力触探

试验方法同重型圆锥动力触探，需注意以下3点：

(1)贯入时应使穿心锤自由下落，地面上触探杆的高度不应过高，以免倾斜和摆动过大。

(2)贯入过程应尽量连续，锤击速率应控制在16～25击/min。

(3)测计每贯入10cm的锤击数N'_{120}，一般每小时可进尺4m左右。

第四节 成果整理和应用

一、资料整理

圆锥动力触探试验资料的整理包括绘制试验击数随深度的变化曲线、结合钻探资料进行土层划分、计算单孔和场地各土层的平均贯入击数。

1. 绘制动力触探 N-h 或 N'-h 曲线图

根据不同的国家或行业标准，对圆锥动力触探试验结果(实测锤击数)，目前存在进行修正和不进行修正两种，但无论是采用实测值还是修正值，资料整理方法相同。如图8-5所示，以实测锤击数N'或经杆长校正后的击数N为横坐标，贯入深度h为纵坐标绘制N-h或N'-h曲线图。对轻型动力触探按每贯入30cm的击数绘制N_{10}-h曲线，重型、超重型动力触探每贯入10cm的击数绘制$N_{63.5}$-h或N_{120}-h曲线。

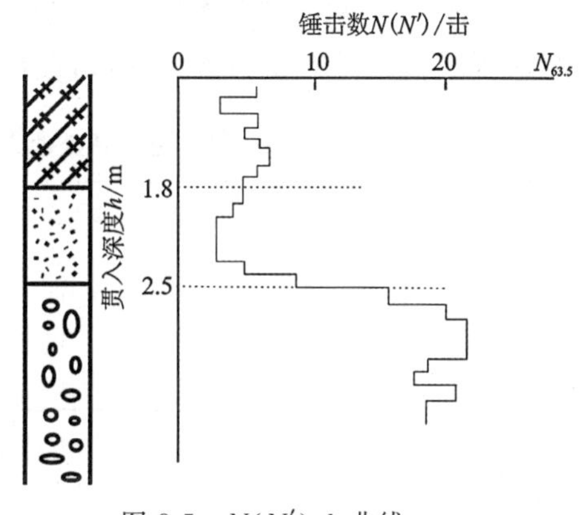

图8-5 $N(N')$-h 曲线

2. 划分土层界线

为了在工程勘察中有效地应用动力触探试验资料，在评价地基土的工程性质时，应结合勘察场地的地质资料对地基土进行力学分层。

划分力学分层的原则：土层界线的划分要考虑动贯入阻力在土层变化附近的“超前”反应。当探头从软层进入硬层或从硬层进入软层时，均有“超前”反应。所谓“超前”，即探头尚未实际进入下面土层之前动贯入阻力就已“感知”土层的变化，提前变大或变小，反应的范围为探头直径的 2～3 倍。因此在划分土层时，当由软层(小击数)进入硬层(大击数)时，分层界线可选在软层最后一个小值点以下 2～3 倍探头直径处；当由硬层进入软层时，分层界线可定在软层第 1 个小值点以上 2～3 倍探头直径处。

3. 计算各层的击数平均值

首先按单孔统计各层动贯入指标平均值，统计时应剔除个别异常点，且不包括“超前”和“滞后”范围的测试点；然后根据各孔分层贯入指标平均值，用厚度加权平均法计算场地分层贯入指标平均值和变异系数。以每层土的贯入指标加权平均值，作为分析研究土层工程性能的依据。

4. 成果分析

利用圆锥动力触探试验成果，不仅可以用于定性评定场地地基土的均匀性，确定软弱土层和坚硬土层的分布，还可以定量地评定地基土的状态或密实度，估算地基土的力学性质。

二、工程应用

圆锥动力触探成果的工程应用，包括评定天然地基的承载力、评定单桩承载力和检验地基土的加固效果。

1. 评价地基土的状态或密实程度

根据我国《建筑地基基础设计规范》(GBJ 50007—2011)，可采用重型圆锥动力触探的锤击数 $N_{63.5}$ 评定碎石土的密实度，见表 8-1。

表 8-1　重型圆锥动力触探锤击数 $N_{63.5}$ 评定碎石土的密实度

锤击数 $N_{63.5}$/击	密实度	锤击数 $N_{63.5}$/击	密实度
$N_{63.5} \leqslant 5$	松散	$10 < N_{63.5} \leqslant 20$	中密
$5 < N_{63.5} \leqslant 10$	稍密	$N_{63.5} \geqslant 20$	密实

注：本表使用平均粒径≤50mm 且最大粒径不超过 100mm 的卵石、碎石、圆砾、角砾；表内 $N_{63.5}$ 为经综合修正后的平均值。

2. 确定地基土的承载力与变形模量

利用动力触探的试验成果评价地基的承载力和变形模量，主要是依靠当地的经验以及在经验基础上建立统计关系式(或者以表格形式给出)。我国原《建筑地基基础设计规范》(GBJ 7—89)曾以附表的形式给出采用动力触探锤击数估算地基土承载力基本值的有关成果，但在新的《建筑地基基础设计规范》(GB 50007—2011)中，删去了这些表格。主要原因在于部分地区的经验难以适应我国各个地区，或者无法用一个经验关系式来概括不同地区的经验和成果。

3. 确定单桩承载力标准值 R_k

沈阳市桩基础试验小组通过对沈阳地区 $N_{63.5}$ 与桩的荷载试验的统计分析，得出以下经验关系：

$$R_k = \alpha\sqrt{\frac{Lh}{s_p s}} \tag{8-6}$$

式中：R_k 为单桩承载力标准值(kN)；L 为桩长(m)；h 为桩进入持力层的深度(m)；s_p 为桩最后10 击的平均贯入深度(cm)；s 为在桩尖以上 10cm 深度内修正后的重型动力触探平均每击贯入度(cm)；α 为经验系数，按表 8-2 取值。

表 8-2　经验系数 α 取值

桩类型	打桩机型号	持力层情况	α 值
ϕ320mm 打入式灌注桩	D_1-1200	中、粗砂	150
	D_1-1800	圆砾、卵石	200
预制混凝土打入桩(300mm×300mm)	D_2-1800	中、粗砂	100
	D_2-1800	圆砾、卵石	200

第五节　试验的使用范围和影响因素

一、使用范围

DPT 按锤击能量的不同，划分为轻型、重型和超重型 3 种。在工程实践中，应根据土层的类型和试验土层的坚硬与密实程度来选择不同类型的试验设备。表 8-3 列出了我国常用的几种类型和规格。国外常用触探能量与探头面积之比——能量指数来反映动力触探能力。

二、影响因素

影响动力触探的因素很复杂，对有些因素的认识也不完全一致。有些因素通过标准化统

表 8-3 国内常用圆锥动力触探设备规格

类型	锤重/kg	落距/cm	探头或贯入器	贯入指标	触探杆直径/mm	触探能量/J	使用土类
轻型	10	50	圆锥探头，锥角 60°，锥底直径 40mm，面积 12.6cm²	贯入 30cm 的锤击数 N_{10}	25	4	前部填土、砂土、粉土和黏性土
重型	63.5	76	圆锥探头，锥角 60°，锥底直径 74mm，面积 43cm²	贯入 10cm 的锤击数 $N_{63.5}$	42	11	砂土、中密以下的碎石土和极软岩
超重型	120	100	同重型	贯入 10cm 的锤击数 N_{120}	50～60	28	密实和很密的碎石土、极软岩、软岩

一后可以得到控制，如机具设备、落锤方式等，但有些因素，如杆长、侧壁摩擦、地下水、上覆压力等，则在试验时是难以控制的。

1. 杆长影响

杆长的影响，相关领域研究人员存在不同的看法，我国各个领域的规范或规程也不尽统一。例如《岩土工程勘察规范》(GB 50021—2001)(2009 年版)，对动力触探试验指标均不进行杆长修正，而有些行业的动力触探规程，如我国行业标准《铁路工程地质原位测试规程》(TB 10018—2018)，仍规定需要进行杆长的修正。因此，在应用圆锥动力触探试验成果时，应根据建立岩土参数与动力触探指标之间的经验关系式时的具体条件，决定是否对试验指标进行杆长修正。

当需要对实测锤击数进行修正时，对于重型和超重型静力触探，分别采用相应公式对实测锤击数进行修正。

其中，重型静力触探实测锤击数修正公式如下：

$$N_{63.5} = \alpha_1 \times N'_{63.5} \tag{8-7}$$

式中：$N_{63.5}$ 为经修正后的重型圆锥动力触探锤击数(击)；$N'_{63.5}$ 为实测重型圆锥动力触探锤击数(击)。

表 8-4、表 8-5 分别给出了重型和超重型动力触探试验的杆长修正系数 α_1 和 α_2。

表 8-4 重型圆锥动力触探锤击数修正系数 α_1

杆长/m	锤击数/击								
	5	10	15	20	25	30	35	40	≥50
≤2	1.00	1.00	1.00	1.00	1.00	1.00	1.00	1.00	1.00
4	0.98	0.95	0.93	0.92	0.90	0.89	0.87	0.85	0.84

续表 8-4

杆长/m	锤击数/击								
	5	10	15	20	25	30	35	40	≥50
6	0.93	0.90	0.88	0.85	0.86	0.81	0.79	0.78	0.75
8	0.90	0.86	0.88	0.80	0.77	0.75	0.73	0.71	0.67
10	0.88	0.83	0.79	0.75	0.72	0.69	0.67	0.64	0.61
12	0.85	0.79	0.75	0.70	0.67	0.64	0.61	0.59	0.55
14	0.82	0.76	0.71	0.66	0.62	0.58	0.56	0.53	0.50
16	0.79	0.72	0.67	0.62	0.57	0.54	0.51	0.48	0.45
18	0.77	0.70	0.63	0.57	0.53	0.49	0.46	0.43	0.40
20	0.75	0.67	0.59	0.53	0.48	0.44	0.41	0.39	0.36

表 8-5 超重型圆锥动力触探锤击数修正系数α_2

杆长/m	锤击数/击											
	1	2	3	7	9	10	15	20	25	30	35	40
1	1.00	1.00	1.00	1.00	1.00	1.00	1.00	1.00	1.00	1.00	1.00	1.00
2	0.96	0.92	0.91	0.91	0.90	0.90	0.90	0.89	0.88	0.88	0.88	0.88
3	0.94	0.88	0.85	0.85	0.85	0.84	0.84	0.83	0.82	0.82	0.81	0.81
5	0.92	0.82	0.79	0.78	0.77	0.77	0.76	0.75	0.74	0.73	0.73	0.72
7	0.90	0.78	0.75	0.74	0.73	0.72	0.71	0.70	0.69	0.68	0.67	0.66
9	0.88	0.75	0.72	0.70	0.69	0.68	0.67	0.66	0.64	0.63	0.62	0.62
11	0.87	0.73	0.69	0.67	0.66	0.66	0.64	0.62	0.61	0.60	0.59	0.58
13	0.86	0.71	0.67	0.65	0.63	0.63	0.61	0.60	0.58	0.57	0.58	0.55
15	0.86	0.69	0.65	0.63	0.62	0.61	0.59	0.58	0.56	0.55	0.54	0.53
17	0.85	0.68	0.63	0.61	0.60	0.60	0.57	0.56	0.54	0.53	0.52	0.50
19	0.84	0.66	0.62	0.60	0.59	0.58	0.56	0.54	0.52	0.51	0.50	0.49

超重型静力触探实测锤击数修正公式如下：

$$N_{120} = \alpha_2 \times N'_{120} \tag{8-8}$$

式中：N_{120}为经修正后的超重型圆锥动力触探锤击数（击）；N'_{120}为实测超重型圆锥动力触探锤击数（击）。

2. 杆侧摩擦的影响

杆侧摩擦的影响很复杂，在有些土层中，特别是软黏土和有机土，探杆侧壁摩擦对击数有重要影响，而对中密—密实的砂土，尤其是在地下水位以上，由于探头直径比探杆直径稍大，侧壁摩擦阻力是可以忽略不计的。

一般情况下，重型动力触探深度小于15m、超重型动力触探深度小于20m时，可以不考虑杆侧摩擦的影响(如用泥浆)，或用泥浆与不用泥浆进行对比试验来认识杆侧摩擦的影响。

3. 上覆压力的影响

通过室内试验槽和三轴标定箱的试验研究，认为上覆压力对触探贯入阻力的影响是显著的。但对于一定相对密度的砂土，上覆压力对圆锥动力触探试验结果存在一个“临界深度”，即锤击数在此深度范围内随着贯入深度的增加而增大，超过此深度之后，锤击数趋于稳定值，增加率减小，并且临界深度随着相对密度和探头直径的增加而增大。

对于一定粒度组成的砂土，动力触探击数 N 与相对密度 D_r 和有效上覆压力 σ_v' 存在一定的相关关系，即：

$$\frac{N}{D_r^2} = a + b\sigma'_v \tag{8-9}$$

式中：a、b 为经验系数，随砂土的粒度组成变化。

第六节　工程实例

一、工程概况

某地拟建占地面积2 187.5m²的变电站，其开关室和二次设备室在同一层楼内，主变压器2台，基础深度1.0m左右，设计构架基础深度1.0m左右。

由于场地位于河流阶地上，岩土构成分别为：①耕植土为褐红色粉土层，厚度0.3～0.5m，分布整个场地；②碎石土为黏土、细—粗砂夹卵石，卵石含量约占30%，卵石磨圆度较好，呈椭圆形；③根据现场调查，土层下伏为下泥盆统牛蹄塘组的薄—中厚层灰岩。传统的钻机不宜在碎石土中钻孔取样，且该拟建场地的基础埋深浅，故采用重型圆锥动力触探试验，依据变电站工程布置图，沿构架、主变压器、开关室布置两条勘探线，共2个钻孔。记录重型圆锥动力触探试验的锤击数，来进行岩土的力学分层以及确定地基承载力值，为场地地基评价提供依据。

二、重型圆锥动力触探试验

重型圆锥动力触探设备采用自动脱钩装置，以确保穿心锤自由下落，锤的落距能很好地控制在规定的范围之内，贯入深度和锤击数记录方法采用记录每贯入10cm的锤击数，以综合评价场地内土层的分布、厚度，进一步查清基岩面起伏情况。

本次试验根据现场调查，场地地下水丰富，已开挖基坑中可见地下水埋藏深度约1m；同时有两个孔的探杆长度为4.9m，故需要进行杆长校正和地下水位校正，特别要注意的是杆长的校正和地下水位的校正必须是在某一阵击所用探杆的长度或者是否超过地下水位时，才要用相应的数据进行校正。

三、试验结果分析

1. 试验结果

钻孔 ZK01 和 ZK02 试验成果分别见表 8-6、表 8-7。

表 8-6 ZK01 重型圆锥动力触探试验成果表

土层分类	杆长/m	试验孔深/m		每贯入10cm的锤击数	杆长校正系数	校正后锤击数/击	平均值/击	区间值/击	标准差	变异系数
		起	始							
耕植土	2.4	0	0.1	4	0.894	3.58	4.173	3.58～4.47	0.514	0.123
		0.1	0.2	5	0.894	4.47				
		0.2	0.3	5	0.894	4.47				
碎石土	2.4	0.3	0.4	5	0.894	4.47	8.313	4.47～16.33	2.851	0.343
		0.4	0.5	6	0.889	5.33				
		0.5	0.6	8	0.878	7.02				
		0.6	0.7	6	0.889	5.33				
		0.7	0.8	8	0.878	7.02				
		0.8	0.9	9	0.873	7.86				
		0.9	1.0	10	0.867	8.67				
		1.0	1.1	12	0.846	10.16				
		1.1	1.2	11	0.857	9.43				
		1.2	1.3	13	0.836	10.86				
		1.3	1.4	9	0.873	7.86				
		1.4	1.5	8	0.878	7.02				
		1.5	1.6	10	0.867	8.67				
		1.6	1.7	10	0.867	8.67				
		1.7	1.8	21	0.777	16.33				

表 8-7 ZK02 重型圆锥动力触探试验成果表

土层分类	杆长/m	试验孔深/m		每贯入10cm的锤击数	杆长校正系数	校正后锤击数/击	平均值/击	区间值/击	标准差	变异系数
		起	始							
耕植土	2.4	0	0.1	13	0.836	10.86	12.075	2.68～13.67	1.200	0.099
		0.1	0.2	15	0.815	12.22				
		0.2	0.3	17	0.804	13.67				
		0.3	0.4	14	0.825	11.55				
		0.4	0.5	3	0.894	2.68				
碎石土	2.4	0.3	0.4	5	0.894	4.47	8.313	4.47～16.33	2.851	0.343
		0.4	0.5	6	0.889	5.33				
		0.5	0.6	8	0.878	7.02				
		0.6	0.7	6	0.889	5.33				
		0.7	0.8	8	0.878	7.02				
		0.8	0.9	9	0.873	7.86				
		0.9	1.0	10	0.867	8.67				
		1.0	1.1	12	0.846	10.16				
		1.1	1.2	11	0.857	9.43				
		1.2	1.3	13	0.836	10.86				
		1.3	1.4	9	0.873	7.86				
		1.4	1.5	8	0.878	7.02				
		1.5	1.6	10	0.867	8.67				
		1.6	1.7	10	0.867	8.67				
		1.7	1.8	21	0.777	16.33				

由此可见，场地的耕植土为低承载力、高变形的地基土，不宜做地基持力层；其下的碎石土为具有中等承载力及中等压缩性的地基土，动力触探试验综合成果见表 8-8。

表 8-8 动力触探综合统计表

土层	最大击数/击	最小击数/击	综合平均击数/击	统计修正系数	标准击数/击	备注
耕植土	3.58	1.79	2.61	0.912	2.38	
碎石土	18.97	0.89	7.70	0.918	7.07	遇到石块

2. 地基承载力的确定

根据经验公式：

$$f_k = 32.3N_{63.5} + 89 \quad (2 < N_{63.5} < 18 \text{ 击,黏性土}) \qquad (8\text{-}10)$$

则耕植土地基承载力：$f_k = 165.87$(kPa)。

根据《工程地质手册》以及对比相邻地区经验得出碎土石地基承载力：$f_k = 282.80$(kPa)。

3. 绘制锤击数 N 与深度 h 直方图

根据试验指标及试验深度，绘制单孔圆锥动力触探试验击数 N 与深度 h 直方图如图8-6、图 8-7 所示。

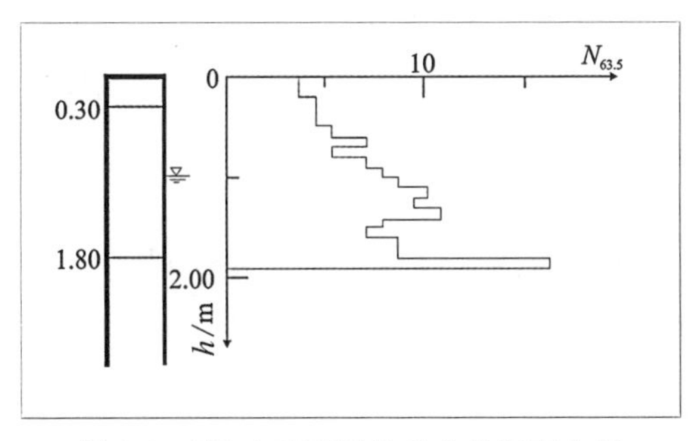

图 8-6　ZK01 重型圆锥动力触探直方图

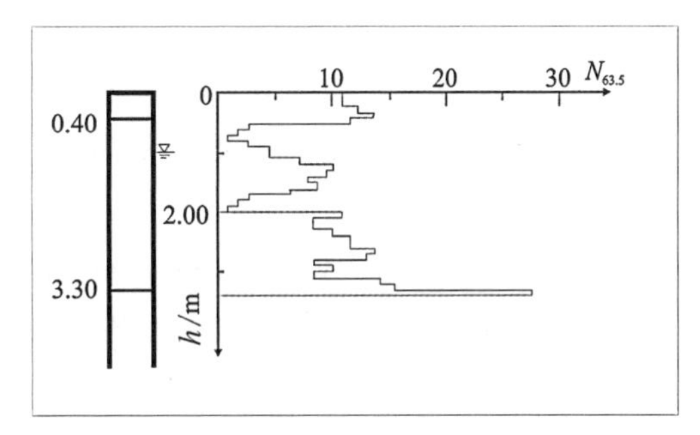

图 8-7　ZK02 重型圆锥动力触探直方图

4. 地基土层力学分层

由场地土层构成和试验所得锤击数可知，应选择场地碎石土层作为地基持力层，其厚度 4～5m。

(1)为什么圆锥动力触探试验指标锤击数可以反映地基土的力学性能？

(2)试指出圆锥动力触探的试验技术要点，并加以说明。

(3)在应用圆锥动力触探试验成果时，如何考虑试验指标的修正问题？

第九章 原位剪切试验

原位剪切试验包括3种,分别是现场直剪试验、十字板剪切试验和钻孔剪切试验。

现场直剪试验分别用于岩土体本身、岩土体沿软弱结构面和岩土体与其他材料接触面的剪切试验,分为岩土体试件在法向应力作用下沿剪切面剪切破坏的抗剪断试验、岩土体剪断后沿剪切面继续剪切的抗剪试验(摩擦试验)、法向应力为零时岩体剪切的抗切试验。现场直剪试验岩土体远比室内试样大,试验成果更符合实际,一般用于岩石或性状较好的地基土,为稳定性分析提供抗剪强度参数。

十字板剪切试验(Vane Shear Test,简称VST)是土工原位测试技术中一种发展较早、使用较成熟的方法。它在测定软黏土的抗剪强度方面,具有较多优点:①可避免取土扰动对原状土强度的影响;②原位土可保持在天然应力状态下,测定不扰动土强度指标可靠;③测试较直观,判释简易明确。VST是一种通过对插入地基土中规定形状和尺寸的十字板头施加扭矩,使十字板头在土体中等速扭转形成圆柱状破坏面,经过换算评定地基土不排水抗剪强度的现场试验。原位十字板剪切仪于1928年由瑞典奥尔森(J. Olsen)发明。该法的大量推广应用和仪器的改进在国外始于1947年,我国于1954年由南京水利科学研究院等单位开始研制开发这项试验,实践说明试验效果良好。

20世纪60年代晚期,美国爱荷华大学的Handy等提出了一种采用钻孔剪切试验测定土体抗剪强度参数的原位测试方法。在各种原位试验设备或装置中,钻孔剪切试验是唯一可同时对黏聚力和内摩擦角进行快速、直接和准确测量的方法。该方法可弥补大型直剪试验和十字板剪切试验方法的不足,用于深部地层硬度较大土体,已在美国、法国和日本等国得到应用。

第一节 现场直剪试验

一、试验原理

现场直剪试验原理与室内直剪试验基本相同,但由于试件尺寸大且在现场进行,因此能把岩土体的非均质性及软弱面等对抗剪强度的影响更真实地反映出来。

根据库仑定律:

$$\tau_{\mathrm{f}} = c + \sigma\tan\varphi \tag{9-1}$$

式中:τ_{f}为剪切破坏面上的剪应力(kPa),即岩土体的抗剪强度;σ为破坏面上的法向应力

(kPa);c 为岩土体的黏聚力(kPa);φ 为岩土体的内摩擦角(°)。

依据不同垂直压力下测得的 τ_f 值,可以求出相应的 c、φ 值。在采用平推法和斜推法时,由于剪切应力的方向不一样,因此采用的计算公式也有所区别。平推法试验[图 9-1(a)]按下列公式计算各法向荷载下的法向应力和剪切应力:

$$\sigma = \frac{P}{F} \tag{9-2}$$

$$\tau = \frac{q}{F} \tag{9-3}$$

式中:σ 为作用于剪切面上的法向应力(MPa);τ 为作用于剪切面上的剪切应力(MPa);P 为作用于剪切面上的总法向荷载(N);q 为作用于剪切面上的总剪切荷载(N);F 为剪切面面积(mm^2)。

斜推法试验[图 9-1(b)]按下列公式计算法向应力和剪切应力:

$$\sigma = \frac{P}{F} + \frac{Q\sin\alpha}{F} \tag{9-4}$$

$$\tau = \frac{Q\cos\alpha}{F} \tag{9-5}$$

式中:Q 为作用于剪切面上的总斜向荷载(N);α 为斜向荷载施力方向与剪切面之间的夹角(°)。

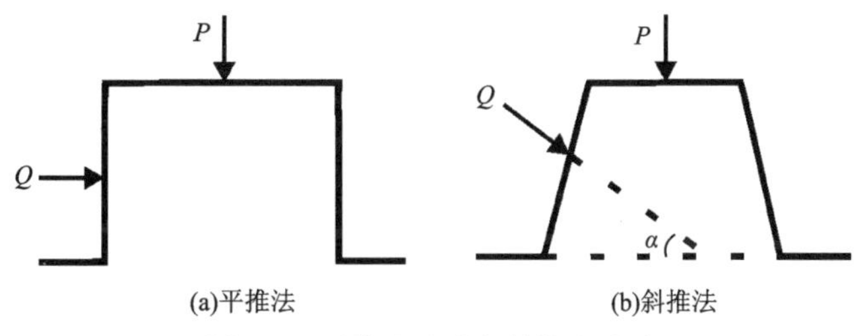

图 9-1　平推法试验与斜推法试验

二、仪器设备

现场直剪试验的设备包括以下 4 个部分。

(1)试体制备设备:手风钻(或切石机)、模具、人工开挖工具各 1 套。切石机、模具应符合试体尺寸要求。

(2)加载设备:液压千斤顶(或液压钢枕)2 套以上,出力容量根据试验要求确定,行程不小于 70mm。液压泵(手动或电动)附压力表、高压油管、测力计等,与液压千斤顶(或液压钢枕)配套使用。

(3)传力设备:传力柱(木、钢或混凝土制品)、钢垫块(板)、高压胶管、滚轴排。传力柱宜具有足够的刚度。在露天或基坑试验时还需使用岩锚、钢索、螺夹或钢梁等。

(4)测量设备:百分表(量程≥50mm)、千分表(2mm≤量程<50mm),磁性表座和万能表架、测量标点、量表支架。支杆长度应超过试验影响范围。

试验时，在安装荷载系统之前，首先检查所有仪器设备，确认可靠后方可使用。标出垂直及剪切荷载安装位置后，先安装法向荷载系统，再安装切向荷载系统。平面剪切的平推法和斜推法直剪试验安装示意图如图 9-2 所示。

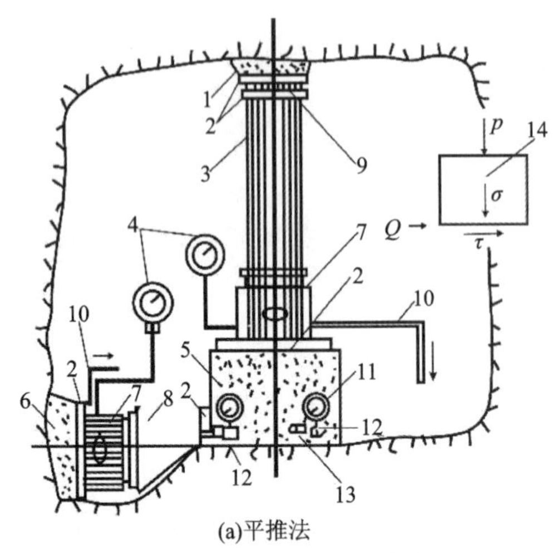

1.砂浆顶板；2.垫板；3.传力柱；4.压力表；5.混凝土试体；6.混凝土后座；7.液压千斤顶；8.传力块；9.滚轴排；10.接液压汞；11.垂直位移测表；12.测量标点；13.水平位移测表；14.试体受力简图

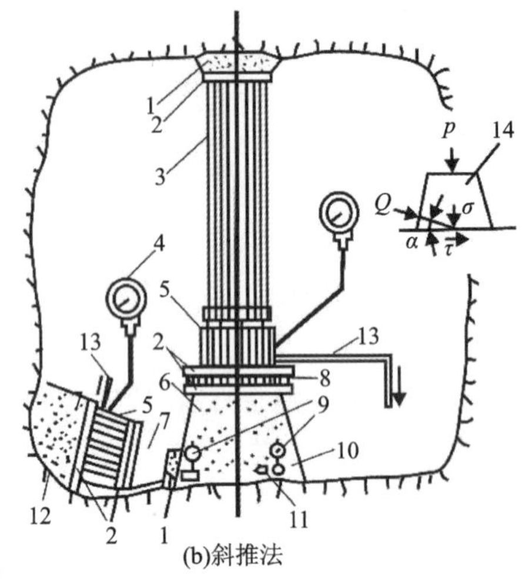

1.砂浆顶板；2.垫板；3.传力柱；4.压力表；5.液压千斤顶；6.混凝土试体；7.传力块；8.滚轴排；9.垂直位移测表；10.测量标点；11.水平位移测表；12.混凝土后座；13.接液压汞；14.试体受力简图

图 9-2　混凝土与岩体接触面直剪试验安装示意图

1. 法向荷载系统安装

在试体顶部铺设一层水泥砂浆（也可以是橡皮板或细砂），放上钢垫板，垫板应平行于预定剪切面。然后在垫板上依次安放滚轴排、垫板、千斤顶（或液压枕）、垫板、传力柱、顶部垫板。在顶部垫板和岩面之间浇筑混凝土或砂浆或安装反力装置。法向荷载系统应具有足够的强度和刚度，当剪切面为倾斜或荷载系统超过一定高度时，应对法向荷载系统进行支撑。整个法向荷载系统的所有部件，应保持在加载方向的同一轴线上，垂直预定剪切面。安装完毕后，启动千斤顶，施加接触压力使整个法向荷载系统接触紧密。千斤顶活塞应预留足够的行程。另外，在露天场地或无法利用硐室顶板作为反力支撑时，可采用地锚作为反力装置；当法向荷载较小时，也可采用压重法。

2. 剪切荷载系统安装

在试体剪切荷载受力面用水泥浆粘贴一块条形垫板，坐板底部与剪切面之间应预留约 1cm 的间隙。在条形垫板后依次安放传力块、千斤顶、垫板。斜推法还应加装滚轴排（图 9-3、图 9-4）。在垫板和反力座之间浇筑混凝土或砂浆。当试体推力面与剪切面垂直且采用斜推法时，在垫板后依次安装斜垫块、千斤顶、垫板。安装剪切荷载系统时，千斤顶应严格定位。平推法推力中心线应平行预定剪切面，且与剪切面的距离不应大于剪切方向试体边长的 5%；斜推法推力中心线应通过剪切面中心，与剪切面夹角宜为 12°～17°。

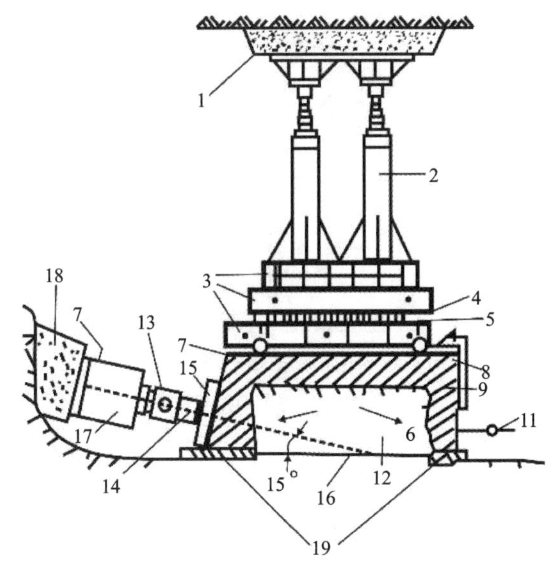

图 9-3 岩体弱面直接剪切试验仪器设备安装示意图

1.砂浆垫层;2.传力柱;3.传力横梁;4.钢板;5.滚轴排;6.垂直位移量表;7.接液压泵;8.液压钢枕;9.混凝土保护罩;10.侧向位移量表;11.水平位移量表;12.试体;13.测力计;14.球座;15.钢板;16.剪切面;17.液压千斤顶;18.混凝土垫块;19.垫料

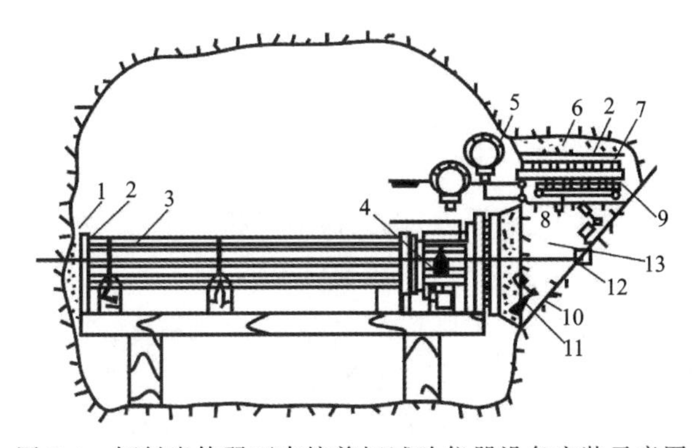

图 9-4 倾斜岩体弱面直接剪切试验仪器设备安装示意图

1.砂浆垫层;2.钢板;3.传力柱;4.液压千斤顶;5.压力表;6.砂浆垫层;7.滚轴排;8.测压钢枕;9.加力钢枕;10.测量标点;11.量表;12.岩石弱面;13.楔形试体

3.测量系统安装

测量支架的支点应在基岩变形影响范围以外,支架应具有足够的刚度。在支架上依次安装测量表架和测表。在试体两侧的对称部位分别安装测量切向和法向(绝对位移)的测表,每侧法向、切向位移测表均不得少于 2 只。根据需要可布置测量试体与基岩面之间相对位移的测表。测量表的安装见图 9-5。

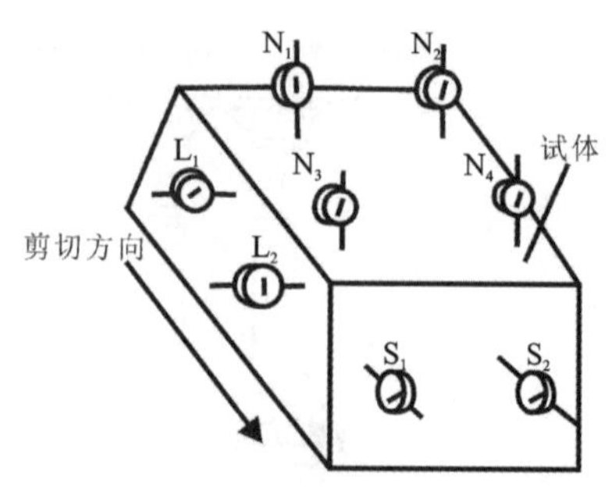

图 9-5　直接剪切试验位移测量表布置示意图

N_1、N_2、N_3、N_4. 垂直位移量表；S_1、S_2. 剪切位移量表；

L_1、L_2(L_3、L_4). 侧向位移量表

三、试验操作步骤

1. 试验准备工作

现场直接剪切试验应根据工程需要，选择有代表性试验地段确定试验位置。一般情况下，该试验在试验平硐中进行，但也可以在井巷、露天场地的试坑或平的岩体表面进行，这时需要安装加荷系统的反力装置。试验前的准备工作如下。

1)试验前的地质描述

地质描述是整个试验工作的重要组成部分，它将为试验成果的整理分析和计算指标的选择提供可靠的依据，并为综合评价岩体工程地质性质提供依据。具体内容包括：

(1)试验地段开挖、试体制备方法及出现的问题。

(2)试点编号、位置、尺寸。

(3)试段编号、位置、高程、方位、深度、硐断面形状和尺寸。

(4)岩石岩性、结构、构造、主要造岩矿物、颜色等。

(5)各种结构面的产状、分布特点、结构面性质、组合关系等。

(6)岩体的风化程度、风化特点、风化深度等。

(7)水文地质条件(地下水类型、化学成分、活动规律、出露位置等)。

(8)岩爆、硐室变形等与初始地应力有关的现象。

(9)试验地段地质横纵剖面图、地质素描图、钻孔柱状图、试体展示图等。

2)试体制备

根据我国国家标准《岩土工程勘察规范》(GB 50021—2001)(2009 年版)规定试体布置、制备及加工尺寸应符合的一般规定：

(1)在岩体的预定部位加工试体，试体宜加工成方形体(或楔形体)，每组试体数量不宜少于 5 个，并应尽可能处在同一高程上。开挖时应尽量减少对试体的扰动和破坏。

(2)试体剪切面积不宜小于 $2500cm^2$，边长不宜小于 50cm，试体高度不宜小于试体边长的 2/3。试体间距应便于试体制备和仪器设备安装，宜大于试体边长，以免试验过程中相互影响。

(3)试体的推力部位应留有安装千斤顶的足够空间，平推法应开挖千斤顶槽。剪切面周围的岩体应大致凿平，浮渣应清除干净。

(4)平推法的推力方向宜与工程岩体的受力方向一致。斜推法的推力中心线与剪切面夹角 α 宜为 12°～17°。

(5)根据设计要求，应对试体保持天然含水率或浸水饱和。

试验的布置方案一般如图 9-6 所示，当剪切面水平或近于水平时，采用(a)、(b)、(c)、(d)方案；当剪切面较陡时(如陡倾软弱结构面)，采用(e)、(f)方案。图中，(a)、(b)、(c)为平推法，(d)为斜推法。

方案(a)施加剪切荷载时有一力臂 e_1 存在，使剪切面的剪应力及法向应力分布不均匀。方案(b)使施加的法向荷载产生的偏心力矩与剪切荷载产生的力矩平衡，改善了剪切面上的应力分布，但法向荷载的偏心力矩较难控制。方案(c)剪切面上的应力分布均匀，但实体施工有一定难度。方案(d)法向荷载与斜向荷载均通过剪切面中心，α 角一般为 15°。试验过程中为保持剪切面上的正应力不变，需同步降低由于施加斜向荷载而增加的那一部分垂直分荷载。方案(e)适用于剪切面上正应力较大的情况，方案(f)适用于剪切面上应力较小的情况。

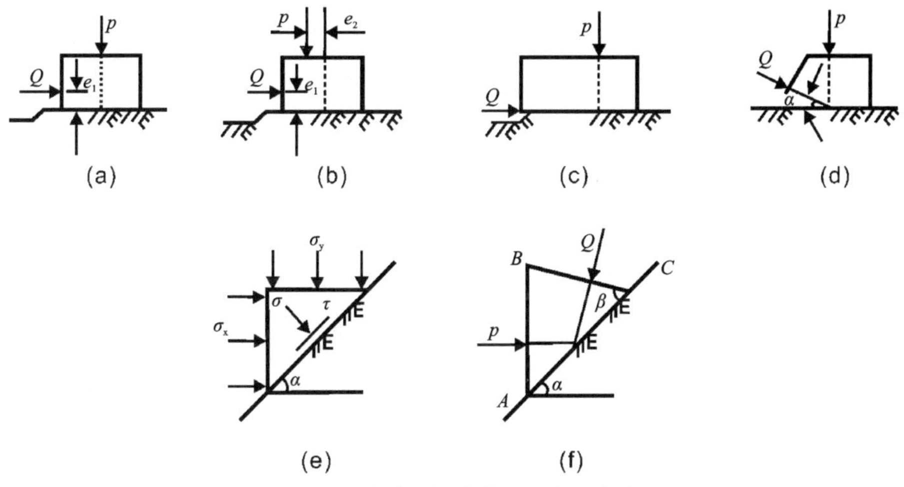

图 9-6　岩体现场直剪试验布置方案

P. 垂直(法向)荷载；Q. 剪切荷载；σ_x 、σ_y . 均布应力；

σ . 法向应力；τ . 剪应力；e_1、e_2. 偏心距

3)资料准备

(1)斜推法试验。

在采用斜推法进行试验时，首先应对每个试体施加一定的垂直荷载，然后再加斜向剪切荷载进行试验。由于斜向荷载可分解为平行剪切面的剪应力和垂直剪切面的正应力，故一旦加上斜向荷载，剪切面上的正应力分量随之增加，从而出现了正应力的处理问题，即在剪切过程中，剪切面上的正应力是保持常数还是变数的问题。国外对这个问题各持不同看法，在国内大致采用以下 3 种方式来处理：

①随着斜向荷载的施加，同步减小垂直压力表读数，使剪切面上的正应力在整个剪切过

程中始终保持常数。

②在施加斜向荷载时，始终不调整垂直压力表读数（实际上垂直压力表读数在增加），此时剪切面上的正应力是变数。

③在施加斜向荷载时，同步调整垂直压力表读数，使压力表读数始终保持在初始读数上，此时加于试体上的正应力也是变数。

上述方法①我们称之为常正应力法，②及③两种方法称为变正应力法。当正应力为变数时，剪切面上的应力条件比较复杂，而且作出的剪应力-剪位移曲线图形失真，给试验成果的整理和分析都带来困难，故现行规范规定为按常正应力法试验。为此，在试验前就要求我们设计出试体应施加的垂直荷载和斜向荷载，才能使试验顺利进行。

为试验过程中操作方便，一般可事先计算或绘制出同步加减时的垂直荷载 P 和斜向荷载 Q 的关系图或曲线，并算出相应的压力表读数，然后再进行相应的试验。

由于斜向荷载的作用方向与法向荷载的作用方向应交于剪切面中心。试验前，预先按下式预估试体剪坏时的斜向总荷载：

$$Q_{max} = \frac{F(\sigma \tan\varphi + c)}{\cos\alpha} \tag{9-6}$$

式中：Q_{max} 为预估试体剪坏时的总斜向荷载（kN）；F 为剪切面积（cm^2）；σ 为剪切面上的法向应力（kPa）；$\tan\varphi$ 为预估剪切面上的摩擦系数；c 为预估剪切面上的黏聚力（kPa）；α 为斜向荷载作用方向与剪切面交角（°）。

试验时，按 Q_{max} 进行分级施加斜向推力直至剪断。为保持剪切面上法向应力始终不变，应同步减少由斜向推力所引起的垂直荷载的增加量。同步加减的荷载按下式计算：

$$p = \frac{P}{F} = \sigma - \frac{Q\sin\alpha}{F} = \sigma - q\sin\alpha \tag{9-7}$$

式中：P、Q 分别为作用到剪切面上的垂直荷载和斜向荷载（kN）。

试验前，还应估算出剪切面上的最小正应力 σ_{min}，防止因同步减少垂直荷载而发生法向应力为负数的情况出现。σ_{min} 按下式计算：

$$\sigma_{min} = \frac{c}{\cos\alpha - \tan\alpha} \tag{9-8}$$

（2）平推法试验。

在采用平推法进行试验前，同样需要对最大剪切荷载 Q_{max} 进行估算。在极限平衡状态下，剪切面上的应力条件符合莫尔-库仑公式：

$$\frac{Q_{max}}{F} = \sigma \tan\varphi + c \tag{9-9}$$

则有：

$$Q_{max} = (\sigma \tan\varphi + c)F \tag{9-10}$$

如果根据岩性、构造等条件，预估出 $f = \tan\varphi$、c 的值，代入上式即可估算处出试体剪切破坏时最大剪切荷载 Q_{max}，方便在试验过程中分级施加。

2. 试验技术要求

1）试验开始前准备

根据对千斤顶（或液压枕）做的率定曲线和试体剪切面积，计算施加的荷载和压力表读数。检查各测表的工作状态，测读初始读数。

2）施加垂直荷载

（1）在每个试体上分别施加不同的垂直荷载，其值为最大法向荷载的等分值，最大垂直应力以不小于设计法向应力为宜。当剪切面有软弱充填物时，最大法向应力应以不挤出充填物为限。

（2）每个试体分4～5级施加垂直荷载。每隔5min施加1次，加荷后立即读数，5min后再读1次，即可施加下一级荷载。在最后一级法向荷载作用下，法向位移应相对稳定后（各测表的连续两次垂直变形读数差不超过0.01mm），再施加剪切荷载。

对于软弱层，在加到预定的垂直荷载后，低塑性软弱夹层每隔10min、高塑性软夹层每隔15min读1次垂直变形。当两次变形读数差小于0.05mm时，即视为已稳定，施加荷载的容许误差为±2%。各试体的垂直荷载达到预定值后，在整个试验过程中应保持不变。

3）施加剪切荷载

（1）剪切荷载按预估的最大值分8～12级施加，如发生后一级荷载的水平变形为前级的1.5倍以上时，应减荷按4%～5%施加。

（2）试验过程中法向应力应始终保持为常数。采用斜推法时，应同步降低因施加剪切荷载而产生的法向分量的增量，保持法向荷载不变。

（3）施加剪切荷载采用时间控制，一般是每5min加载一级，施加前后对法向和切向位移测表各测读1次。接近剪断时，应加密测读荷载和位移，峰值前不得少于10组读数。当剪切面为有充填的结构面时，应根据剪切位移的大小，每隔10min或15min加荷1次。加荷前后均须测读各测表的读数。

（4）试体被剪断时测读剪切荷载峰值。根据需要可继续施加剪切荷载，直到测出大致相等的剪切荷载值为止（表现为剪切荷载趋于稳定）。

（5）当剪切荷载无法稳定或剪切位移明显增大时，应测读剪切荷载峰值。在剪切荷载缓慢退至零的过程中，法向应力应保持常数，测读试体回弹位移读数。

（6）对于软弱夹层，低塑性夹层按10%、高塑性夹层按5%的最大预估荷载分级等量施加。加荷后每10min读1次，10min内变形小于0.1mm/min时，即视为已稳定，施加下一级剪切荷载，直至剪断。

（7）抗剪断试验完毕后用同样方法沿剪断面进行抗剪试验（摩擦试验）。如有必要，可在不同的垂直荷载下进行重复摩擦（即单点摩擦）试验。

4）试验记录

（1）试验前记录好以下内容：工程名称、岩石名称、试体编号、试体位置、试验方法、混凝土的强度、剪切面面积、测表布置、法向荷载、剪切荷载、法向位移、剪切位移、试验人员、试验日期。

(2)试验过程中,对加载设备和测表使用情况、试体发出的响声以及混凝土和岩体出现松动、掉块与裂缝开裂等现象,均应作详细描述和记录。

(3)试验结束后,翻转试体,测量实际剪切面面积。详细记录剪切面的破坏情况、破坏方式及擦痕的分布、方向及长度。应描述岩体与混凝土内局部被剪断的部位和大小、剪切面上碎屑物质的性质和分布。对结构面中的充填物,应详细记录其组成成分、性质、厚度等。测定剪切面的起伏差,绘制沿剪切方向断面高度的变化曲线。绘制剪切面素描图并作剪切面等高线图。

四、资料整理分析

1. 法向应力、剪切应力的计算

根据试验是平推法还是斜推法,分别计算各法向荷载下的法向应力和剪切应力。

2. 试验曲线绘制

(1)根据同一组直剪试验结果,以剪应力为纵坐标,剪切位移为横坐标,绘制不同垂直压力下的剪应力与剪切位移关系曲线(图 9-7),而后从曲线上选取剪应力的峰值和残余值。

(2)也可按剪应力与剪切位移关系曲线的比例极限、屈服点、屈服强度,或剪切过程中垂直与侧向位移定出剪胀点和剪胀强度。需要时,可绘制垂直压应力、剪应力与垂直位移关系曲线。

(3)绘制法向应力与比例强度、屈服强度、峰值强度、残余强度的曲线,按库仑表达式确定相应的 c、φ 值。

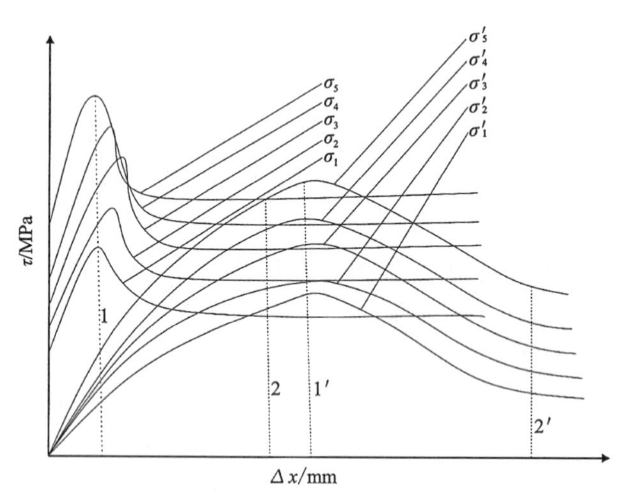

图 9-7　直剪试验剪应力 τ-剪切位移 Δx 曲线示意图

3. 抗剪强度参数的确定

抗剪强度参数包括摩擦系数($f=\tan\varphi$)和黏聚力(c),大多按图解法或最小二乘法确定。这里只介绍图解法。

根据试验结果中的剪应力与相应的垂直压应力分布点，作平均直线（或曲线），使其尽可能地接近所有点，舍弃偏离直（曲）线较远的个别点（图 9-8）。由直线（或代表曲线的直线）的斜率及其在纵轴上的截距，确定内摩擦角和黏聚力。

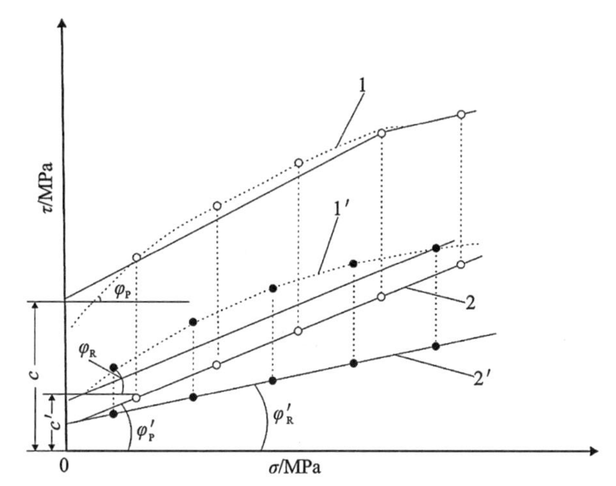

图 9-8　直剪试验剪应力 τ 与垂直压应力 σ 关系分布和关系曲线示意图

4. 内摩擦角的确定

试验中应求出结构面的基本内摩擦角与有效爬坡角（扩张角）。

5. 剪切刚度系数的确定

需要时，按下式确定剪切刚度系数：

$$k_s = \frac{\tau}{u_s} \tag{9-11}$$

式中：u_s为在一定剪应力作用下的剪切位移（m）。

6. 影响试验成果的因素分析

影响试验成果的主要因素有试体（剪切面）尺寸的选定、剪切面起伏差、试体（剪切面）被扰动的程度、剪切面上垂直压应力分布、剪力施加速率等。

（1）岩体是具有节理、裂隙、层面和断层等因素的地质体。为使现场直剪试验结果能反映其特性，试体尺寸应尽可能取大些。考虑到费用、工作量和设备等因素，试体不可能取得很大，应当选用合适的尺寸。一般认为，试体应具有一定数量的裂隙条数（100～200 条，或其边长大于裂隙平均间距的 5～20 倍）。结合国际岩石力学建议方法和国内经验，规定如下：一般情况下，试体为 70cm×70cm×35cm；对完整坚硬岩石，试体为 50cm×50cm×50cm（试体受压面积大于 2500cm^2）。

（2）剪切面起伏差对抗剪强度有影响，尤其对混凝土与完整坚硬岩石胶结面的抗剪强度影响较大。为统一试验条件，便于成果对比分析和减小其分散性，现结合国内实践经验规定制备的剪切面，其起伏差不大于剪切方向边长的 1%。

(3)岩石软弱面或软弱岩石试体的制备过程中，如受扰动、结构遭破坏，将严重影响测定成果，故制备过程中应严格防止扰动试体，才能取得可信的试验结果。

(4)试验过程中，除保持剪切面上垂直压应力为常量外，还应使其均匀分布在剪切面上，平推法的剪力作用线与剪切面间存在偏心距，使剪切面上垂直压应力分布不均匀。这种不均匀性随着剪力的增大而增大，无疑将影响测定成果。为此，规定偏心距应严格控制在剪切面边长的5%以内。

(5)直剪试验的剪力施加速率有快速、时间控制和剪切位移控制3种方式。为使试验尽可能符合工程实际，以剪切位移控制法最为理想。国内经验表明，在剪应力与剪切位移呈线性变化关系(或屈服点)以前，时间控制法与剪切位移控制法得到一致的结果。此后，沿剪切面发展持续位移，按剪切位移就很难控制剪力施加速率，而采用时间控制就便于掌握，这在国内已广泛采用。控制时间的长短，可以根据试体性状确定。

第二节　十字板剪切试验

一、试验原理

十字板剪切试验的原理：通过施加扭力矩使插入土层试验深度的十字板头转动，将土体剪损，测出土体抵抗剪损的最大力矩，由力矩平衡条件计算出土体的不排水强度 C_u 值(假定 $\varphi\approx0$)，在计算过程中作如下几点假定：

(1)旋转十字板头在土体中形成圆柱形剪损面，剪损面高度和直径与十字板头高度和直径相同。

(2)剪损面上各抗剪强度相同。

(3)剪损面上各处强度同时发挥作用时，同时达到极限状态。

在假定的条件下，可以根据施加板头上的最大扭力矩 M_{max} 等于圆柱体顶底面和侧面上土体抵抗力矩之和，计算出土体抗剪强度：

$$\begin{aligned} M_{max} &= M_1 + M_2 \\ &= 2C_u \cdot \frac{\pi D^2}{4} \cdot \frac{2}{3} \cdot \frac{D}{2} + C_u \pi D H \cdot \frac{D}{2} \\ &= \frac{1}{2} C_u \pi D^2 \left(\frac{D}{3} + H\right) \end{aligned} \tag{9-12}$$

所以：

$$C_u = \frac{2M_{max}}{\pi D^2 \left(\frac{D}{3} + H\right)} \tag{9-13}$$

式中：C_u 为十字板抗剪强度(kPa)，D 为十字板头直径(mm)；H 为十字板头高度(mm)。

对开口钢环式十字板剪切仪，轴杆和土之间有摩擦，仪器转动也有机械阻力，使地面上施加的扭力没有全部加到圆柱剪切面上。因此与土剪切时相平衡的最大扭力矩应为：

$$M_{max} = (P_f - f)R \tag{9-14}$$

式中：P_f为式中地面量测总扭力(N)；f 为轴杆及仪器机械的扭力(N)，可通过轴杆校正测得；R 为钢环率定时的力臂(cm)。

将式(9-14)代入式(9-13)中，并令：

$$K = \frac{2R}{\pi D^2\left(\frac{D}{3}+H\right)} \tag{9-15}$$

且已知钢环率定系数 $C=P/\varepsilon$，则有：

$$C_u = KC(\varepsilon_y - \varepsilon_g) \tag{9-16}$$

式中：C_u为原状土的抗剪强度(kPa)，相当于饱和土的不排水强度；K 为十字板常数(m^{-2})；C 为钢环率定系数；ε_y、ε_g为原状土剪切破坏时和轴杆校正时的百分表读数。

如果用 C'_u表示重塑土的抗剪强度，则：

$$C'_u = KC(\varepsilon_c - \varepsilon_g) \tag{9-17}$$

式中：ε_c为土扰动后重塑土剪切时，克服总扭力时的百分表读数。

电测十字板剪切仪，因不存在轴杆与土及机械消耗的扭阻力，又常把扭力臂 R 设计为 1cm，故可用下列公式计算土的 C_u和 C'_u：

$$C_u = K'\xi\varepsilon_y \tag{9-18}$$

$$C'_u = K'\xi\varepsilon_c \tag{9-19}$$

$$K' = \frac{2}{\pi D^2 H\left(1+\frac{D}{3H}\right)} \tag{9-20}$$

式中：K'为电测十字板常数；ξ 为电测十字板传感器率定系数；ε_y、ε_c为原状土、重塑土剪切破坏时电阻应变仪读数。

二、试验设备

目前国内使用的试验设备有开口钢环式、轻便式和电测式 3 种。它们主要由十字板头、导杆和施测扭力装置三部分构成。

1. 开口钢环式十字板剪切仪

开口钢环式十字板剪切仪是目前国内最常使用的一种剪切仪(图 9-9)，其优点是施加的力偶对转杆不产生额外推力，配合钻机使用也较方便。它利用蜗轮蜗杆扭转插入土层中的十字板头(图 9-10)，借助开口钢环测定土层的抵抗扭力，进而用公式计算出土的抗剪强度。它的组成部件如下。

1)十字板头及上部轴杆连接部件

十字板头是由断面呈十字形相互直交的 4 个翼片组成。国内外多采用矩形十字板头，径高比为 1∶2 的标准型，使用规格有 50mm×100mm 和 75mm×150mm，前者适用于稍硬黏土，后者适用于软黏土。我国常采用的几种十字板规格见表 9-1。为防止十字板插入土层引起过大扰动，除板头下端做成刃口外，翼片也不宜过厚。

轴杆与十字板头连接，为测出与十字板头一起插入土层中的轴杆部分消耗的扭力，常在板头上端与轴杆连接处加一个离合式接头，也可用牙嵌式接头。

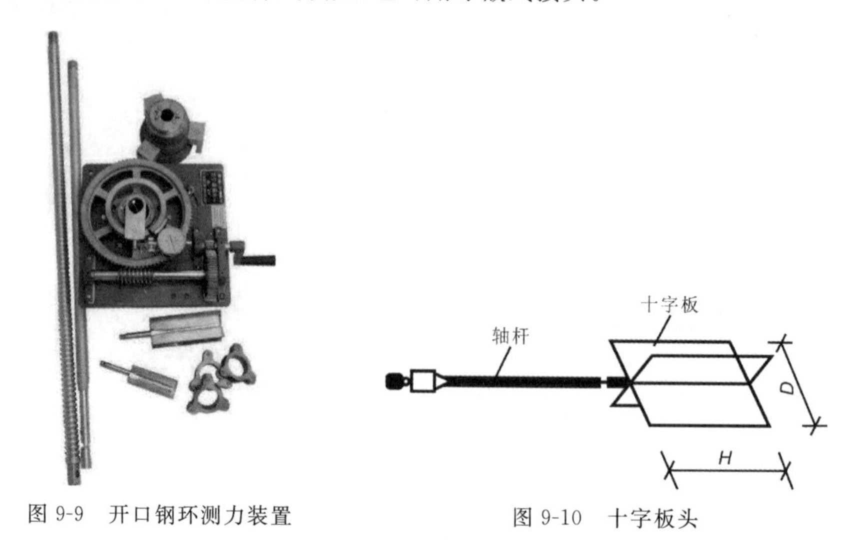

图 9-9　开口钢环测力装置　　　　图 9-10　十字板头

表 9-1　我国常用的几种开口钢环式十字板剪切仪参数

十字板规格 $D\times H$/mm	十字板头尺寸/mm			转盘半径/mm	十字板常数 K/m^{-2}
	直径 D	高度 H	厚度 B		
50×100	50	100	2～3	200 500	436.78 545.97
50×100	50	100	2～3	210	458.62
75×150	75	150	2～3	200 250	129.41 161.77
75×150	75	150	2～3	210	135.88

2)轴杆、钻杆、套管

轴杆直径 20mm，上接钻杆，下连十字板头，一般用 ϕ42mm 钻杆。轴杆、钻杆是扭力的传力杆，所以要求直而不弯。套管起护壁和反扭力作用，常用 ϕ127mm 套管。

3)施测扭力装置

施测扭力装置是借助于固定在底板(固定于套管上)的蜗轮转动，带动蜗杆、钻杆和轴杆，使插入土层中的十字板头扭转，施扭力大小通过蜗轮上开口钢环变形计算得出，主要组成部件有传动部分、由蜗轮、蜗杆(带齿轮导杆)、开口钢环、转盘、底盘和固定套等。固定套有锁紧装置与底板锁紧。底座部分由底座和压圈等组成。

2. 电测十字板剪切仪

电测十字板剪切仪是近年来开发出的一种设备(图 9-11)，与上述类型的主要区别在于测力装置不用钢环，而是在十字板头上端连接一个贴有电阻应变片的扭力传感器装置(主要由高强度弹簧钢的变形柱和贴在其上的电阻片等组成)。通过电缆线将传感器信号传至地面的电阻应变仪或数字测力仪,然后换算十字板剪切的扭力大小。它可以不用事前钻孔,且传感器只反映十字板头处受力情况,故可消除轴杆与土之间、传力机械等的阻力以及坍孔使土层扰动的影响。如果设备有足够的压入力和旋扭力,则可以自上而下连续进行试验。

四川省建筑科学研究所等单位,利用链式静力触探设备将十字板压入土层中,用另配的回转施力装置施加扭力,试验得到满意结果,并且工效提高,试验成本降低。

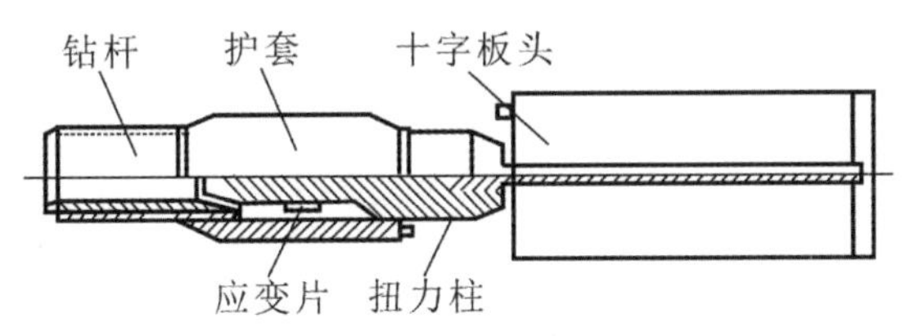

图 9-11　电测式十字板剪切仪测力装置

三、操作步骤

以开口钢环式十字板剪切仪为例,操作步骤如下。

(1)先用螺旋钻开孔钻至预定试验深度,随之压入 ϕ127mm 套管至预定试验深度 75cm 或套管直径的 3 倍以上处。清除孔内扰动土,固定套管。在钻孔内允许有少量虚土残存,但不宜超过 15cm,在软土中钻进时,应在孔中保持足够水位,以防止软土在孔底隆起。

(2)将十字板头、离合器、轴杆与试验钻杆逐节接好下入孔内,扭紧各接头,使十字板头孔底接触,接上导杆。再将十字板头徐徐压入土中的预定试验深度。如压入有困难,可轻轻击入。

(3)接上导向杆,将底座通过导向杆固定在套管上,并将底座与套管、底座与固定套之间用制紧轴制紧。然后把摇柄套在导向杆上。使导杆顺时针方向徐徐转动,让十字板头离合齿吻合,其后将十字板头压入至试验深度。

(4)逆时针徐徐转动摇柄上提导杆 2～3cm,使离合齿脱离。合上支爪(阻止钻杆下沉),快速转动摇把 10 余圈(使轴杆与土间摩擦阻力减至最小)。

(5)松开支爪,顺时针方向转动摇柄,再使十字板头离合齿吻合,然后合上支爪。

(6)套上传动部件,转动底盘使导杆键槽与钢环固定键槽对正,用锁紧螺丝将固定套与底座锁紧,再转动摇柄使特制键自由落入键槽内,将刻度盘指针对准任一刻度,装上百分表并调整零位。

(7)试验开始,开动秒表同时以每 10s 1°～2°的均匀转速转动手摇柄(顺时针方向),每转 1°测记 1 次百分表读数。读数出现峰值或稳定值后,再继续转动手摇柄 1min。一般这个过程需 3～10min。峰值或稳定值百分表读数,即为原状土剪切破坏时的强度。

(8)拔出特制键,在导杆上套上摇柄,顺时针方向转动 6 圈,使十字板头周边土充分扰动,然后再插入特制键,重复步骤(7),测定重塑土剪切破坏时百分表读数 ε_y。

(9)拔下特制键,上提导杆 2～3cm,使离合齿脱离,再插上特制键,转动手摇柄,按步骤(7)测定轴杆与土之间摩擦及机械消耗阻力的百分表读数 ε_g。

(10)试验深度测试结束，卸下传动部分和底座，在导向杆孔插入吊钩，逐节将钻杆、轴杆和十字板头提出，清洗十字板头、轴杆，并检查轴杆是否弯曲，如试验属最后一次，应进行涂油装箱和保管等事宜。

(11)试验深度按工程要求决定。试验段间距选择可根据地层情况确定，一般均质土每隔0.75～1.00m测定1次，同层土不少于2～3次，最好在不同孔同一深度测定。

(12)当试验深度超过10m，为防止钻杆弯曲，可装导轮。

(13)当孔内土层太软，为防止底部塌孔和孔底土层上涌，除护壁外，可在孔内注水。

四、资料整理及成果应用

1.资料整理

十字板剪切试验资料的整理应包括以下内容。

(1)计算各试验点原状土的不排水抗剪强度、重塑土抗剪强度和土的灵敏度。

(2)绘制各个单孔十字板剪切试验土的不排水抗剪强度、重塑土抗剪强度和土的灵敏度随深度的变化曲线，根据需要可绘制各试验点土的抗剪强度与扭转角的关系曲线。

(3)可根据需要，依据地区经验和土层条件，对实测土的不排水抗剪强度进行必要的修正。一般饱和软黏土的十字板抗剪强度存在随深度增长的规律，对于同一土层，可以采用统计分析的方法对试验数据进行统计，在统计中应剔除个别的异常数据。

①地基土不排水抗剪强度。由于不同的试验方法测得的十字板抗剪强度有差异，因此在把十字板抗剪强度用于实际工程时需要根据试验条件对试验结果进行适当的修正。如我国《铁路工程地质原位测试规程》(TB l0018—2018)建议，将现场实测土的十字板抗剪用于工程设计时，当缺乏地区经验时可按下式进行修正：

$$C_{u(使用值)}=\mu C_u \tag{9-21}$$

式中：μ为修正系数，当$I_P\leqslant 20$时，取1；当$20<I_P\leqslant 40$时，取0.9。

Johnson等(1988)根据墨西哥海湾的深水软土十字板剪切经验，对上式中修正系数μ用下式确定：

$$当 20\leqslant I_P\leqslant 80 时，\mu=1.29-0.0206I_P+0.00015I_P^2 \tag{9-22}$$

$$当 0.2\leqslant I_L\leqslant 1.3 时，\mu=10^{-(0.077+0.098I_L)} \tag{9-23}$$

式中：I_p为塑性指数；I_L为液性指数。

由于剪切速率对不排水抗剪强度有很大影响，假如现场十字板剪切试验的剪切破坏时间t_f以1min为准，当考虑剪切速率和土的各向异性时，有学者建议采用如下修正公式：

$$C_{u(使用值)}=\mu_A\mu_R C_u \tag{9-24}$$

式中：$C_{u(使用值)}$为土的不排水抗剪强度工程取值(kPa)；μ_A为与土的各向异性有关的修正系数，介于1.05～1.10之间，随I_P的增大而减小；μ_R为与剪切破坏时间有关的修正系数；C_u为现场十字板剪切试验测定土的不排水抗剪强度(kPa)。

其中，

$$\mu_R = 1.05 - b(I_P)^{0.5}, I_P > 5\% \tag{9-25}$$

$$b = 0.015 + 0.007\ 51\lg t_f \tag{9-26}$$

式中：I_P为塑性指数；t_f为剪切破坏时间(s)。

②估算土的液性指数 I_L。Johnson 等(1988)对大量试验结果进行了统计，得到如下关系式，可作为参考：

$$\frac{C_u}{\sigma_v'} = 0.171 + 0.235 I_L \tag{9-27}$$

式中：C_u为原状土的十字板不排水抗剪强度(kPa)；σ_v'为土中竖向有效应力(kPa)。

③评价地基土的应力历史。利用十字板不排水抗剪强度与深度的关系曲线，可判断土的固结应力历史，如图 9-12 所示。

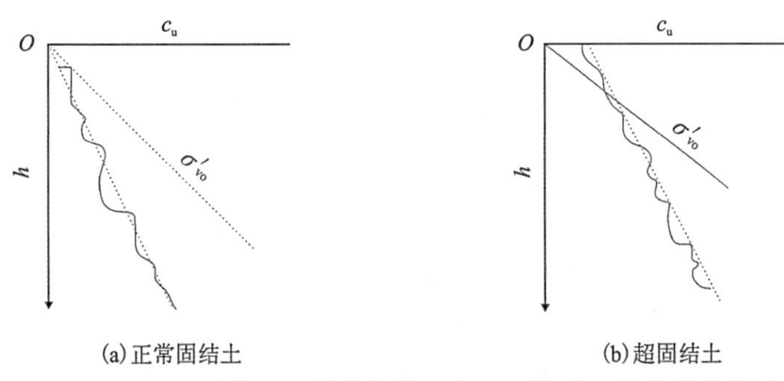

图 9-12　土的十字板不排水抗剪强度 C_u随深度 h 的变化曲线图

对于不同固结程度的地基土，也可利用下式计算土的超固结比 OCR：

$$\frac{C_u}{\sigma_{v0}'} = 0.25\,(\mathrm{OCR})^{0.95} \tag{9-28}$$

或

$$\mathrm{OCR} = 4.3\left(\frac{C_u}{\sigma'_{v0}}\right)^{1.05} \tag{9-29}$$

我国《铁路工程地质原位测试规程》(TB 10018—2018)建议的方法与此类似。

2. 成果应用

1)评价软土地基承载力($\varphi=0$)

根据中国建筑科学研究院和华东电力设计院积累的经验，可按下式评定地基土的承载力：

$$f_k = 2C_{u(使用值)} + \lambda h \tag{9-30}$$

式中：f_k为地基承载力标准值(kPa)；λ为土的重度(kN/m^3)；h为基础埋置深度(m)。

2)确定地基土强度的变化

在快速堆载条件下，由于土中孔隙水压力升高，软弱地基的强度会降低，但是经过一定时间的排水，强度又会恢复，并且将随土的固结而逐渐增长。若采用十字板剪切仪测定地基强度的这种变化情况，可以很方便地为控制施工加荷速率提供依据。

3)检验地基处理效果

在对软土地基进行预压加固(或配以砂井排水)处理时,可用十字板剪切试验探测加固过程中的强度变化,用于控制施工速率和检验加固效果。此时应在3～10min之内将土剪损,单项工程十字板剪切试验孔不少于2个,竖直方向上试验点间距为1.0～1.5m,软弱薄夹层应有试验点,每层土的试验点不少于3～5个。

另外,对于振冲加固饱和软黏性土的小型工程,可用桩间十字板抗剪强度来计算复合地基承载力的标准值:

$$f_{ps,k} = 3[1 + m_c(n_c - 1)]C_u \tag{9-31}$$

式中:$f_{ps,k}$为复合地基承载力的标准值(kPa);m_c为面积置换率;n_c为桩土应力比,无实测资料时可取2～4,原状土强度高时取低值,反之取高值;C_u为土的现场十字板抗剪强度(kPa)。

第三节　钻孔剪切试验

一、试验原理

钻孔剪切试验实际上是一种在钻孔侧壁上进行的直接剪切试验。钻孔剪切试验分为固结和剪切两个阶段,试验时通过拉杆将剪切头放置在钻孔内测试深度,气压泵加压,使活塞带动剪切板扩张,剪切板上的齿状凸起压入孔壁,保持法向压力恒定,使土体固结或排水,然后垂直提拉与剪切头连接的拉杆,使试验位置土体发生剪切破坏,记录破坏时的峰值剪切应力(图9-13)。通过提高法向应力水平,重复以上试验过程,可获得不同法向压力下的剪切应力强度。

根据弹性力学原理,孔壁表面带状面上的剪切应力会比法向应力消散得更快,剪切破坏将发生在临近剪切板与土体接触面正常固结区域。通过对黏性土钻孔剪切试验过程设置在剪切板上的孔压传感器观测结果发现(图9-14),当排水时间足够长时,钻孔剪切试验一般被认为是固结排水试验。若钻孔试验过程嵌于齿状凸起间土体的面积为A,作用于土壁上法向力、提拉力大小分别为P和T,则作用在土体上的法向应力σ和剪切应力τ分别为:

$$\sigma = P/A \tag{9-32}$$

$$\tau = T/(2A) \tag{9-33}$$

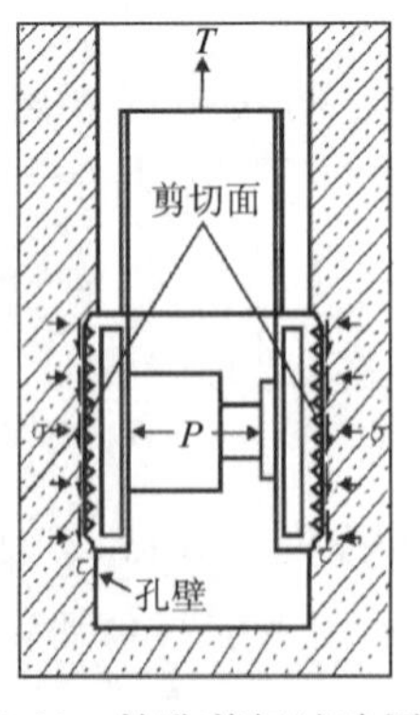

图9-13　钻孔剪切试验原理

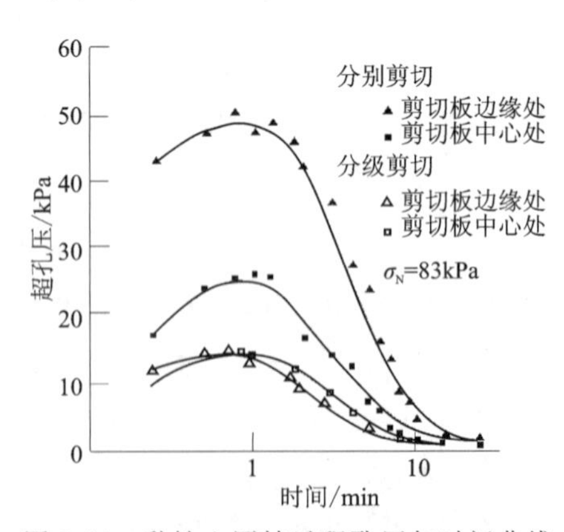

图9-14　黏性土固结过程孔压与时间曲线

二、试验设备

目前根据钻孔剪切试验原理开发的试验设备主要有美国的 Iowa 钻孔剪切试验仪(图 9-15)和法国的 Phicometer 钻孔剪切试验仪。本书着重介绍目前应用较多的 Iowa 钻孔剪切试验仪。

Iowa 钻孔剪切试验仪主要由剪切头、连接设备和地表控制设备组成。剪切头是钻孔剪切仪的核心部件,主要由带有平行齿状凸起的剪切板以及可以带动剪切板扩张和收缩的活塞组成。常用的剪切板包括两类:一类是普通剪切板,用来测试强度较低的土体,其法向应力控制范围为 0～440kPa,所能提供的最大剪切应力为 350kPa,剪切板尺寸为 50.88mm×63.5mm;另一类是高压剪切板,可以用于硬度较大的土体,其法向应力的控制范围为 0～2.8MPa,所能提供的最大剪切应力为 2.2MPa,剪切板尺寸为 20.3mm×25.4mm,测试钻孔直径为 75～80mm。近年,为了适应自动化测试要求,研究人员从硬件和软件两方面对钻孔剪切试验仪进行了自动化改造,实现了法向应力与剪切应力施加、数据采集、循环加载的自动化控制。

Phicometer 钻孔剪切试验仪与 Iowa 钻孔剪切试验仪原理相同,最大的差别之处是其剪切探头为一个金属壳体,壳体上带有环形不锈钢刃片,由壳体内部一个压力腔来保持探头的膨胀状态,采用一个中空千斤顶提供上拔剪切力,试验剪切面积约 500cm^2,测试孔径为 60～66mm。

(a)剪切头

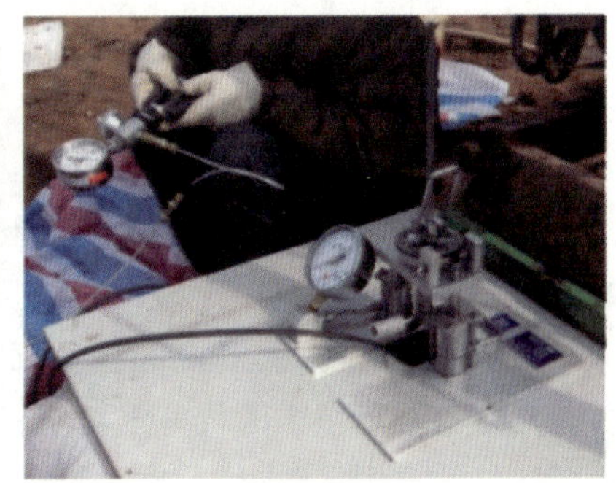
(b)测量与控制系统

图 9-15　Iowa 钻孔剪切试验仪

三、操作步骤

钻孔剪切试验在我国目前尚无规范可循,但在美国 ASTM 标准中,介绍了分级剪切和分别剪切两种方法。分级剪切是对测试土层在某一级法向应力下剪切后,卸除剪切应力,接续施加下一级法向应力,固结一定时间后剪切,无需从孔中取出剪切头;分别剪切则是在孔内不同位置分别施加不同级别的法向应力固结后剪切,每次试验完毕均需取出剪切头,清理后重新放入孔中,重新加压固结后剪切。

钻孔剪切试验的首级法向应力及分级法向应力增量主要根据土的软硬程度来确定,固结时间主要取决于土的固结排水性能。纯砂土的固结排水性能好,首级法向应力的固结时间一般5min足够，粉土则一般需要10min，而黏土一般需要15min。分级压力固结时间，除了黏土一般需要10min外，其他土质一般为5min。

四、资料整理及成果应用

1. 资料整理

根据式(9-30)、式(9-31)，计算作用在土体上的法向应力σ和剪切应力τ，对多组不同法向压力下的抗剪强度数据，采用图解法或最小二乘法求线性回归方程，绘制的莫尔-库仑破坏包线，如图9-16所示，其倾角即为内摩擦角，其破坏包线与纵轴的截距即为黏聚力。根据试验方法和土的种类不同，一个典型试验一般需要完成4～5个点的测试，耗时30～60min。

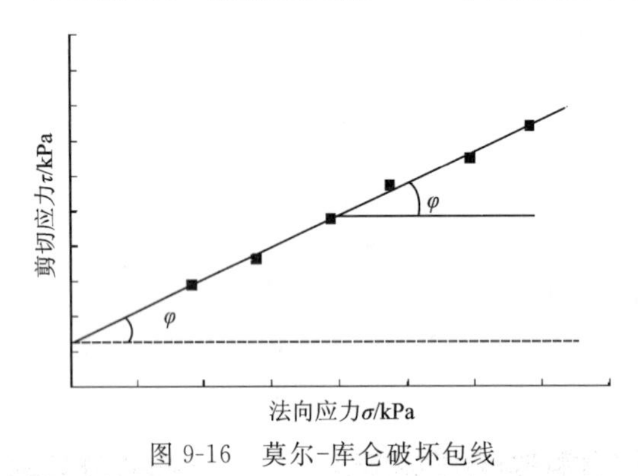

图9-16 莫尔-库仑破坏包线

2. 成果应用

在岩土抗剪强度指标测试方面，国外学者已将钻孔剪切试验用于测试砂土、淤泥质土、黏土、海相软黏土、硬黏土和非饱和土的抗剪强度指标。对比钻孔剪切试验结果与室内三轴试验结果，可以发现两种试验方法测定的抗剪强度指标较为一致。在边坡工程方面，利用钻孔剪切试验可以测定滑坡滑带土的抗剪强度指标。在桩基工程方面，利用钻孔剪切试验结果可以预估钻孔灌注桩的抗拔承载力。

第四节 工程实例

一、工程概况

某电厂地表主要出露2～4m厚的第四系上更新统冲洪积层，岩性为灰黄色、黄褐色、砖红色粉质黏土。下为古近系砂岩，因颗粒间的胶结程度差，属于弱胶结、固结作用较差的半成岩，处于土和岩石之间的过渡类型，泥质胶结或钙质胶结。古近系砂岩力学强度较低，特别是在浸水后，强度明显降低。试验场地内第四系粉质黏土透水性差，砂层、砾石层为较好的含水层，但一般分布在低洼地带。古近系砂岩表层的一定深度范围内地层具有一定的渗透性，压水试验表明古近系砂岩属于微透水—弱透水地层，且随深度的增加，渗透性逐渐降低至不透水。

二、现场剪切试验

图 9-17　现场剪切试验仪

现场剪切试验试样尺寸 50cm×50cm×25cm，并选择有代表性的 3 个点位开展试验(编号:JQ01～JQ03)。为避免试验场地表层土体受人为扰动，从地面先开挖出约 1.6m 深的坑槽，然后进行人工切样，制成边长 50cm、高 25cm 的试体，最后对试样修整，套上剪切盒，并用粉砂填实剪切盒与试体间的缝隙。安装完成的剪切试验仪见图 9-17。

现场试验通过施加垂直和水平荷载，使试样在预定剪切面发生破坏，利用已有资料确定最大垂向荷载，将最大垂向荷载分为 $1/3\sigma_{max}$、$2/3\sigma_{max}$ 和 σ_{max}，作用在一组试体每个试样上的垂直荷载，本次试验中，σ_{max} 约为 80kPa。试样上的垂直荷载一般分 3～5 级达到预定荷载(压力)，当法向压力较小时取小值。施加法向荷载后每 5min 测量一次垂直变形，当垂直变形量≤0.05mm 时，方可施加下一级荷载。最后一级荷载施加完成后，若 1h 内垂直变形≤0.01mm，可认为试样达到稳定，即可施加切向荷载。

利用千斤顶连续均匀地施加水平剪力，开始试验时采用垂直总荷载的 10%施加，后续逐级减小，使其出现剪切破坏时荷载约为垂直总荷载的 5%。在施加水平剪力时，应保持垂向荷载不变，且试验应在 20min 内完成，试验过程中记录每级荷载的水平位移和垂直位移。

当剪切变形急剧增长或剪应力达到峰值，可认为试样破坏，即可停止试验。同时，待试样达到峰值强度后，保持试样垂直荷载不变，重新施加剪切荷载，直至剪切变形急剧增长，停止加载，并记录相应的剪切荷载、水平位移量及垂直位移量。

三、试验结果分析

根据现场试验记录数据，绘制出各试样的剪应力-剪切位移关系曲线(图 9-18)、剪应力与法向应力关系曲线(图 9-19)，峰值强度、屈服强度及残余强度参数计算见表 9-2～表 9～4。

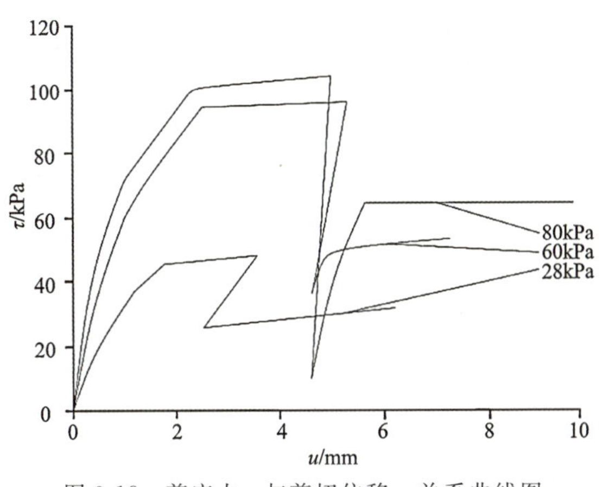

图 9-18　剪应力 τ 与剪切位移 u 关系曲线图

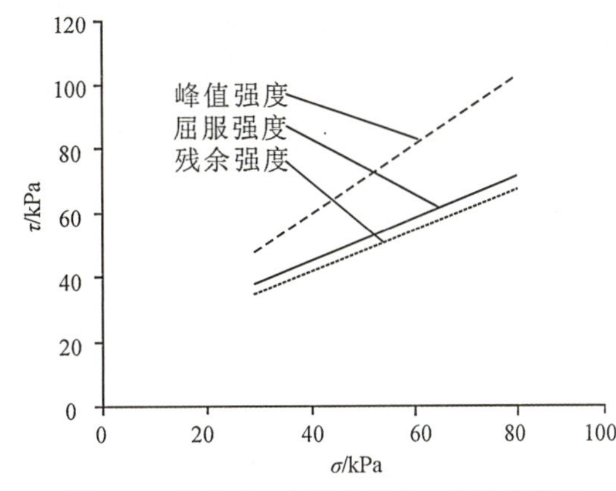

图 9-19　剪应力 τ 与法向应力 σ 关系曲线图

表 9-2　峰值强度参数计算表

序号	σ/kPa	τ/kPa	c/kPa	φ/(°)
JQ01	28	46	19.8	47.4
JQ02	60	96		
JQ03	80	100		

表 9-3　屈服强度参数计算表

序号	σ/kPa	τ/kPa	c/kPa	φ/(°)
JQ01	28	38	19.5	33.1
JQ02	60	58		
JQ03	80	72		

表 9-4　残余强度参数计算表

序号	σ/kPa	τ/kPa	c/kPa	φ/(°)
JQ01	28	36	18.8	31.7
JQ02	60	56		
JQ03	80	68		

对比表 9-2～表 9-4 数据可知，现场剪切试验所得峰值强度参数稍高，而屈服强度和残余强度参数稍低，且残余强度略低于屈服强度参数。

(1)简述原位剪切试验中平推法与斜推法的区别与联系。

(2)通过十字板剪切试验，如何得到土的灵敏度指标？

(3)简述钻孔剪切试验的使用条件及试验成果的影响因素。

第十章　旁压试验

第一节　基本原理

旁压试验(Pressuremeter Test,简称 PMT)是岩土工程勘察中常用的一种现场测试方法,于 1930 年前后由德国工程师 Kogler 发明,亦称横压试验。1956 年,法国人梅那首先创造出预钻式旁压仪并推广使用,其原理是通过向圆柱形旁压器内分级充气加压,在竖直的孔内使旁压膜侧向膨胀,并由该膜(或护套)将压力传递给周围土体,使土体产生变形直至破坏,从而得到压力与扩张体积(或径向位移)之间的关系。根据这种关系对地基土的承载力(强度)、变形性质等进行评价。

旁压试验按旁压器放置在土层中的方式分为预钻式旁压试验、自钻式旁压试验和压入式旁压试验。预钻式旁压试验是事先在土层中预钻一竖直钻孔,再将旁压器放到孔内试验深度(标高)处进行试验。预钻式旁压试验的结果很大程度上取决于成孔的质量,常用于成孔性能较好的地层。自钻式旁压试验是在旁压器的下端装置切削钻头和环形刀具,在以静力压入土中的同时,用钻头将进入刃具的土切碎,并用循环泥浆将碎土带到地面。钻到预定试验深度后,停止钻进,进行旁压试验的各项操作。

旁压试验可理想化为圆柱孔穴扩张课题,属于轴对称平面应变问题。典型的旁压曲线有压力-体积变化量曲线(p-V 曲线)或压力-测管水位下降值曲线(p-s),如图 10-1 所示,可划分为 3 段。

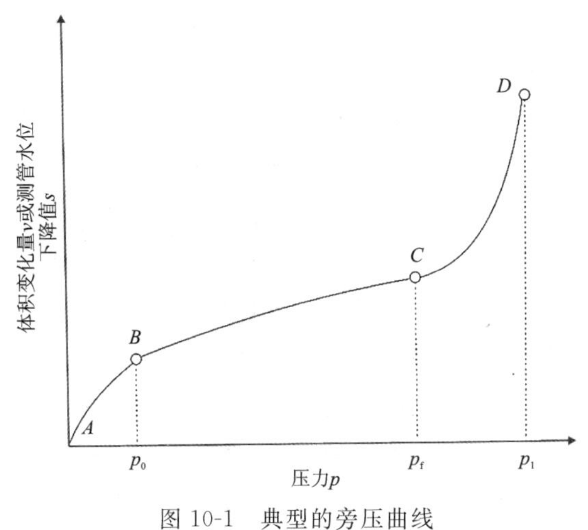

图 10-1　典型的旁压曲线

Ⅰ段(曲线 AB):初始阶段,反映孔壁受扰动后土的压缩与恢复。

Ⅱ段(直线 BC):似弹性阶段,此阶段内压力与体积变化量(测管水位下降值)大致成直线关系。

Ⅲ段(曲线 CD):塑性阶段,随着压力的增大,体积变化量(测管水位下降值)逐渐增加,最后急剧增大,直至达到破坏。

Ⅰ～Ⅱ段的界限压力相当于初始水平压力 p_0,Ⅱ～Ⅲ段的界限压力相当于临塑压力 p_f,Ⅲ段末尾渐近线的压力为极限压力 p_l。

依据旁压曲线似弹性阶段(图 10-1 中 BC 段)的斜率,由圆柱扩张轴对称平面应变的弹性理论解,可得旁压模量 E_M 和旁压剪切模量 G_M:

$$E_M = 2(1+\mu)(V_C + \frac{V_f}{2})\frac{\Delta p}{\Delta} \tag{10-1}$$

$$G_M = (V_C + \frac{V_0 + V_f}{2})\frac{\Delta p}{\Delta V} \tag{10-2}$$

式中:μ 为土的泊松比;V_C 为旁压器的固有体积(cm^3);V_0 为与初始压力 p_0 对应的体积(cm^3);V_f 为与临塑压力 p_f 对应的体积(cm^3);$\Delta p/\Delta V$ 为旁压曲线直线段的斜率。

进行旁压试验测试时,由加压装置通过增压缸的面积变换,将较低的气压转换为较高的水压,并通过高压导管传至试验深度处的旁压器,使弹性膜侧向膨胀导致钻孔孔壁受压而产生相应的侧向变形。变形量可由增压缸的活塞位移值 s 确定,压力 p 由与增压缸相连的压力传感器测得。根据所测结果,得到压力 p 和位移值 s(或换算为腔的体积变形量 V)间的关系,即旁压曲线。根据旁压曲线可以得到试验深度处地基土层的初始压力、临塑压力、极限压力以及旁压模量等有关土力学指标。

第二节 仪器设备

一、预钻式旁压仪

预钻式旁压仪主要由旁压器、加压稳压装置、变形测量装置、数据测录装置、同轴导压管及高压气源装置等组成(图 10-2)。预钻式旁压器为圆柱状结构,在中空的刚性圆筒体上套有弹性膜,形成密闭的可扩张圆柱状空间,可分为单腔式和三腔式两种结构形式,三腔式上下为辅助腔,中间为测量腔。加压稳压装置主要由压力源连接管、减压阀、控制阀和调压阀等组成。压力源应根据不同型号旁压仪设备的结构要求选用相应的压力源装置,宜采用高压氮气或其他相关压力源;高压氮气经减压阀减压后通过精密调压阀对系统加压和稳压。变形测量装置主要由测管、位移传感器和压力传感器及数据测记仪等部件组成,测量和记录被测土体受压稳定后的相应变形值。测量精度应符合下列规定:

(1)压力精度的控制和测记的允许误差应为±1%。

(2)旁压器测量腔径向膨胀量的测记允许误差应为测量腔径向膨胀总变量的1%。

导压管用于变形测量系统与旁压器间的连接,可分为同轴高压软管或多根单管。导压管应连接可靠、拆卸方便、受环境温度影响小,并应适应野外现场作业条件。预钻式旁压仪成孔

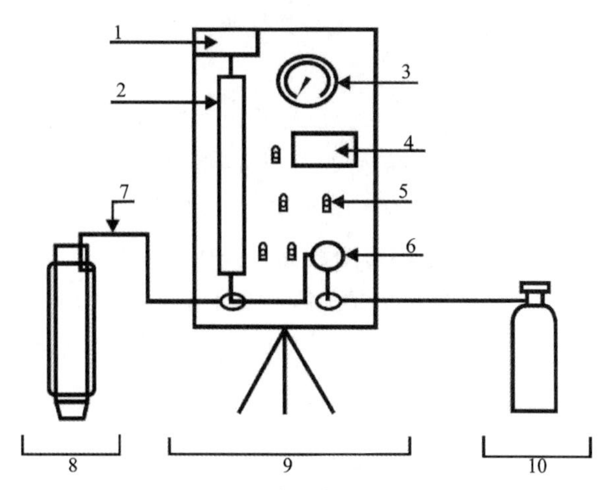

图 10-2　预钻式旁压仪设备结构示意图

1.水箱;2.测管;3.精密压力表;4.数据测记装置;5.控制阀门;6.调压阀;
7.同轴导压管;8.旁压器;9.加压稳压与变形测量装置;10.高压气源装置

辅助设备可采用勺钻、管状提土器或钻机等机具。

二、自钻式旁压仪

自钻式旁压仪系统主要由可自钻的旁压探头、电子箱、压力控制面板、应变控制器和数据处理系统、导压管、多芯电缆、电瓶、气源等组成(图 10-3)。旁压探头包括钻进器和旁压器,钻进器位于探头的下端,外部是圆筒状,内部为切削钻头;旁压器为中空的刚性圆筒体上套有弹性膜,膜外可罩有不锈钢窄条保护铠,膜内装有位移传感器、压力传感器。

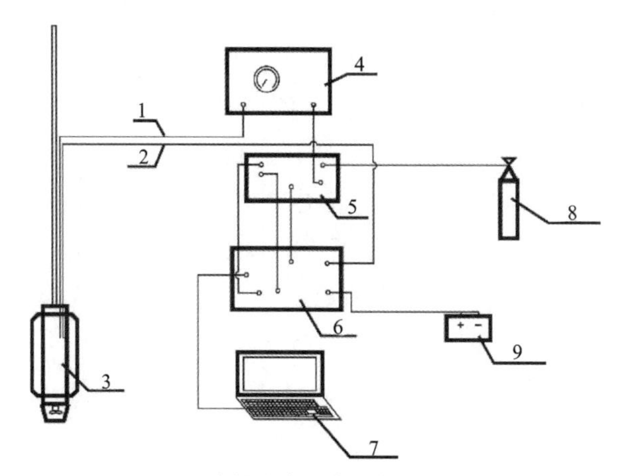

图 10-3　自钻式旁压仪结构设备示意图

1.导压管;2.多芯电缆;3.旁压探头;4.压力控制面板;5.应变控制器;
6.电子箱;7.计算机;8.气源;9.电瓶

量测旁压器弹性膜膨胀时径向位移量的位移传感器由贴有电阻应变片的悬臂弹簧和随轴转动的杠杆式应变臂组成,沿轴向均匀布置,悬臂弹簧与弹性膜保持接触,可测试多方向的径向位移量。压力传感器包括两个孔隙水压力传感器和总应力传感器。两个孔隙水压力传感器贴于弹性膜上，分布间隔应为180°，并应与弹性膜一起扩张，保持与土体直接接触以测量孔隙水压力，总应力传感器应安装在弹性膜内。

电子箱通过连接探头的多芯电缆接收旁压器输出的电信号，由电压为12V的电瓶提供电源。经电子箱将输入的电信号放大，将获得的电压读数转换成数字信号，并输送至计算机中。应变控制器用以控制施加在旁压器上的气压速率，使旁压器以恒定的应变率或压力率膨胀，自动进行旁压试验。应变控制器可采用应变控制式或压力控制式，应变率可为每小时或每分钟0.1%、0.2%、0.5%、1%、2%，并通过应变控制器上的上升、保持或下降开关控制应变方向；压力变化率可在每分钟14～240kPa之间分5挡进行控制。压力控制面板上应有高压表、低压表、调压阀、开关和快速接头等。数据处理系统应由计算机、旁压试验数据处理软件两部分组成。

第三节 仪器的校定

试验前，应对仪器进行弹性膜(包括保护套)约束力校正和仪器综合变形校正，具体项目按下列情况确定：

(1)旁压器首次使用或旁压仪有较长时间不用，两项校正均需进行。

(2)更换弹性膜(或保护套)需进行弹性膜约束力校正，为提高压力精度，弹性膜经过多次试验后，应进行弹性膜复校试验。

(3)加长或缩短导压管时，需进行仪器综合变形校正试验。

弹性膜约束力校正方法：将旁压器竖立地面，按试验加压步骤适当加压(0.05MPa左右即可)使其自由膨胀。先加压，当测水管水位降至近36cm时，退压至零。如此反复5次以上，再进行正式校正，其具体操作、观测时间等均按下述正式试验步骤进行。压力增量采用10kPa，按1min的相对稳定时间，测记压力及水位下降值，并据此绘制弹性膜约束力校正曲线图，如图10-4所示。仪器综合变形校正方法：连接好合适长度的导管，注水至要求高度后，将旁压器放入校正筒内，在旁压器受到刚性限制的状态下进行。按试验加压步骤对旁压器加压，压力增量为100kPa，逐级加压至800kPa以上后终止校正试验。各级压力下的观测时间等均与正式试验一致。根据所测压力与水位下降值绘制其关系曲线，曲线应为一斜线，如图10-5所示，直线对横轴 p 的斜率 $\Delta s/\Delta p$ 即为仪器综合变形校正系数 α 。

压力、位移传感器在出厂时均已与记录仪一起配套标定。如在更换其中之一时或发现有异常情况时，应进行传感器的重新标定。

第四节 旁压试验的操作步骤

一、预钻式旁压试验操作步骤

试验操作主要分为成孔、水箱及仪器充水、放旁压器入钻孔、加压及观测记录等几个主要环节。下面以PY2-A型旁压仪为例，简述其操作步骤。

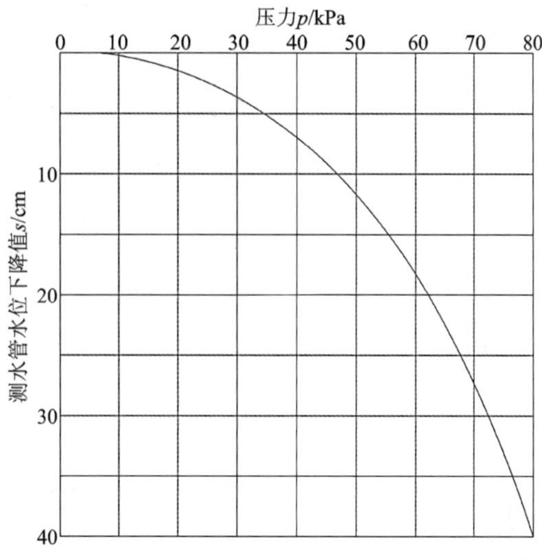

图 10-4 弹性膜约束力校正曲线示意图

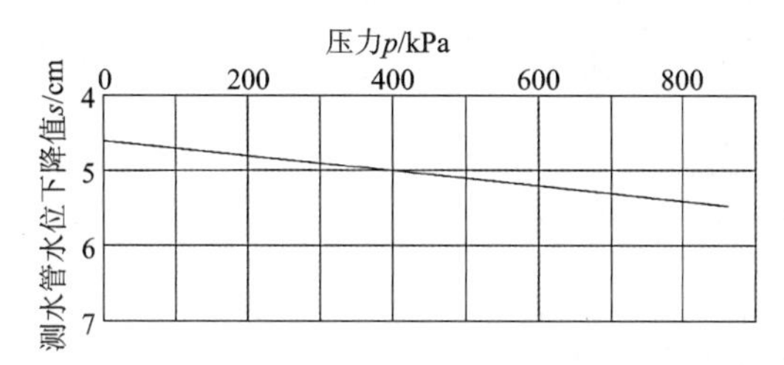

图 10-5 仪器综合变形校正曲线示意图

1. 成孔

用回转钻成孔，要求钻孔孔壁垂直光滑，并尽量避免对孔壁土体的扰动；钻孔直径不可过大，一般比旁压器直径大 2～8mm；成孔深度要比预测深度深 20～40cm，保证旁压器下腔在膨胀时有足够的空间。

2. 冲水

将旁压器置于地面，打开水箱阀门，使水流入旁压器中腔和上下腔室，待量管水位升高到一定高度，提起旁压器使中腔的中点与量管水位齐平（旁压器内不产生静水压力，不会使弹性膜膨胀），后关掉阀门，此时记录的量管水位即是试验初始读数。

3. 放置旁压器

旁压器放入钻孔中预定深度，将量管阀门打开，旁压器产生静水压力，计算旁压器内产生静水压力，并记录量管水位下降值。

无地下水时：

$$p_w = (h_0 + Z) \cdot \gamma_w \tag{10-3}$$

有地下水时：

$$p_w = (h_0 + h_w) \cdot \gamma_w \tag{10-4}$$

式中：p_w为静水压力(kPa)；h_0为量管水面离孔口高度(m)；Z为地面至旁压器中间距离(m)；h_w为地下水位深度(m)；γ_w为水的重度(kN/m^3)。

4. 加压

打开高压氮气瓶开关，同时观测压力表，控制氮气瓶输出压力不超过减压阀额定压力，操作减压阀逐级加压，从压力表读取压力值，记录一定压力时量管水位变化高度。不同地基土层加压等级可按表10-1采用。

表10-1　不同地基土层加压等级表

地基土层	临塑压力前/kPa	临塑压力后/kPa
淤泥、淤泥质土、流塑状态黏性土、粉土、粉细砂	<15	$\leqslant 30$
软塑状态黏性土、粉土、疏松黄土、稍密中—粗砂、稍密很湿粉细砂	15～25	30～50
可塑—硬塑黏土、粉土、一般黄土、中密中粗砂	25～50	50～100
坚硬黏性土、粉土、密实中粗砂	50～100	100～200
中密—密实碎石土	>100	>200

5. 各级压力下相对稳定时间标准

目前各级压力下相对稳定时间标准一般采用1min或2min后再施加下一级压力。一般黏性土、粉土、砂土宜采用1min；一般饱和软黏土采用2min。维持1min时，加荷后15s、30s、60s测读变形量；维持2min时，加荷后15s、30s、60s、120s测读变形量。

6. 试验终止条件

调压阀的工作能力与弹性膜耐压力有关，不同的旁压仪有不同的终止条件。如PY2-A型旁压仪，量管水位下降到刚过36cm，则终止试验；GA型旁压仪，某级压力下60s和30s的体积差$V_{60}-V_{30}$大于50cm^{3}或量管读数大于550～600cm^3，则终止试验。《岩土工程勘察规范》(GB 50021—2001)(2009年版)规定，当量测腔的扩张体积相当于量测腔的固有体积时或压力达到仪器的容许最大压力时，应终止试验。

二、自钻式旁压试验操作步骤

自钻式旁压试验除自钻进尺外，试验步骤基本与预钻式旁压试验步骤一样，简述如下：

(1)根据土质的软硬程度选择合适形式的探头，并考虑是否要配用加强膜和护套以及切削器的种类等。

(2)率定弹性膜约束力和仪器管道系统受力后的综合变形。对压力表和传感器等，要求在试验室进行必要的校核和率定。

(3)把探头插入土中。首先借助探头和钻杆的自重将刃脚切入土中一小段深度；然后开动液压马达或钻机，带动研磨刃具旋转，并根据土体的软硬程度向刃具施加一定的垂直压力。粉碎的土屑不断地被循环水或泥浆带出地面，直至探头下沉至试验标高。必须控制进尺速度，对一般地基土，用法国 PAF-76 旁压仪，要采用 0.25m/min 恒定的速度。

(4)开始进行试验。首先要卸除钻杆的下压力，停止液压马达或钻机的转动，并截断冲洗水，用压力传感器测得旁压腔压力达到稳定时的压力值，这个压力即为土的静止侧压力。然后调节压力控制器的压力，并开启压力阀门，使控制器的压力正好平衡探头中的压力。接着开始进行正式试验，需要测量注入探头的总水量、注入测量腔的水量及相应的压力表和压力传感器上的读数。当达到预定的探头膨胀量时，试验停止。

(5)关于读数的间隔时间和压力增量，建议应变等于 2%/min，直至应变达到 20%～25% 时停止。

第五节　资料整理及成果应用

一、资料整理

1. 压力及变形量校正

(1)按下式进行压力校正：

$$p = p_m + p_w - p_i \tag{10-5}$$

式中：p 为校正后的压力(kPa)；p_m 为压力表读数(kPa)；p_w 为静水压力(kPa)；p_i 为弹性膜约束力(kPa)。

(2)按下式进行变形量校正：

$$s = s_m - (p_m + p_w) \cdot \alpha \tag{10-6}$$

式中：s 为校正后水位下降值(m)；s_m 为量管水位下降值(m)；α 为仪器综合变形系数(m^3/kN)。

2. 绘制旁压试验曲线

根据校正后的压力和校正后水位下降值 s 绘制 p-s 曲线，或者根据校正后压力 p 和体积 V 绘制 p-V 曲线，即旁压曲线，可按下列步骤进行：

(1)在直角坐标系中，以 s 为纵坐标，p 为横坐标，各坐标比例可以根据试验数据的大小自行选定。

(2)根据校正后各级压力 p 和对应的测管水位下降值 s，分别将其确定在选定的坐标上，然后先连直线段并两端延长，与纵轴相交的截距即为 s_0。

3. 特征值的确定

通过对旁压曲线的分析，可以确定土的初始压力 p_0、临塑压力 p_f 和极限压力 p_l 等各特征压力，进而评定土的静止土压力系数 K_0，确定土的旁压模量 E_m，估算土的压缩模量 E_s、剪切模量和软土不排水抗剪强度等。

1)初始压力 p_0 确定

旁压试验曲线直线段延长与 V 轴的交点 V_0 或 S_0，由该点作与 p 轴平行线相交于曲线点所对应的压力即为 p_0 值，见图 10-6。

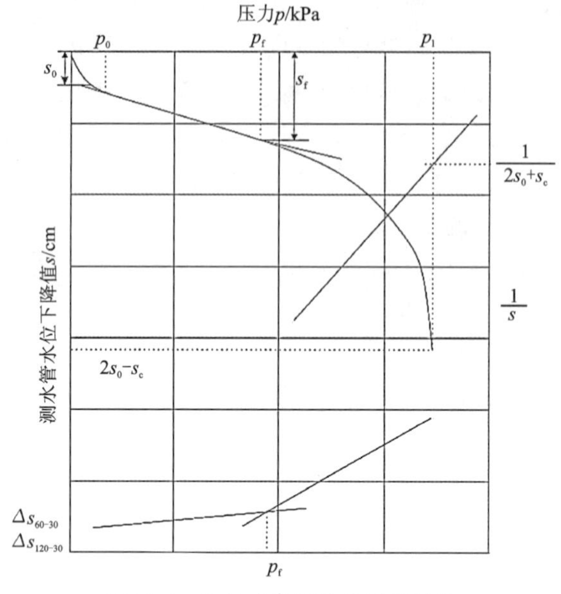

图 10-6　预钻式旁压曲线及特征值

2)临塑压力 p_f 确定

根据旁压曲线，有两种确定临塑压力 p_f 的方法：

(1)旁压试验曲线直线段终点，即直线段与曲线第二个切点所对应压力 p_f。

(2)按各级压力下 30～60s 体积增量 $\Delta s_{60\text{-}30}$ 或 30～120s 体积增量 $\Delta s_{120\text{-}30}$ 与压力 p 的关系曲线辅助分析确定。

3)极限压力 p_l 确定

旁压试验曲线过临塑压力后，趋向于 s 轴的渐近线的压力即为 p_l，也可采用下列方法确定极限压力 p_l。

(1)手工外推法：凭经验将曲线用曲线板加以延伸且与实测曲线光滑自然地连接，取 $s=2s_0+s_c$ 所对应的压力为极限压力 p_l。

(2)倒数曲线法：将临塑压力 p_f 以后曲线部分各点的水位下降值 s 取倒数 $1/s$，作 p-$1/s$ 关系曲线，此曲线为一近似直线，在直线上取 $1/2(s_0+s_c)$ 所对应压力为极限压力 p_l。

4. 影响旁压试验成果精度的主要因素

(1)成孔质量：一方面要求钻孔垂直，横截面呈圆形，孔大小与旁压器直径匹配；另一方面尽可能少扰动孔壁土体。

(2)加压方式：主要体现在加压等级与加压速率方面。

(3)仪器构造与规格：一般认为有效长径之比是旁压器设计关键因素，一般取 $L/D=4$～10。

(4)临界深度：p_f及p_l随深度加大而明显增加，到某一深度p_f及p_l不变，或趋势明显减缓，这一深度称为临界深度。旁压试验不宜超过临界深度。

二、成果应用

1. 计算地基土承载力

临塑荷载法：

$$f_k = p_f - p_0 \tag{10-7}$$

极限荷载法：

$$f_k = \frac{p_l - p_0}{F_s} \tag{10-8}$$

式中：f_k为地基土承载力(kPa)；F_s为安全系数，一般取2～3。

一般性土宜采用临塑荷载法，而对于旁压试验曲线过临塑压力后急剧变陡的土宜采用极限荷载法。

2. 计算旁压模量

旁压模量计算公式如下：

$$E_m = 2(1+\gamma)(V_c + V_m) \cdot \frac{\Delta p}{\Delta V} \tag{10-9}$$

式中：E_m为旁压模量(MPa)；γ为泊松比(MPa)；Δp为曲线上直线段压力增量(MPa)；ΔV为相应于Δp体积增量(水位下降值$s\times$量管水柱截面积A)(cm^3)；V_c为旁压器中腔固有体积(cm^3)；V_m为平均体积(cm^3)；V_0为对应于p_0值的体积(cm^3)；V_f为对应于p_f值的体积(cm^3)。

3. 计算旁压模量

(1)变形模量与旁压模量关系：

$$E_0 = k \cdot E_m \tag{10-10}$$

式中：E_0为变形模量(MPa)；E_m为旁压模量(MPa)；k为变形模量与旁压模量比值。

对于黏性土、粉土和砂土：

$$k = 1 + 61.1m^{-1.5} + 0.0065(V_0 - 167.6) \tag{10-11}$$

对于黄土类土：

$$k = 1 + 43.77m^{-1} + 0.005(V_0 - 211.9) \tag{10-12}$$

对于不区分土类土：

$$k = 1 + 25.25m^{-1} + 0.0069(V_0 - 158.5) \tag{10-13}$$

$$m = \frac{E_m}{p_l - p_0} \tag{10-14}$$

式中：m为旁压模量与旁压试验极限压力比值。

(2)旁压变形参数与变形模量和压缩模量的关系：

$$G_m = V_m \cdot \frac{\Delta p}{\Delta V} \tag{10-15}$$

式中：G_m为旁压变形参数。

(3)计算土的变形模量和压缩模量：

$$E_0 = K_1 G_m \tag{10-16}$$

$$E_s = K_2 G_m \tag{10-17}$$

式中：E_0为变形模量(MPa)；E_s为压力100～200kPa的压缩模量(MPa)；K_1、K_2分别为比值，取值见下表10-2所示。

表10-2 K_1、K_2取值表

模量	土类	比值	使用条件	Z深度
变形模量E_0	新黄土	K_1	$G_m \leqslant 7$MPa	
	黏性土	K_1	硬塑—流塑	
		K_1	硬塑—半坚硬	
压缩模量E_s	新黄土	K_2	$G_m \leqslant 10$MPa	$Z \leqslant 3$m
		K_2	$G_m \leqslant 15$MPa	$Z > 3$m
	黏性土	K_2	硬塑—流塑	
		K_2	硬塑—半坚硬	

4. 侧向基床系数K_m

根据初始压力p_0和临塑压力p_f，采用下式估算地基土的侧向基床系数K_m：

$$K_m = \frac{\Delta p}{\Delta R} \tag{10-18}$$

式中：$\Delta p = p_f - p_0$，为临塑压力与初始压力之差(MPa)；$\Delta R = R_f - R_0$，R_f和R_0分别为对应于临塑压力与初始压力的旁压器径向位移(cm)。

第六节 工程实例

一、工程概况

工程场地位于贵州省某互通立交桥桥台区域，场区覆盖层软土较厚，局部基岩零星裸露，在钻孔揭露范围内，根据其特征可大致划分为4层，由上至下依次为：①耕植土；②黏土；③淤泥质软土；④基岩白云岩。第③层土，土质软弱，孔隙比大，流变性强，场区内分布范围较广，厚度变化较大(3.6～42.7mm)，为浅层地基的主要受力层。根据成因分析认为该地区软土主要为湖相。桥台建于此类软弱层之上，往往易引起桥台沉降和侧向位移，因此将其作为本次旁压试验重点研究对象，试图获取该层软土原始强度及变形参数以指导工程设计。试验土层具体物理力学参数见表10-3。

表 10-3 试验土层物理力学参数

状态指标	含水率 w/%	密度 ρ/(g·cm^{-3})	孔隙比 e	饱和度 S_r/%	液限 W_L/%	塑限 W_P/%	塑性指数 I_P	液性指数 I_L
可塑	43.18	1.78	1.21	97.73	53.63	32.69	20.94	0.51
软塑	39.73	1.78	1.12	95.79	43.25	27.63	15.63	0.77
硬塑	34.05	1.84	0.99	93.96	64.00	31.25	25.25	0.13

二、旁压试验过程

由于本场区中软土多处于软塑或流塑状态，变形较大，极易引起缩孔。为缩短提下钻时间，提高试验效率，本试验成孔工具采用 PY-5 型旁压试验仪，其结构由旁压器、水箱、变形测量系统和加压稳定装置 4 个部分组成。具体设备规格如下：旁压器测量腔外径为 50mm、中腔原始体积为 491cm^3、测量腔厚度为 250mm，最大工作压力可达 5.5MPa，测管横截面积为 14.53cm^2。仪器的钻具由扩孔器和成孔钻组成，扩孔器直径为 110mm，测试孔直径为 54mm。一次钻孔即可完成引导孔和测试孔，这不仅提高了钻探效率，还可以避免反复提钻对孔壁的扰动，保证钻孔质量，减少了试验误差。

试验前，应先对仪器进行弹性膜约束力校正和仪器综合变形校正，然后根据土层情况和所选用的旁压器外径确定试验孔径，一般要求比所用旁压器外径大 2mm，不允许过大。成孔后，应迅速将连接好的旁压器小心地放置于试验位置，然后利用加压装置将气压直接传至测管水面，将其产生的水压和气压再分别传至旁压器 3 个腔（中腔为水压、上下腔为气压），促使弹性膜受压膨胀，导致孔壁土体均匀受压产生相应变形直至破坏，其变形量由测管水位下降值 s（或体积变化量 V）量测，压力值 p 由压力表读出。从而根据所测结果绘制压力和测管水位下降值（体积变化量 V）关系曲线，即得到 p-s 或 p-V 旁压曲线，最后通过旁压曲线分析即可得到岩土体强度和力学强度指标。

试验压力增量等级根据《铁路工程地质原位测试规程》（TB 10018—2018）确定，相对稳定时间根据土的特征、压力变化等具体情况确定，本试验采用快速加压法，即每分钟加一级压力，在前 15s 加压，测读 30s 和 60s 探头的压力及体积增量。

三、试验结果分析

本次试验共 6 个钻孔，8 个试验点。由于受缩孔影响试验最大深度为 14.5m，最大测试压力为 0.4MPa。其中 ZK1 中 7.3m、ZK2 中 5m 试验点受缩孔影响较大造成数据失真，经分析后予以剔除。通过上述数据综合整理，列出部分试验成果见下表 10-4，旁压曲线见图 10-7。

表 10-4　旁压试验成果

试验序号	ZK1-5m	ZK3-7.3m	ZK4-7.3m	ZK5-14.5m	ZK6-5m	ZK6-7.3m
土层性质	淤泥质黏土（可塑）	淤泥质黏土（可塑）	淤泥质黏土（软塑）	淤泥质黏土（软塑）	黏土（可塑）	淤泥质黏土（可塑）
初始压应力对应的水位下降值 s_0/cm	2.5	2.1	3.0	1.3	2.0	3.0
临塑压力对应的水位下降值 s_f/cm	9.0	11.0	9.8	9.6	8.0	10.0
初始压力 p_0/kPa	33	79	64	148	52	80
临塑压力 p_f/kPa	70	180	105	308	140	173
临界压力 p_L/kPa	105	225	126	365	240	224
地基承载力 f_k/kPa	37	101	41	160	88	93
旁压模量 E_m/MPa	1.16	2.29	1.72	4.1	2.3	2.8
变形模量 E_0/MPa	2.3	4.5	2.9	7.0	4.6	4.8
压缩模量 E_s/MPa	2.1	3.2	2.1	4.3	3.3	3.5

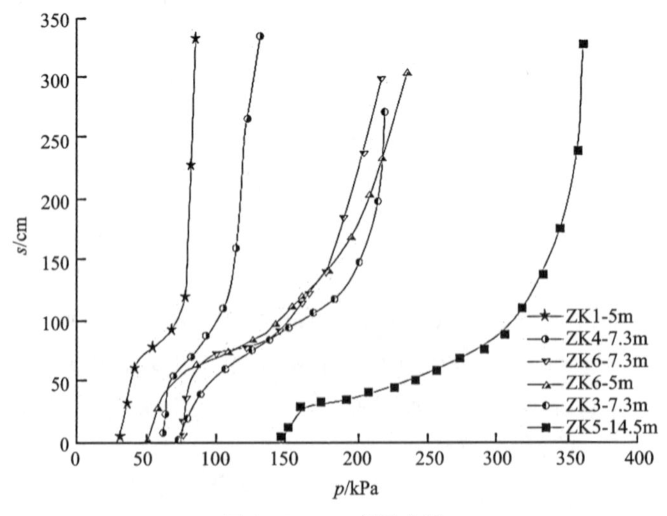

图 10-7　p-s 旁压曲线

(1)典型的旁压曲线分哪几个阶段？各阶段与周围土体的变化有什么关系？

(2)旁压试验前需要进行哪几项校定？为什么？

(3)预钻式旁压试验的成孔质量对试验结果有什么影响？有怎样的技术要求？

第十一章　扁铲侧胀试验

第一节　基本原理

扁铲侧胀试验(Flat Dilatometer Test,简称 DMT)最早是 20 世纪 70 年代末由意大利人 Silvano Marchetti 提出的一种原位测试方法,最初在北美和欧洲地区应用,现已应用到全球 40 多个国家和地区。在我国,越来越多的单位开始将扁铲侧胀试验应用到岩土工程勘察。国家标准《岩土工程勘察规范》(GB 50021—2001)(2009 年版)和一些地方、行业标准首次将该原位测试方法列入,其中我国行业标准《铁路工程地质原位测试规程》(TB 10018—2018)还对该测试技术和成果应用做出了具体规定。但扁铲侧胀试验在我国开展较晚,总的来讲目前仍处于积累工程经验的阶段。

扁铲侧胀试验是利用静力或锤击动力将一扁平铲形探头压(贯)入土中,达到预定试验深度后,利用气压使扁铲探头上的钢膜片侧向膨胀,分别测得膜片中心侧向膨胀不同距离(分别为 0.05mm 和 1.10mm 这两个特定位置)时的气压值,根据测得的压力与变形之间的关系,获得地基土参数的一种现场试验。扁铲侧胀试验能够比较准确地反映小应变条件下土的应力-应变关系,测试成果的重复性比较好。

根据国内外已有的研究成果,基于扁铲侧胀试验结果,可用于评价土的应力历史(超固结比 OCR)、黏性土和砂土的强度指标。如果同时进行了扁铲消散试验,也可以评价黏性土的固结系数和渗透系数。

扁铲侧胀试验适用于软土、一般黏性土、粉土、黄土和松散—中密的砂土。一般在软弱、松散土中适宜性好,而随着土的坚硬程度或密实程度的增加,适宜性较差。

第二节　试验设备

扁铲侧胀试验的仪器设备包括扁铲探头、测控箱、贯入设备和气压源。下面分别加以介绍,并说明其工作原理。

一、扁铲探头

1. 扁铲探头和弹性钢膜片

扁铲探头如图 11-1 所示,探头长 230～240mm,宽 94～96mm,厚 14～16mm。扁铲探头

具有楔形底端，利于贯入土层，探头前缘刃角 12°～16°。圆形钢膜片固定在探头一个侧面上。钢膜片直径为 60mm，正常厚度为 0.20mm（在可能剪坏探头的土层中，常使用 0.25mm 厚的钢膜）。

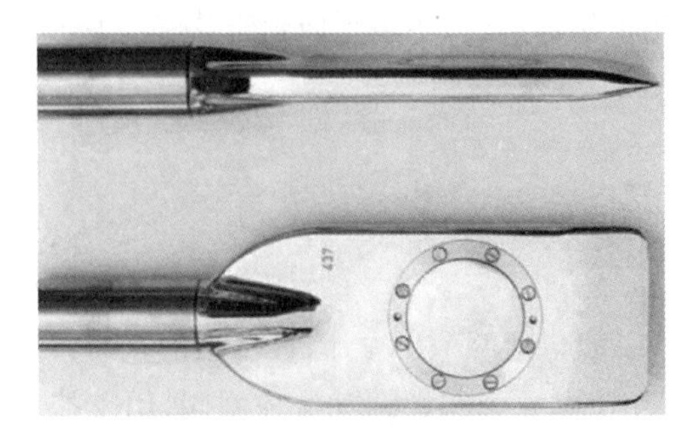

图 11-1　扁铲探头及钢膜片

2. 扁铲探头的工作原理

扁铲探头的工作原理如图 11-2 所示。它的工作原理就如一个电开关，绝缘垫将基座与扁铲体（包括钢膜片）隔离，图中基座与测控箱电源的正极相连，而钢膜片通过地线与测控箱的负极相连。在自然状态下，彼此之间被绝缘体分开，电路处于断开状态。而当膜片受土压力作用而向内收缩与基座接触时，或是受气压作用使膜向外鼓胀钢柱在弹簧作用下与基座接触时，则电路形成回路，使测控箱上的蜂鸣声响起。

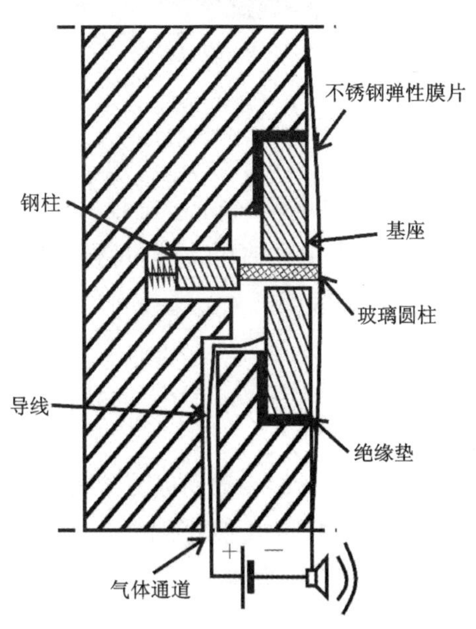

图 11-2　扁铲探头工作原理图

在进行扁铲侧胀试验中，当扁铲贯入土层后，钢膜片受土压力的作用向里收缩，膜片与基座接触，蜂鸣声响起。到达试验位置后，操作人员开始通过测控箱对膜片施加气压，在一段时间内膜片仍保持与基座接触，蜂鸣声不断。当内部气压力达到与外部压力平衡时，膜片开始向外移动并与基座脱离，蜂鸣声停止。蜂鸣声停止提醒操作者记录 A 读数。继续向内充气加压，膜片继续向外移动，膜片中心向外移动达到 1.10mm 时，钢柱在弹簧作用下与基座底部接触，则蜂鸣声再次响起，提醒操作者记录 B 读数。在读取 B 读数后，通过排气卸除内部压力，膜片在外部土(水)压力作用下缓慢回收，当膜片回到距基座 0.05mm 时，蜂鸣器再次响起，记录 C 读数。

二、测控箱

1. 测控箱的组成

测控箱如图 11-3 所示，一般包括两个压力计、气压罐的接口、气电管路的接口、接地电缆接口、检流计和蜂鸣器。另外还有总阀和微调气流控制阀，用来控制加压时的气体流量以及排气阀，使测试系统能够顺利排气(释放压力)，并满足记录 C 读数的要求。

图 11-3　测控箱

2. 压力计

平行连接的两个压力计具有不同的量程，一个小量程的压力计，量程为 1MPa，当读数达到满量程时会自动退出工作；另一个大量程的压力计，量程一般为 6MPa。当采用人工读数时，刻度不同的两个压力计能够保证适当的测量精度，同时也能较好地适应不同的土类(从软弱到坚硬的土层)。

3. 气流控制阀

测控箱上的气流控制阀可控制从气压源传输到扁铲探头上的气流。其中，总阀用来关闭或开启气源与探头控制系统的连通；微调阀用来控制试验中气体流量，也可以用来关闭气源与探头控制系统的连通；慢速排气阀则可以缓慢地释放气流以获得 C 读数。

4. 电路

测控箱上的电路可用来指示扁铲探头的开(断)—闭(合)状态。它向操作者提供可视的检流计信号和声音信号——蜂鸣声。当电路闭合的时候，蜂鸣器会发出嗡嗡的声音，即当膜片受外面土压力而收缩到与基座接触时，或是受气压作用而使钢柱与基座接触时，会有蜂鸣声响起。而膜片处于这两种情况当中的部位时，电路是断开的，此时蜂鸣器并不发出声音。蜂鸣器由响到不响，然后再由不响到响，这对于操作者来说就是两个提示，因为这两次转换分别对应的是膜片的 A、B 位置（A、B 分别距离基座 0.05mm、1.10mm）。

5. 气电管路

气电管路（图 11-4）由厚壁、小直径、耐高压的尼龙管制成，内贯穿铜质导线，两端连接专用接头。气电管路直径不超过 12mm，一头接在扁铲探头上，另一头接在测控箱上。在扁铲侧胀试验中用以输送气压和传递电信号。气电管路每根长约 25m，用于率定的气电管路长 1m。另外，气电管路配有特制的连接接头（图 11-5），可将 2 根以上的气电管路连接加长，并保障气电管路的通气、通电性能。

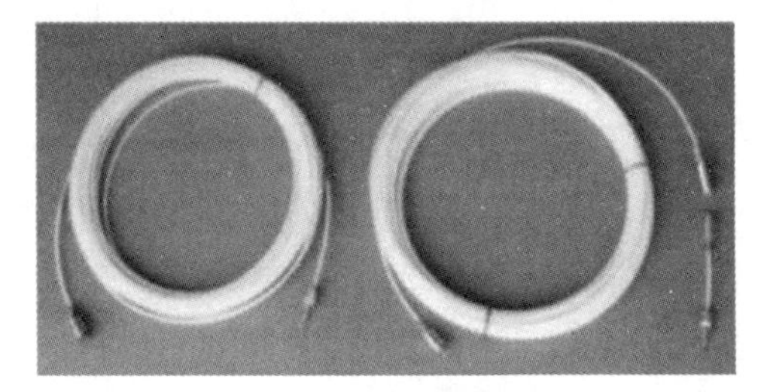

图 11-4　气电管路

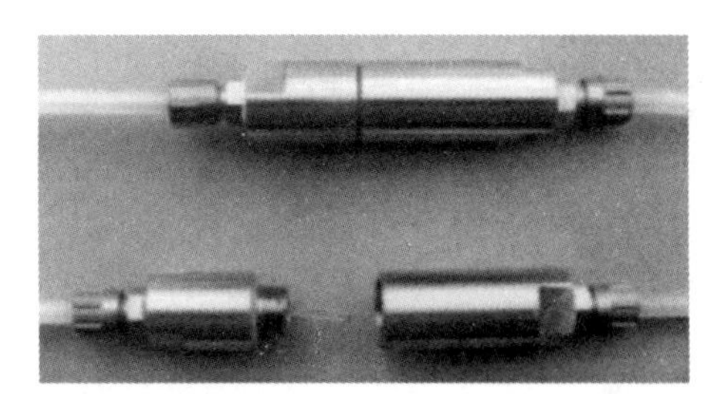

图 11-5　特制管路接头

三、气压源

扁铲侧胀试验用高压钢瓶储存的高压气体作为气压源，气体应该是干燥的空气或氮气。根据一只充气 15MPa 的 10L 气压瓶，在中等密实度土中用 25m 长气电管路做试验，一般可进行约 1000 个测点。试验点间距采用 0.20m，则试验总延米为 200m。需要注意耗气量随土质密度和管路长度而变化。

四、贯入设备

贯入设备是将扁铲探头贯入预定土层的机具，通常采用的有静力触探（CPT）机具、标准贯入试验（SPT）锤击机具和液压钻机机具等。在一般土层中，通常采用静力触探机具，而在较坚硬的黏性土或较密实的砂土层压入困难时，可以采用标准贯入机具来替代。锤击法会影响试验精度，静力触探设备较为理想，应优先选用。若采用静力触探机具贯入时，贯入速率应控制在 20cm/min 左右。贯入探杆与扁铲探头通过变径接头连接。

第三节　试验方法与技术要求

一、探头膜片标定

膜片的标定就是为了克服膜片本身的刚度对试验结果的影响，通过标定可以得到膜片的

标定值 ΔA 和 ΔB，可用于对 A、B、C 读数进行修正。标定应在试验前和试验后各进行 1 次，并检查前后两次标定值的差别，以判断试验结果的可靠性。

在大气压力下，因为膜表面本身有微小的向外的曲率，自由状态下膜片的位置处于 A、B 之间的某个位置(即介于距离基座 0.05～1.10mm)，如图 11-6 所示。ΔA 是采用率定气压计通过对扁铲探头抽真空，使膜片从自由位置回缩到距离基座 0.05mm(A 位置)时所需的压力(是吸力)，而 ΔB 是通过对扁铲探头充气，使膜片从自由位置到 B 位置时所需的气压力。

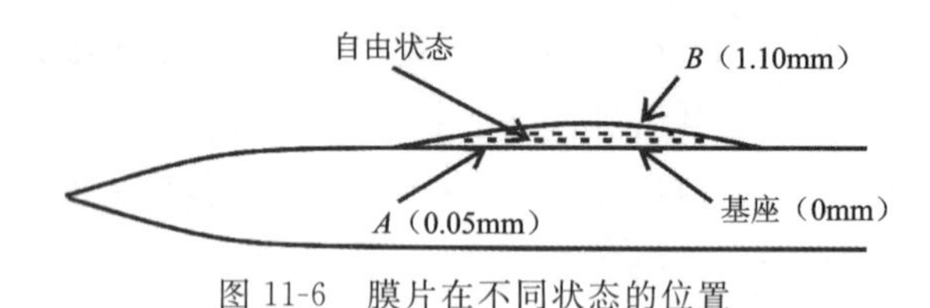

图 11-6　膜片在不同状态的位置

1. 标定过程

标定时，应先关闭排气阀，膜片标定时各部分的布置如图 11-7 所示；之后用率定气压计对扁铲探头抽气，膜片因受大气压作用，从自然位置移向基座，待蜂鸣器响(此时膜片离基座小于 0.05mm)停止抽气；然后缓慢加压，直至蜂鸣器响声停止(膜片离基座为 0.05±0.02mm)时刻，记下测控箱上的读数，此时的读数即为 ΔA。该读数值为负值，但在记录时应记为正值，具体原因见后求解 P_0 的分析。继 ΔA 读数后，继续对扁铲探头施加气压，直至蜂鸣器再次响起(膜片离基座为 1.10±0.03mm)时的气压值即为 ΔB。

在标定过程中，抽气和加压均应缓慢进行，以获取比较准确的 ΔA 和 ΔB 值。

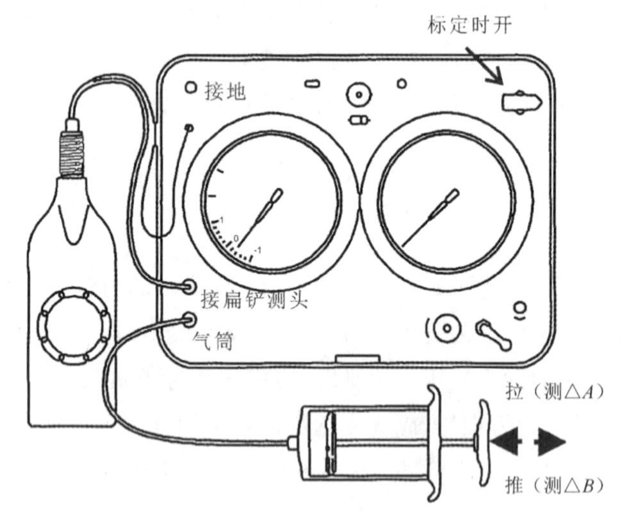

图 11-7　标定时的仪器布置图

2. ΔA、ΔB 的合理范围

现场试验测定的 A、B、C 读数都需经 ΔA、ΔB 修正，ΔA、ΔB 值对试验成果十分重要，所

以要求 ΔA、ΔB 值应在一定范围内。一般 ΔA 在 5～25kPa 之间，理想值为 15kPa；ΔB 在 1～110kPa 之间，理想值为 40kPa。若 ΔA、ΔB 不在该范围内，则此膜片不能用于扁铲侧胀试验，需要对膜片进行老化处理。

3. 膜片的老化处理

无论什么时候采用新膜片时，都应对膜片进行老化处理。新膜片的标定值一般不在 ΔA、ΔB 的允许范围之内，通过老化处理可以得到稳定的 ΔA、ΔB 值。未经老化处理的膜片在测试中其 ΔA、ΔB 的值会出现变化，表现不稳定。一般地，膜片的老化处理采用人工时效的方法进行。

利用标定气压计对新膜片缓慢加压至蜂鸣器响（B 位置，膨胀 1.10±0.03mm）时，记下 ΔB 的数值，连续数次，倘若 ΔB 均在允许适用的范围之内，不必再进行老化处理。若不在此范围内，加压至 300kPa，蜂鸣器响后，排气降压至零。300kPa 的气压循环老化几次，每一次从零开始，若老化几次后 ΔB 的值达到允许范围，则停止老化。

假如 ΔB 的值以 300kPa 压力老化处理后仍偏高，可以将压力增至 350kPa 进行循环老化，倘仍不生效，可以用 50kPa 作为一级递升重复老化，直到 ΔB 的值降到标定允许范围之内。通常施加气压小于 600kPa，循环老化就可以使 ΔB 达到要求，在空气中标定膜片，最大压力不应超过 600kPa。

二、前期准备工作

（1）试验若采用静力触探 CPT 机具贯入扁铲探头，应先将气电管路贯穿在探杆中。在贯穿时，要拉直管路，让探杆一根根沿管路滑行穿过，尽量减小管路的绞扭。探杆需备足，以试验最大深度再加 2～3 根为宜。倘用钻机开孔锤击贯入扁铲探头，气电管路可不贯穿钻杆中，而采用胶带按一定的间隔直接绑在钻杆上。

（2）气电管路贯穿探杆后，一端与扁铲探头连接。然后通过变径接头，拧上第一根探杆，待测试时一根一根连接。

（3）检查测控箱、气压源等设备是否完好，需估算一下气压源是否满足测试的需求。然后彼此连接上，再将气电管路的另一端跟测控箱的插座连接。

（4）地线接到测控箱的地线插座上，另一端夹到探杆或贯入机具的机座上。

（5）检查电路是否连通。

三、测试过程

（1）扁铲探头贯入速度应控制在 2cm/s 左右，试验点的间距可取 20～50cm。在贯入过程中，排气阀始终是打开的。当扁铲探头达预定深度后，进行如下测试操作：

①关闭排气阀，缓慢打开微调阀，当蜂鸣器停止响的瞬间记下气压值，即 A 读数；

②继续缓慢加压直至蜂鸣器响时，记下气压值，即 B 读数；

③立即打开排气阀并关闭微调阀以防止膜片过分膨胀而损坏膜片；

④接着将探头贯入至下个试验点，在贯入过程中，排气阀始终打开，重复下一次试验。

如在试验中需要获得 C 读数，应在步骤③中，打开微排阀而非打开排气阀，使其缓慢降压直至蜂鸣器停后再次响起(膜片离基座为 0.05mm)，此时记下的读数为 C 值。

(2)加压的速率对试验的结果有一定影响，因而应将加压速率控制在一定范围内。压力从 0 到 A 值应控制在 15s 之内测得，而 B 值应在 A 读数后的 15～20s 之间获得，C 值在 B 读数后约 1min 获得。这个速率是气电管路为 25m 长的加压速率，对于大于 25m 的气电管路可适当延长。

(3)试验过程中应注意校核差值 $B-A$ 是否出现 $B-A<\Delta A+\Delta B$，如果出现，应停止试验，检查原因，查看是否需要更换膜片。

(4)试验结束后，应立即提升探杆，从土中取出扁铲探头，并对扁铲探头膜片进行标定，获得试验后的 ΔA、ΔB 值。ΔA、ΔB 应在允许范围内，并且试验前后 ΔA、ΔB 值相差不应超过 25kPa，否则试验数据不能使用。

四、消散试验

在排水不畅的黏性土层中且由扁铲贯入引起的超孔压随着时间逐步消散，消散需要的时间一般远大于一个试验点的测试时间(2min)。因此在不同时间间隔连续地测定某一个读数可以反映出超孔压的消散情况。扁铲侧胀消散试验可在需要的深度进行。根据消散试验操作过程和测试参数的不同，目前同时存在 3 种消散试验：DMT-A、DMT-A_2 和 DMT-C 消散试验。Marchetti 建议采用 DMT-A 消散试验，美国材料与试验协会(ASTM)的试验规程 D6635—01 将 DMT-A 和 DMT-A_2 消散试验方法并列推荐，我国国家标准《岩土工程勘察规范》(GB 50021—2001)(2009 年版)并没有指明采用哪种消散试验方法，下面分别介绍 DMT-A 和 DMT-A_2 消散试验方法。

1. DMT-A 消散试验

进行 DMT-A 消散试验，试验过程中只测读 A 读数，膜片并不扩张到 B 位置处。试验步骤如下：

(1)按扁铲侧胀试验程序贯入到试验深度，缓慢加压并启动秒表，蜂鸣器不响时读取 A 读数并记下所需时间 t；立即释放压力回零，而不测 B、C 读数。

(2)分别在时间间隔为 1min、2min、4min、8min、15min、30min、90min 测读 1 次 A 读数，以后每 90min 测读 1 次。

(3)在现场绘制初步的 A-lg$t$ 曲线，曲线的形状通常为“S”形，当曲线的第 2 个拐点出现(可以确定消散时间 t)后可停止试验。

2. DMT-A_2 消散试验

DMT-A_2 消散试验方法与 DMT-A 消散试验非常相似，区别在于在连续读取 A 读数前需要进行一个完整的扁铲侧胀试验 A、B、C 测试。程序如下：

(1)贯入到试验深度之后，按正常扁铲侧胀试验测读 A、B、C 读数 1 个循环，然后只读取

A 读数，此时将 A 读数记为 A_2，并同时启动秒表，记下相应经历的时间。

(2)采取上述的时间间隔连续测读 A_2 读数。

(3)在现场绘制初步的 A_2-lg$t$ 曲线，消散试验持续到能够发现 t_{50}(即孔压消散为 50%的时间)，可终止试验。

第四节 试验资料整理与应用

一、实测数据修正

现场实测 A、B、C 读数应对钢膜片和压力表零漂进行修正以求得膜片不同位置时与土之间的接触压力 p_0、p_1、p_2，计算公式如下。

$$p_0 = 1.05(A - z_m + \Delta A) - 0.05(B - z_m + \Delta B) \tag{11-1}$$

$$p_1 = B - z_m + \Delta B \tag{11-2}$$

$$p_2 = C - z_m + \Delta A \tag{11-3}$$

式中：p_0 为膜片向土中膨胀之前的接触压力(kPa)；p_1 为膜片膨胀至 1.10mm 时的压力(kPa)；p_2 为膜片回到 0.05mm 时的终止压力(kPa)；z_m 为压力表零漂(kPa)。

二、扁铲试验中间指数

根据 p_0、p_1、p_2 可计算扁铲侧胀试验中间指数，包括扁铲土性指数 I_D、扁铲水平应力指数 K_D、扁铲侧胀模量 E_D 和侧胀孔压指数 U_D，并绘制 I_D、K_D、E_D 和 U_D 与深度的关系曲线。

(1)扁铲土性指数计算公式为：

$$I_D = \frac{p_1 - p_0}{p_0 - u_0} \tag{11-4}$$

式中：u_0 为未贯入前试验深度处的静水压力(kPa)。

(2)扁铲水平应力指数计算公式为：

$$K_D = \frac{p_0 - u_0}{\sigma'_{v0}} \tag{11-5}$$

式中：σ'_{v0} 为未贯入前试验深度处的竖向有效压力(kPa)。

(3)如将 $E/(1-\mu^2)$ 定义为扁铲侧胀模量 E_D，当 s=1.10mm 时，则可得：

$$E_D = 34.7(p_1 - p_0) \tag{11-6}$$

由于扁铲侧胀模量 E_D 缺乏关于应力历史方面的信息，一般不能作为土性参数直接使用，而需要与 K_D、I_D 相互结合使用。

(4)侧胀孔压指数 U_D 计算公式为：

$$U_D = \frac{p_2 - u_0}{p_0 - u_0} \tag{11-7}$$

第五节　试验成果的工程应用

一、浅基础沉降计算

计算浅基础的沉降，尤其是在难以取得不扰动样和估计土层压缩性的砂土分布地区，也许是扁铲侧胀试验成果最合适的应用之一。由于采样间距较小（一般为20cm），扁铲侧胀试验可以有效地察觉垂直方向上土层压缩性的变化。

一般情况下，浅基础的沉降计算采用一维计算公式（图11-8）：

$$S_{1-\mathrm{DMT}}=\sum\frac{\Delta\sigma_{\mathrm{v}}}{M_{\mathrm{DMT}}}\Delta Z \tag{11-8}$$

式中：$\Delta\sigma_{\mathrm{v}}$为附加应力增量（kPa）；$\Delta Z$为地基分层厚度（m）；$M_{\mathrm{DMT}}$为扁铲压缩模量。

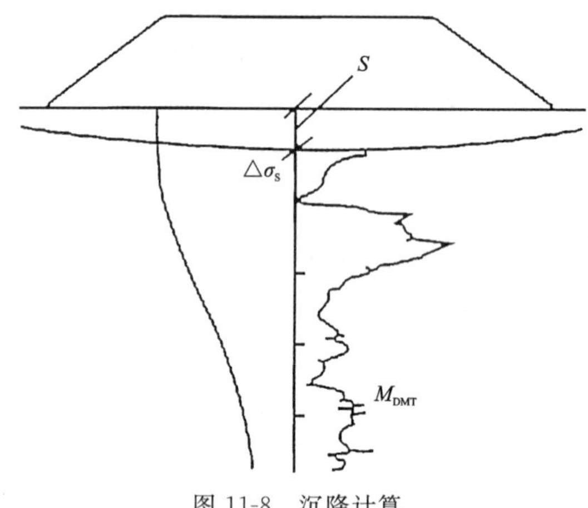

图11-8　沉降计算

需要注意，式（11-8）是根据线性弹性理论建立起来的，假设沉降量与荷载成正比，而不能进行沉降的非线性预测。

在砂土地基中，浅基础的沉降计算一般采用一维弹性计算公式（对于筏基）和三维弹性计算公式（对于小的独立基础，按三维问题处理）：

$$S_{1-\mathrm{DMT}}=\sum\frac{1}{E}[\Delta\sigma_{\mathrm{v}}-v(\Delta\sigma_x-\Delta\sigma_y)]\Delta Z \tag{11-9}$$

式中：E可根据弹性理论从M_{DMT}推算而得，例如当$v=0.25$时，$E\approx0.80\,M_{\mathrm{DMT}}$；$\Delta\sigma_x$、$\Delta\sigma_y$分别为$x$、$y$方向附加应力增量（kPa）。

在黏土中，式（11-8）也是适用的，但由此计算出来的沉降是主沉降（即瞬时沉降与主固结沉降之和）。因为此时M_{DMT}将被看作是固结试验曲线上相应应力段E_{oed}的平均值。

许多研究者进行了浅基础沉降计算值与沉降观测值的对比研究。Schmertmann（1986）报道了16个工程案例研究，分布在不同的地点，土类也不相同。通过对比发现，利用扁铲侧胀试验成果的沉降计算值与观测值比值的平均值为1.18，大部分介于0.73～1.30之间。Hayes（1990）在更大的沉降范围内肯定了计算值与观测值的一致性，见图11-9。沉降观测值在沉降估算值的±50%范围之内。

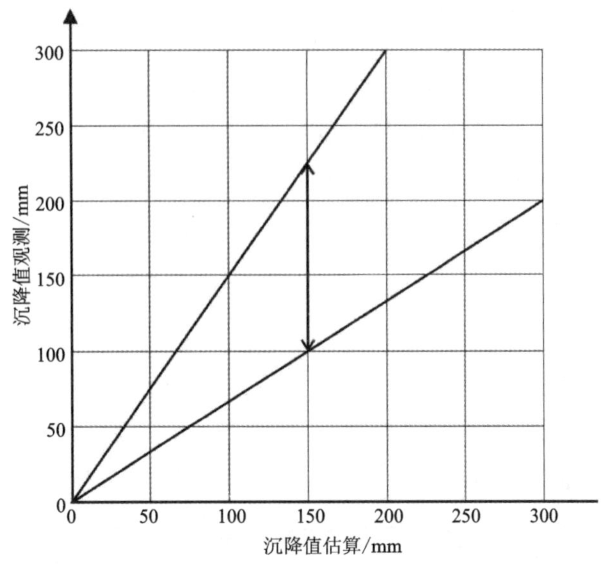

图 11-9　沉降观测值与估算值比较

二、边坡滑动面的确定

Totani(1997)提出了通过对 K_D 剖面的分析，来确定超固结黏土斜坡中滑动面位置的方法，原因如下：

(1)在超固结黏土边坡中产生滑动面，一般经过滑动—重塑—再固结的过程，因此在超固结黏土体中产生一个无胶结和无结构的类似于正常固结土的重塑带。

(2)在正常固结黏性土中 $K_D \approx 2$，如果在超固结黏性土中，测得一些位置上 $K_D \approx 2$，那么该处应该位于滑动面上。从本质上讲，该方法就是在超固结黏土边坡中鉴别出 $K_D \approx 2$ 的正常固结黏土层，如图 11-10 所示。

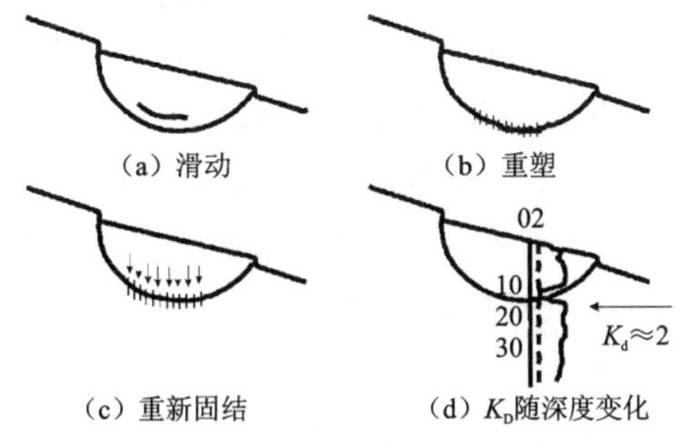

图 11-10　利用 K_D 鉴别超固结黏性土坡中滑动面的位置

该方法的有效性得到了滑坡体现场测斜仪测试结果的证明，与测斜仪相比，利用 K_D 剖面可以更快反映滑动面，而不用等待滑动发生。

三、地基处理效果检验

与其他原位测试方法一样，扁铲侧胀试验也开始被人们用来检验地基的处理效果。通过比较地基加固前后的扁铲侧胀试验结果的变化，就可以了解地基的处理效果，如图 11-11 所示。因为一般情况下地基压密后，扁铲侧胀试验的 K_D 和 M_{DMT} 会有较大的增长。Schmertmann(1986)在这方面做了大量的工作，分别用静力触探试验和扁铲侧胀试验检验地基处理效果，发现 q_c 和 M_{DMT} 都显著增大了，而且 M_{DMT} 增加量大约是 q_c 增加量的 2 倍。Jendeby 于 1992 年也获得了相类似的结果，如图 11-12 所示。实践证明扁铲侧胀试验结果对土的力学性质和密度的变化非常敏感，适合作为检验地基处理效果的工具。

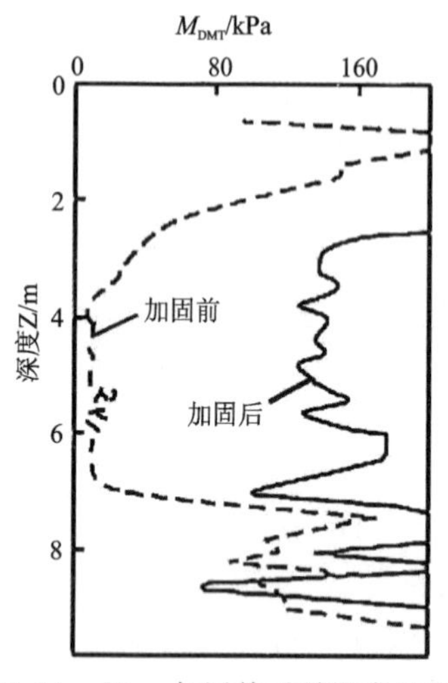

图 11-11 M_{DMT} 加固前后随深度的变化

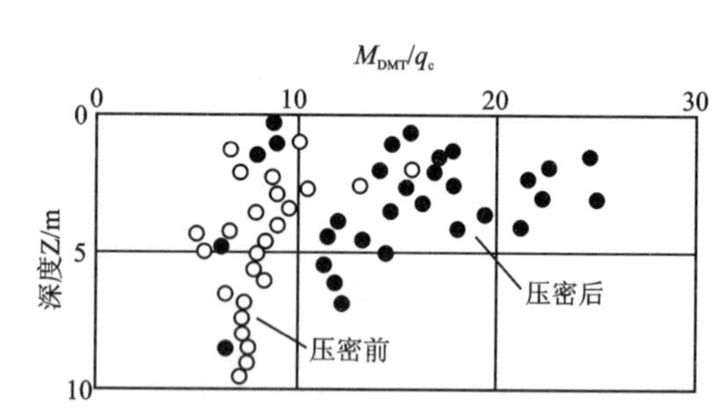

图 11-12 松散砂土 M_{DMT}/q_c 在压密前后随深度的变化

四、液化判别

目前最常用的液化判别方法是标准贯入和静力触探，二者分别为我国国家标准《建筑抗震设计规范》(GB 50011—2010)(2016 年版)和《岩土工程勘察规范》(GB 50021—2001)(2009 年版)推荐的地基土液化判别方法。但是这两种原位测试方法都不能定量地确定土性，需要根据钻探取样和土工试验判别土性，并利用部分土工试验资料(如采用标准贯入试验判别时，需要颗粒分析资料)进行判别，因此使用起来不方便。扁铲侧胀试验具有灵敏度高、误差小、能连续测出土性细微变化等优点，其水平应力指数 K_D 与土的相对密度、原位应力、应力历史、胶结作用等有关，是一个能综合反映土的物理力学性质的指标。扁铲侧胀土性指数 I_D 能够划分土层，作为粉土/砂土的液化特征指标，能够反映出土黏粒含量的变化。因此采用扁铲侧胀试验进行地基土的液化判别应该是可行的。

国内外学者在这方面已做了大量的研究工作，如 Marchetti(1982)、Robertson(1986)和 Reyna(1991)根据扁铲侧胀试验的水平应力指数 K_D 与砂土的相对密实度 D_r 的关系，分别建立了各自的水平应力指数 K_D 与产生液化的循环动剪应力比 τ_l/σ'_{v0} 的关系，见图 11-13。

从上图可以明显看出：Reyna-chameau 关系曲线位于中间的位置，推荐使用这条曲线进行地基土的液化判别，可以得到比较合理的结果。

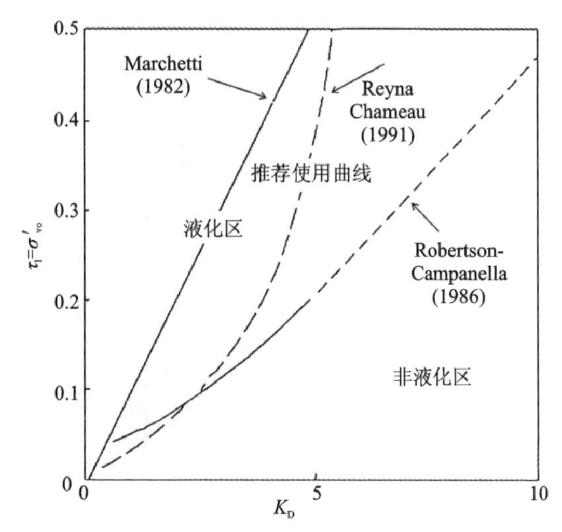

图 11-13　水平应力指数 K_D 与动剪应力 τ/σ'_{v0} 比关系图

第六节　工程实例

一、工程概况

某高速公路试验段场地地基属于第四纪澙湖相沉积，地基土主要由饱和黏性土、淤泥质粉质黏土、淤泥质黏土和粉土组成。整个场区为深厚饱和软弱土地基，高速公路建设中地基存在强度低、固结沉降时间长及变形量大等问题。针对该情况，采用长板短桩组合进行路基的处理和加固，即采用短水泥搅拌桩增强地基土强度和长塑料排水板加快地基土排水固结过程。为了评价该地基处理方案效果，除采用静力触探试验和现场载荷试验外，还开展了地基土处理前后的扁铲侧胀对比试验。

二、扁铲侧胀试验

首先按照技术要求对扁铲探头进行标定，并进行膜片老化处理，修订 ΔA 和 ΔB 值，使 ΔA 取值 15kPa，ΔB 取值 42kPa。在试验段场区内选择 6 个代表性试验点，试验时打开气压阀，把扁铲探头以 2cm/s 速度压入土中预定的试验深度，关闭气压阀并用控制箱加气压使膜片膨胀，用压力表测量气压，膜片回复初始位置时的位移量为 0.05mm，测定压力 A（初始读数），然后测定使膜片移动至 1.10mm 时的压力 B，降低气压，当膜片内缩到开始扩张的位置，测读此时气压值 C（回复初始读数）。当一个深度的试验完成后，将扁铲探头压入土中下一个试验深度，继续进行试验。试验点的间距控制在 0.2m。

三、试验成果分析

通过对现场试验数据的修正和整理，求得相应的接触压力值 p_0、p_1 和 p_2，然后求得扁铲水平应力指数 K_D 和扁铲侧胀模量 E_D，最后得到土体处理前和处理后 15d 的不排水抗剪强度

C_u和扁铲压缩模量 M 随测试深度变化曲线，见图 11-14。

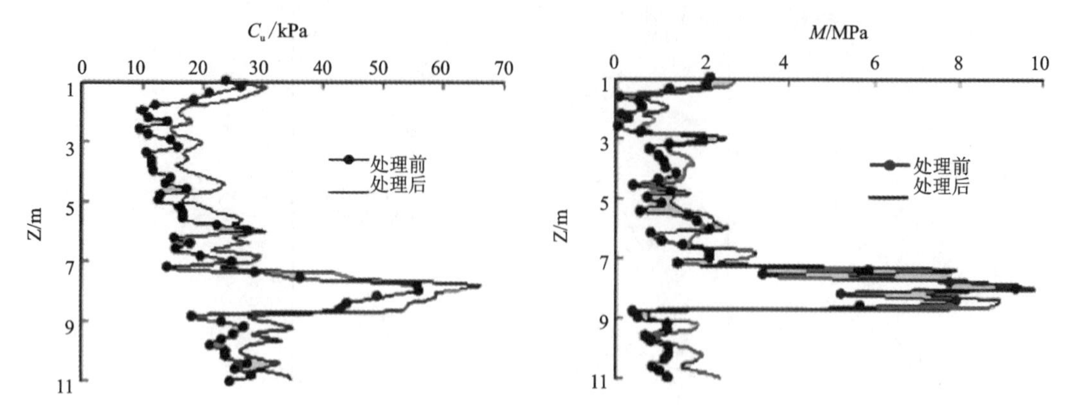

图 11-14　不排水抗剪强度 C_u和扁铲压缩模量 M 随测试深度变化曲线

从上图对比结果可知，长板短桩处理深厚饱和软弱地基土效果是非常明显的，不仅可以通过塑料排水板加快排水固结进程，提高桩间土强度，而且由于水泥搅拌桩存在而大幅提高复合地基强度和变形模量。

（1）扁铲侧胀试验仪器设备主要包括哪些？

（2）扁铲探头的工作原理是什么？

（3）为什么要在试验前和试验后对扁铲探头进行标定？

（4）扁铲侧胀消散试验有哪几种方法？请说明 DMT-A 消散试验方法。

（5）说明水平应力指数 K_D的物理意义，为什么可以用水平应力指数 K_D来鉴别超固结土坡的滑动面？

（6）说明侧胀模量 E_D与杨氏模量 E 和压缩模量 M 的区别，为什么要对侧胀模量 E_D进行修正才能得到土的变形模量？

第十二章　波速试验

第一节　概　述

弹性波在土中传播的速度反映了土的弹性性质，这对于工程抗震、动力机器基础设计都是有实际意义的。弹性波可以分为两大类，即体波和面波。在弹性介质内部传播的波称为体波。当弹性波传播时，如质点振动方向与波的传播方向一致，称为压缩波，如相互垂直则称为剪切波。如弹性波在介质表面或不同弹性介质交界面上传播，除了压缩波与剪切波仍存在之外，其主要能量由一新的波——面波来传播。在弹性介质的表面，则以瑞利波的形式出现，其质点振动轨迹呈椭圆状。瑞利波按逆时针方向运动。

在自然界中，大多数的岩石可以看作弹性体。但对于土来说，只有在小应变的情况下才被视作弹性体。尤其是对于饱和土，其孔隙中充满了水。水在封闭的孔隙中承受压缩时，表现了一种不可压缩性，因此可以传播压缩波，水的压缩波波速(V_p=1300～1500m/s)，远大于土骨架传递的压缩波波速(V_p=300m/s 左右)。这种现象启示我们，在饱和土中的压缩波波速并不反映土骨架的弹性性质，而是反映水的性质，并且是一常数。因此，测土中的压缩波波速 V_p是没有意义的。对于非饱和土，随着含水率的不同，土的压缩波波速也呈现一种不确定性，因此一般也不用测算。只有岩体除外，因为岩石的压缩波波速 V_p可达 3500m/s 以上，远大于水的波速。另外，土中的孔隙水不能承受剪切变形，不能传递剪切波。剪切波在土中传播时，只受土骨架的剪切变形控制。土的弹性波波速测试，主要是测试剪切波传播速度 V_s。

波速测试(Wave Velocity Test)是利用波速确定地基土的物理力学性质或工程指标的现场测试方法。测试目的是根据弹性波在岩土体内的传播速度，间接测定岩土体在小应变条件下(10^{-4}～10^{-6}mm)动弹性模量等参数。波在地基土中的传播速度是地基土在动力荷载作用下所表现出的工程性状之一，也是建(构)筑物抗震设计的主要参数之一。根据《土工试验方法标准》(GB/T 50123—2019)，波速测试可以采用单孔法、跨孔法和面波法。地基土的波速测试可以应用于以下目的：

(1)划分场地类型，计算场地的基本周期。

(2)提供地震反应分析所需的地基土动力参数，如动剪切模量和阻尼比等。

(3)提供动力机器基础设计所需的地基土动力参数，如抗压、抗剪、抗扭刚度及刚度系数、阻尼等。

(4)判断地基土液化的可能性。

(5)用来评价地基土的类别和检验地基加固效果。

第二节　单孔法波速测试

一、基本原理

单孔法波速测试可分为单孔孔下法波速测试、单孔孔上法波速测试(图 12-1)。单孔孔下法波速测试是在孔口地面设置振源,在唯一的一个钻孔中需要探测的深度处放置拾振器,主要检测水平的剪切波(S 波)和压缩波(P 波)的波速。单孔孔上法波速测试则是将振源放置在孔内一定深度,将拾振器放置在地面。单孔法波速测试直接得到的是几个土层的平均波速,需要通过换算才可以得到各个土层的波速。

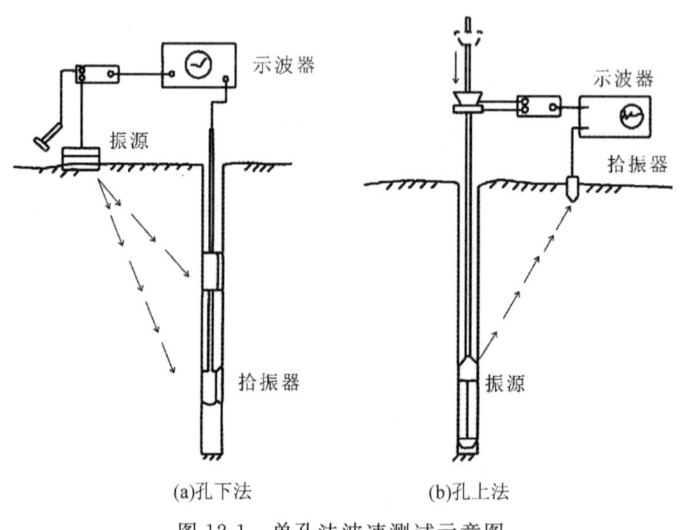

图 12-1　单孔法波速测试示意图

1. 基本假定

(1)地下介质为水平层状地层模型。

(2)剪切波速在水平方向均匀分布,而在垂直方向随深度变化。

2. 公式推导

定义坐标系原点为钻孔孔口,z 轴沿钻孔向下为正,x 轴向右为正,单孔剪切波速法测试原理如图 12-2 所示。设测点深度为 h_1,从拾振器到钻孔口距离为 d_x。

1)正演公式

对于第 1 个测试点 h_1,设深度 h_1 以上土层的剪切波速度为 V_{s1},剪切波射线长度为 L_1,它与钻孔轴线夹角为 θ_1,根据三角关系,射线长度 L_1 为:

$$L_1 = \frac{h_1}{\cos\theta_1} \tag{12-1}$$

则剪切波到达测点 h_1 的走时 t_1 为:

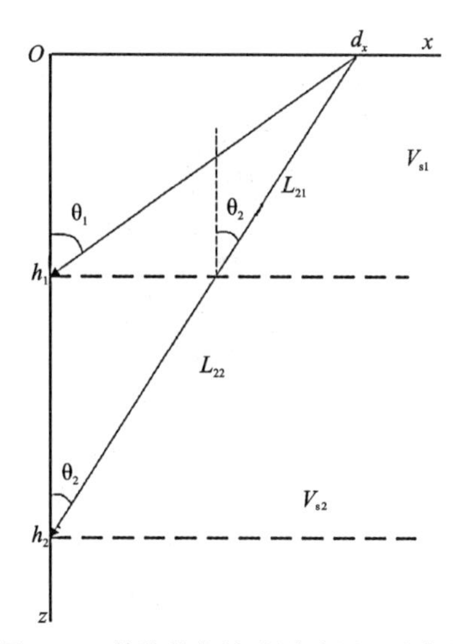

图 12-2　单孔剪切波速测试原理示意图

$$t_1 = \frac{L_1}{V_{s1}} = \frac{h_1}{\cos\theta_1 V_{s1}} \tag{12-2}$$

对于第 2 个测试点 h_2，设深度 $h_1 \sim h_2$ 土层的剪切波速度为 V_{s2}，剪切波射线长度为 L_2，它与钻孔轴线的夹角为 θ_2。而 L_2 又可分为 L_{21} 和 L_{22} 两段，其中，L_{21} 段对应的波速为 V_{s1}，L_{22} 段对应的波速为 V_{s2}。根据三角关系，两段射线的长度 L_{21} 和 L_{22} 分别为：

$$L_{21} = \frac{h_1}{\cos\theta_2} \tag{12-3}$$

$$L_{22} = \frac{h_2 - h_1}{\cos\theta_2} \tag{12-4}$$

则剪切波到达测点 h_2 的走时 t_2 为：

$$t_2 = \frac{L_{21}}{V_{s1}} + \frac{L_{22}}{V_{s2}} = \frac{h_1}{\cos\theta_2 V_{s1}} + \frac{h_2 - h_1}{\cos\theta_2 V_{s2}} = \frac{1}{\cos\theta_2}\left(\frac{h_1}{V_{s1}} + \frac{h_2 - h_1}{V_{s2}}\right) \tag{12-5}$$

同理可得剪切波到达测点 h_3 的走时 t_3 为：

$$t_3 = \frac{L_{31}}{V_{s1}} + \frac{L_{32}}{V_{s2}} + \frac{L_{33}}{V_{s3}} = \frac{1}{\cos\theta_3}\left(\frac{h_1}{V_{s1}} + \frac{h_2 - h_1}{V_{s2}} + \frac{h_3 - h_2}{V_{s3}}\right) \tag{12-6}$$

根据以上推导，可得剪切波到达任意测点的走时 t_i 为

$$t_i = \frac{1}{\cos\theta_i}\left(\frac{h_i - h_{i-1}}{V_{si}} + \sum_{j=1}^{i-1} \frac{h_j - h_{j-1}}{V_{sj}}\right) \tag{12-7}$$

式中：

$$\theta_i = \arctan\left(\frac{d_x}{h_i}\right) \tag{12-8}$$

2)反演公式

反演公式可由正演公式变形得到：

$$V_{si} = \frac{h_i - h_{i-1}}{t_i \cos\theta_i - \sum_{j=1}^{i-1} \frac{h_j - h_{j-1}}{V_{sj}}} \tag{12-9}$$

式中：V_{si}、V_{sj}为第i个和第j个测点深度处的剪切波速(m/s)；h_i、h_j为第i个和第j个测点的深度(m)；t_i为第i个测点深度的到时(s)；θ_i为第i个测点到激发点的连线与孔轴向的夹角(°)。

使用式(12-7)计算时，沿钻孔从上到下顺序计算。

二、仪器设备构成

单孔法波速测试所需的仪器设备一般包括以下两部分：

(1)弹性波激发装置(简称振源)。

(2)弹性波接收装置(包括检波器或拾振器、放大器及记录显示器)。通常，振源可以采用人工激发和超声波两种。人工激发是一种最简单的方法，也最普遍，详见图12-3。

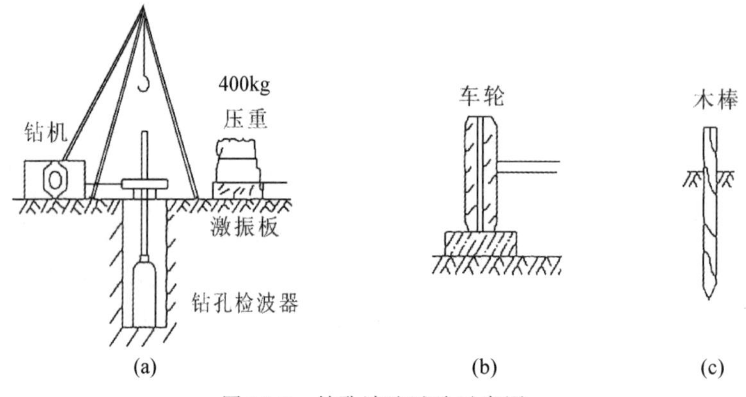

图12-3　钻孔波速试验示意图

上图介绍了国内外常用的3种激振方法，最简单的是在地面插根短棒，如图12-3(c)所示。图12-3(a)、(b)、(c)3种方法产生的剪切波是不同的。应该说，激振板越长，剪切波的频率越低；压重越重，剪切波能量越大。所以，要求测试的土层越厚，图12-3(a)所示方法更适宜。

如果在敲击锤上已连接了仪器的触发装置，那么激振板下可以不放置触发传感器。如要设置，必须保持检波器信号接收方向与激振方向一致，但与波的传播方向垂直。弹性波接收装置如图12-4(a)所示，孔内测点布置方式见图12-4(b)。

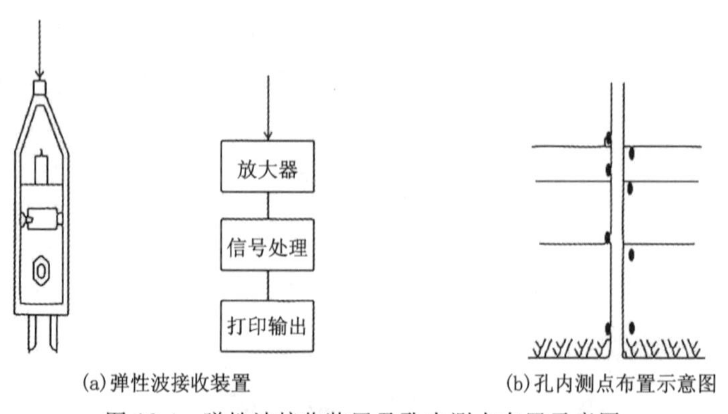

(a)弹性波接收装置　　(b)孔内测点布置示意图

图12-4　弹性波接收装置及孔内测点布置示意图

三、试验方法

1. 现场布置

在指定测试地点打钻孔，垂直度要求与一般勘探孔一样。离开孔口 1～1.5m 布置激振装置。如果被测土层不厚、较硬或泥浆护壁后不会坍孔，测试前可将钻机移走；否则，钻机应留在孔位上备用。如孔内检波器没有在孔壁上固定的装置，则需钻机协助。

2. 孔内测点布置原则

一般应结合土层的实际情况布置测点，测点在垂直方向上的间距宜取 1～3m，层位变化处应加密，具体按照下列原则布置：

(1)每一土层都应有测点，每个测点宜设在接近每一土层的顶部或底部处，尤其对于薄层，不能将测点设在土层的中点。

(2)若土层厚度小于 1m，可以忽略；若土层厚度超过 4m，须增加测点。通常可以每间隔 1～2m设置一个测点。

(3)测点设置须考虑土性特点。如各土层相对均匀，可以考虑等间隔布置，否则只能根据土层条件按不等间隔布置。

3. 测试步骤

(1)向孔内放置三分量检波器，在预定深度固定(气压固定、机械固定)于孔壁上，并紧贴孔壁。

(2)测点布置。根据最小测试深度 h_1、测点间隔 dh 和测点个数 n，可确定各测点的坐标为：

$$h_1 = h_1 + (i-1)\mathrm{d}h \ (i=1,2,\cdots,n) \tag{12-10}$$

(3)激发。一般采用地面激振，距钻孔孔口距离为 d_x 处埋设一厚木板，用大锤分别锤击木板的两端，产生正向、反向的剪切波。

(4)接收。采用三分量检波器，在钻孔的不同深度 h_i 处分别记录正向、反向剪切波的波形，检查记录波形的完整性及可判读性。

(5)如发现接收仪记录的波形不完整，或无法判读，则须重做，直至正常为止。

四、资料整理

资料整理的核心部分是确定由激发点至波动信号接收点之间的传播时间。除了有些数字化仪器可以直接读出传播时间之外，均须进行下列分析：

(1)确定激发波形的起始点，即波动起始时间。

(2)在接收波形中确定剪切波的起始点。由于弹性波在土体内(相当于弹性介质内传播)可形成压缩波和剪切波，可按以下方法进行压缩波和剪切波的甄别：

①波速不同。压缩波速度快，剪切波速度慢，因此压缩波先到达，剪切波后到达。

②波形特征。压缩波传递的能量小，波峰小，剪切波传递的能量大，波蜂大，并且二者的频率不一致，当剪切波到达时，波形曲线上会有个突变，以后过渡到剪切波波形。

压缩波记录的长度取决于测点深度。测点越深，离开振源越远，压缩波的记录长度就越长，如图 12-5(a)所示。图 12-5(b)中波形是在离孔口 5m 深处记录所得，其压缩波记录长度要短得多。如在孔口记录，波形中就不会出现压缩波。当测点深度大于 20m 或更深时，由于压缩波能量小，衰减较快，一般放大器有时候测不到压缩波波形，记录下来的波形图只有剪切波，这样就更容易鉴别了。

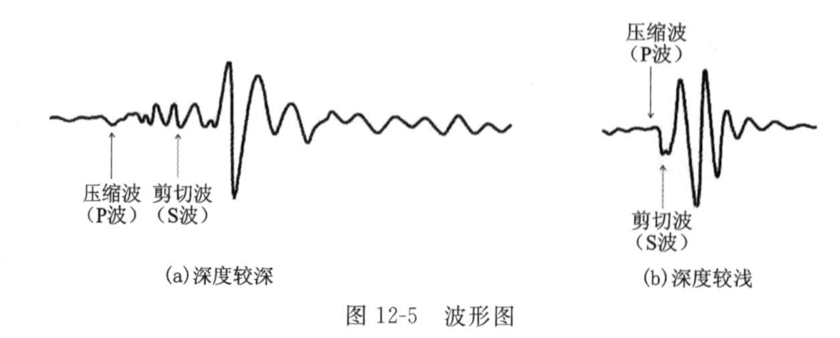

图 12-5 波形图

第三节 跨孔法波速测试

所谓跨孔法波速测试，就是利用相隔一定间距的两个平行钻孔，一个孔设置激振器作为振源，另一个孔放置检波器接收信号，如图 12-6 所示。

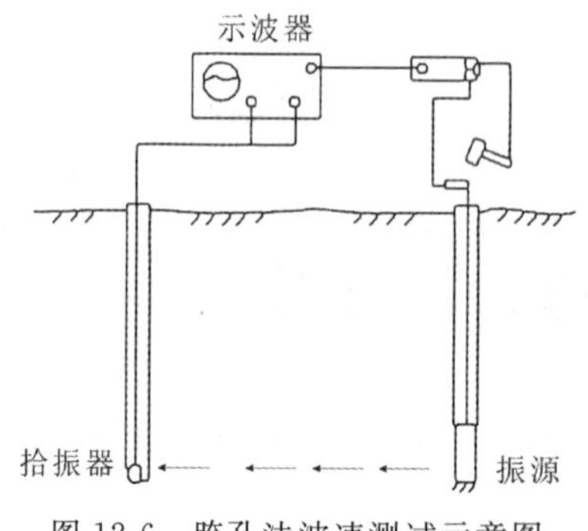

图 12-6 跨孔法波速测试示意图

一、基本原理

跨孔法波速测试的原理仍然是直达波原理，但是其振源产生的剪切波质点振动方向是垂直向，波传播方向为水平向，通常称为 S_V 波，不同于单孔法波速测试的 S_H 波。

二、仪器设备构成

与单孔法波速测试相同，跨孔法波速测试的仪器设备主要由振源、接收器、放大器和记录仪组成，但其激发装置是可固定于钻孔内的双头锤，如图 12-7 所示。

该锤的形式主要是两侧有固定撑，中间为锤垫，锤垫中间穿孔，将上、下两个撞击锤串连成一体。锤由绳索连接，引至孔口。向上拉绳索，产生向上撞击；放松绳索，产生向下撞击，由此产生起始振动方向不同的 S_V 波。钻头及钻杆也可作为激发装置，如图 12-8 所示。

此时钻进深度必须配合测点位置。当钻头钻至指定位置时，只需在钻杆上绑扎一个检波器，作为起振信号的接收装置，用手锤敲击钻杆顶或把手底，即可得到起始振动方向不同的 S_V 波。

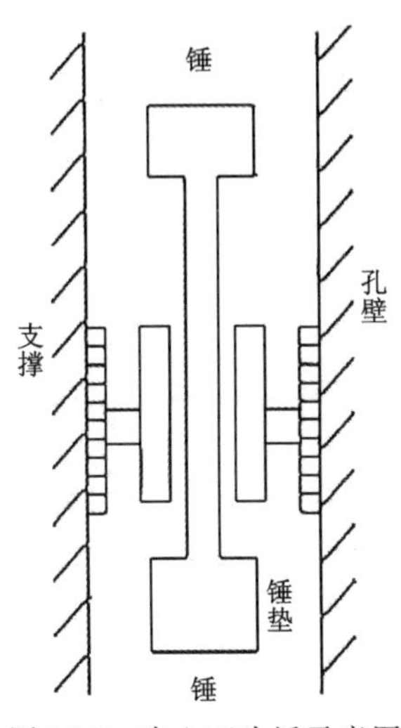

图 12-7　串心双头锤示意图

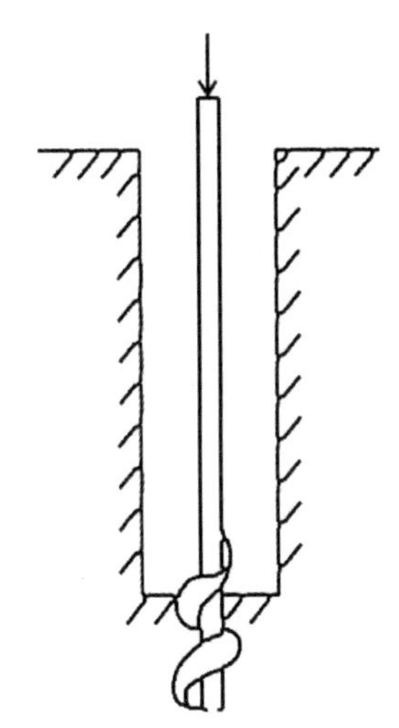

图 12-8　利用钻杆激发示意图

三、试验方法

1. 测孔布置

在测试点打 2～3 个垂直的互相平行的钻孔，1 个为激发孔，其他为接收孔，孔距在土层中宜为 2～5m，在岩层中宜为 8～15m。孔距选择与岩土性有关，对于松软土地区，激发孔与接收孔之间的距离不宜超过 4m，不然接收到的波形较难分析。如果激发能量大一些，孔距可适当放大。钻孔垂直度是保证取得真实波速值的基础，因此，对钻孔进行倾斜度的测试是必要的，一般当测试深度大于 15m 时，应进行激振孔与测试孔倾斜度和倾斜方位的测量，测点间距宜取 1m。

2. 孔内测点布置

(1)测点垂直间距宜取 1～2m，近地表测点宜布置在 0.4 倍孔距的深度处，振源和检波器应置于同一地层的相同标高处。

(2)由于激发孔与接收孔相距 4m 左右，而且剪切波是水平传播的，因此，软、硬土层交界面的影响更为突出，不能像图 12-9 所示将测点布置在软硬层界面附近，要防止测试中剪切波在硬土层中折射。因为折射剪切波先于软土层中剪切波到达检波器，结果测到的是折射剪切波速度而造成硬土层错位，见图 12-10。

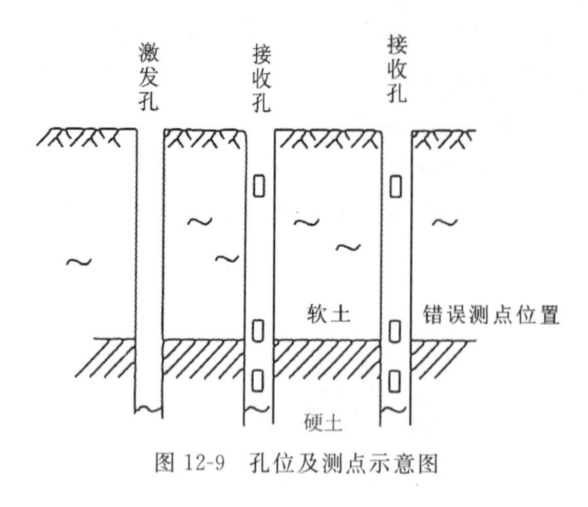

图 12-9 孔位及测点示意图

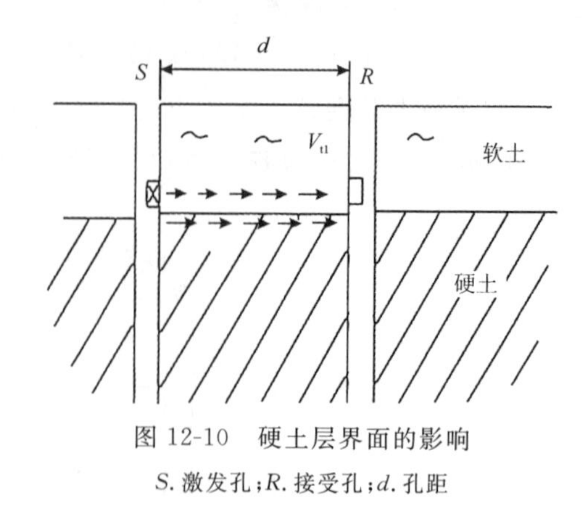

图 12-10 硬土层界面的影响

S. 激发孔；R. 接受孔；d. 孔距

3. 测试步骤

（1）将激发器与接收器同时分别放入两个孔内至预定的测点标高，并予以固定。

（2）调试仪器至正常状态。

（3）驱动锤击激发器，检查接收信号是否正常，如正常即予以储存。由接收到的信号算出剪切波在土中的传播时间。

（4）初步验算 V_s 值，检验是否在合理范围之内。如正常，继续进行下一点测试。

四、资料整理

（1）根据测斜的成果，整理出各测点在测试平面上的偏移距离，计算出激发点与接收点之间的实际距离，如图 12-11 所示。

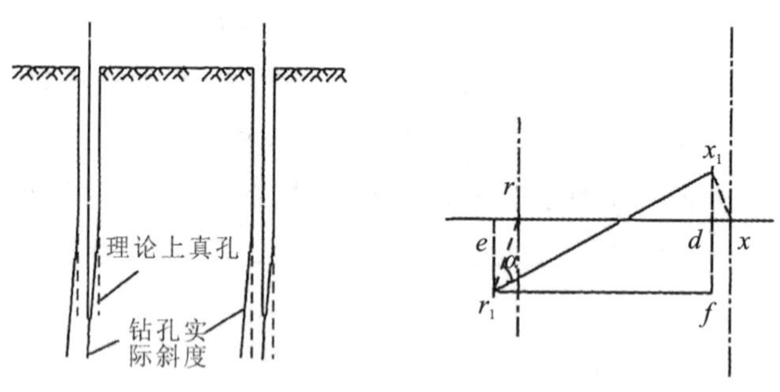

图 12-11 孔斜对传播距离的影响

由测斜可知 xr 是理论的传播距离，实际传播距离为 x_1r_1，可由式(12-11)求得：

$$x_1r_1 = \sqrt{(r_1f)^2 + (x_1f)^2} \tag{12-11}$$

式中：$r_1f = rx + re - xd$；$x_1f = x_1d + r_1e$。

（2）由式(12-12)求得水平传播剪切波波速 V_s：

$$V_s = \frac{x_1r_1}{t} \tag{12-12}$$

式中：t 为实际的传播时间(s)；$x_1 r_1$ 为实际的传播距离(m)。

(3)注意土层交界面处波速值的合理性。如该值与地质分层有矛盾，即高于或低于土层可能的波速值时，应以地质勘察报告的分层为准。测到的波速值归入相应土层内统计，不以测点位置为准，因为此波速值的异常是由波在硬层(高速层)中折射引起的。

(4)其他计算同单孔法波速测试。

第四节　面波法波速测试

一、稳态振动法

1. 基本原理

如在地表施加一频率 f 的稳态振动，振动能量以面波的形式向四周传播。该面波的波速 V_R 可由下式确定：

$$V_R = fL \tag{12-13}$$

式中：f 为稳态振动频率，即面波的波动频率(Hz)；L 为面波波长(m)。

面波的波速 V_R 与土的性质相关。相同类别土层的波速 V_R 被认为是一定的(有频散现象的除外)，因此，面波波长 L 也将随着波动频率的不同而变化。由于稳态振动频率 f 可以人为控制，只要测出面波波长 L，就可求得 V_R。

2. 仪器设备构成

振源通常采用机械式激振器或电磁式激振器，见图 12-12。前者振动能量较大，频率较低，传播距离较远；后者频率高，衰减较快，传播距离短。

接收设备由拾振器、放大器和计算机(作为数据采集处理设备)组成。其中，拾振器必须是宽频带的，并与激振器的频率范围相一致。

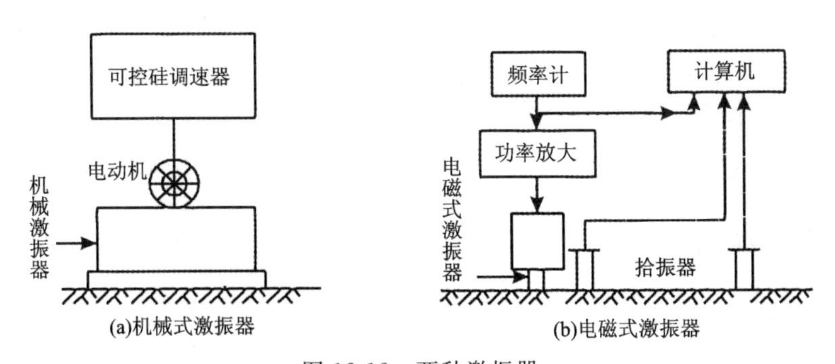

图 12-12　两种激振器

3. 试验方法

现场布置如图 12-12(b)所示。在选定的测点布置好激振器。由垫板边作为起点，向外延伸。布置一皮尺，测试时拾振器与垫板的间距可由皮尺读出。

如场地比较均匀又不太大时，可选择 1 个点，并沿 3 个方向做试验；否则，增加测点。具体测试步骤如下：

(1)将拾振器紧贴垫板，开动激振器，见图 12-13(a)。

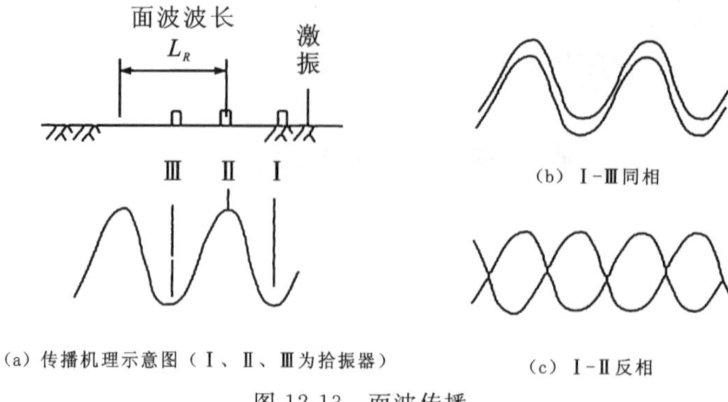

图 12-13 面波传播

(2)计算机屏幕显示，由拾振器测到的波动信号与频率计输入的波形在相位上是一致的，如图 12-13(b)所示。

(3)移动拾振器一定距离，此时两个波形相差一定相位。

(4)继续移动拾振器，如相位反向，即差 180°，如图 12-13(c)所示。此时，拾振器与垫板之间距离为半波长 $L/2$，量出 $L/2$ 的实际长度，并记录。

(5)再次移动拾振器，使两个波形相位重新一致。此时，拾振器与垫板的间距为 1 个波长 L，见图 12-13(a)，依此类推，$2L$、$3L$ 均可测得。

4. 资料整理

(1)将实测波的频率 f、波数及波长 L 整理成表或图的形式。

(2)求得在各个频率下的 V_R 值，取平均值，即为场地的面波波速。

(3)剪切波速 V_s 比面波波速 V_R 略大，并随泊松比 μ 由 0 增至 0.5 时，V_R 值接近 C 值。由于土层的泊松比一般为 0.3～0.5，尤其是饱和软黏土，其泊松比 μ 都在 0.45～0.5 之间，因此，$V_R/V_s=0.98$ 左右。

(4)由于测试的是面波，其反映的土层厚度一般认为是半波长，即有效深度为 $H=L/2$。

二、瞬态瑞利波法

瞬态瑞利波勘探方法是一种新的浅层地震勘探方法。它可以快速、经济地测定岩土层的瑞利波速度，由瑞利波速度换算成横波速度，用于评价岩土体工程性质。与以往的地震勘探方法的差别在于它应用的不是纵波和横波，而是以前被视为干扰波的面波。众所周知，面波具有频散的特性，即其传播的相速度随频率改变而改变。这个频散特性可以反映地下构造的一些特性。

瞬态瑞利波法是用锤击使地面产生一个包含所需频率范围的瞬态激励。离震源一定距离处有一观测点 A，记录到的瑞利波是 $f_1(t)$，根据傅立叶变换，其频谱为：

$$F_1(\omega) = \int_{-\infty}^{\infty} f_1(t)\mathrm{e}^{-i\omega t}\mathrm{d}t \tag{12-14}$$

式中：ω 为频率；e 为自然对数；t 为时间。

在波的前进方向上与 A 点相距为 ΔA 的观测点 B 同样也记录到时间信号 $f_2(t)$，其频谱为：

$$F_2(\omega) = \int_{-\infty}^{\infty} f_2(t)e^{-i\omega t}\mathrm{d}t \tag{12-15}$$

假如波从 A 点传播到 B 点，它们之间的变化纯粹是由频散引起的，则应有下面的关系式：

$$F_2(\omega) = F_1(\omega)e^{-i\omega\frac{\Delta}{V_R(\omega)}} \tag{12-16}$$

式中：$V_R(\omega)$是圆频率为 ω 的瑞利波相速度。

式(12-16)又可写成：

$$F_2(\omega) = F_1(\omega)e^{-i\varphi} \tag{12-17}$$

式中：φ 为 $F_2(\omega)$和 $F_1(\omega)$之间的相位差。

比较式(12-16)和式(12-17)，可以看出：

$$\varphi = \frac{\omega\Delta}{V_R(\omega)} \tag{12-18}$$

即：

$$V_R(\omega) = 2\pi f\Delta/\varphi \tag{12-19}$$

根据式(12-19)，只要知道 A、B 两点间的距离 Δ 和每一频率的相位差 φ 就可以求出每一频率的相速度 $V_R(\omega)$，从而可以得到勘探地点的频散曲线。为此，需要对 A、B 两观测点的记录作相干函数和互功率谱的分析。

作相干函数分析的目的是对记录信号的各个频率成分的质量作出估计，并判断噪声干扰对有效信号的影响程度。根据野外现场的实际情况，可以确定一个系数(介于 0～1.0 之间)，当相干函数大于这个系数，就认为这个频率成分有效；反之，就认为这个频率成分无效。作互功率谱分析的目的是利用互谱的相位特性来求出这两个观测点在各个不同频率时的相位差，再利用式(12-19)，求出瑞利波的速度 V_R。

当已知频率为 f 的瑞利波速度 V_R后，其相应的波长为$\lambda_R=V_R/f$。根据弹性波理论，瑞利波的能量主要集中在介质的自由表面附近，其深度差不多在一个波长深度范围内。由半波长理论可知，所测量的瑞利波平均速度 V_R可以认为是 1/2 波长深度处介质的平均弹性性质，即勘探深度 H：

$$H = \frac{\lambda_R}{2} = \frac{V_R}{2f} \tag{12-20}$$

由式(12-20)可知，频率越高，波长 λ_R越短，勘探深度越小；反之，频率越低，波长λ_R越长，勘探深度越大。因此两个观测点之间的距离 A 也要随着波长的改变而改变。对于勘探深度较深的低频而言，Δ 要变大，才能测到较为正确的相位。对于勘探深度较浅的高频来说，Δ 要变小。根据实际经验，A 取$\lambda_R/3$～$2\lambda_R$较为合适。即在一个波长内采样点数要小于在 A 间的采样点数的 3 倍和大于在 A 间的采样点数的 0.5 倍。这个滤波准则对不同的仪器分辨率和场地的实际情况要作适当的调整。

根据瞬态法测得的瑞利波速度，通常需转化为横波速度。因为实践证明横波速度与岩土的力学性质关系最为密切。

只要知道了横波速度，就可以根据它与各种介质的力学参数关系式来计算各种动力参数，如剪切模量、泊松比等。这些岩土动力参数对于工程设计都很重要。根据统计资料表明，V_R和V_s之间的关系可用下式来表示：

$$V_R = \frac{0.87 + 1.12\mu}{1+\mu} V_s \tag{12-21}$$

式中：μ为泊松比。

第五节　试验成果的工程应用

一、场地土类型的划分

利用波速测试成果，可根据表12-1进行场地土类型的划分。

表12-1　土的类型划分

土的类型	岩土名称和性状	土的剪切波速范围/($m \cdot s^{-1}$)
岩石	坚硬、较硬且完整的岩石	$V_s>800$
坚硬土或软质岩石	稳定岩石、密实的碎石土	$800 \geqslant V_s>500$
中硬土	中密、稍密的碎石土，中密的砾、粗、中砂，承载力$f_{ak}>200$kPa的黏性土和粉土，坚硬黄土	$500 \geqslant V_s>250$
中软土	稍密的砾、粗、中砂，除松散外的细粉砂，$f_{ak} \leqslant 200$kPa的黏性土和粉土，$f_{ak}>130$kPa的填土，可塑黄土	$250 \geqslant V_s>140$
软弱土	淤泥和淤泥质土、松散的砂、新近沉积的黏性土和粉土、$f_{ak} \leqslant 130$kPa的填土、流塑黄土	$V_s \leqslant 140$

注：f_{ak}为由载荷试验等方法得到的地基承载力特征值(kPa)；V_s为岩土剪切波速(m/s)。

二、建筑场地覆盖层厚度的确定

(1)一般情况下，应按地面至剪切波速大于500m/s的土层顶面的距离确定。

(2)当地面5m以下存在剪切波速大于相邻上层土剪切波速2.5倍的土层，且其下卧岩土的剪切波速均不小于400m/s时，可按地面至该土层顶面的距离确定。

(3)剪切波速大于500m/s的孤石、透镜体，应视同周围地层。

(4)土层中的火山岩硬夹层应视作刚体，其厚度应从覆盖土层中扣除。

三、土层等效剪切波速的计算

土层的等效剪切波速和剪切波在地面至计算深度之间的传播时间计算公式如下：

$$V_{se}=\frac{d_0}{t} \tag{12-22}$$

$$t=\sum_{i=1}^{n}\left(\frac{d_i}{V_{si}}\right) \tag{12-23}$$

式中：V_{se}为土层等效剪切波速（m/s）；d_0为计算深度（m），取覆盖层厚度和20m二者中的较小值；t为剪切波在地面至计算深度之间的传播时间（s）；d_i为计算深度范围内第i土层的厚度（m）；V_{si}为计算深度范围内第i土层的剪切波速（m/s）；n为计算深度范围内土层的分层数。

四、建筑场地类别划分

按等效剪切波速和场地覆盖层厚度可对场地进行划分，共分4类场地，见表12-2。当有可靠的剪切波速和覆盖层厚度且其值处于表12-2所列场地类别的分界线附近时，允许按插值方法确定地震作用计算所用的设计特征周期。

表12-2 各类建筑场地的覆盖层厚度

等效剪切波速/($m\cdot s^{-1}$)	场地类别				
	I_0	I_1	Ⅱ	Ⅲ	Ⅳ
$V_{se}>800$	0				
$800\geq V_{se}>500$		0			
$500\geq V_{se}>250$		<5	≥5		
$250\geq V_{se}>150$		<3	3～50	>50	
$V_{se}\leq 150$		<3	3～15	15～80	>80

五、判别砂土或粉土地基的地震液化

剪切波速越大，土越密实，土层越不易液化。据此，国内外都在应用剪切波速来评价砂土或粉土地基的地震液化问题。

第六节 工程案例

一、工程概况

某建筑位于全国烈度区划图六度区内，按照国家抗震规范有关规定，各类工程建设都应考虑抗震设防和地震安全性评价及场地类别评价工作。为此，对建筑场地进行了土层剪切波速及场地类别评定工作。现场对K6、K12、K18、K21、K46、K50号钻孔进行了土层剪切波速测试，检测按《建筑抗震设计规范》(GB 50011—2010)（2016年修订版）、《地基动力特性测试规范》(GB/T 50269—2015)执行。

二、地层概况

根据勘察资料显示，测试孔岩土层如下：1 素填土；2-1 粉土夹粉质黏土；2-2 粉质黏土夹粉土；2-3 粉砂夹粉土；3 淤泥质粉质黏土；4-1 黏土；4-2 粉质黏土；5-1 黏土；5-2 黏土；6-1 粉质黏土夹粉土；6-2 粉砂夹粉质黏土；7 粉砂；8 细砂。

三、波速测试

测试方法采用单孔法，波速检测仪型号为 SR-SW。利用已经钻好的钻孔，将激振板置于井口 1～3m 处，并使其中点与井口的连线垂直于激振板，同时在其上加压整体性较好的重物(1t 以上)，然后锤击激振板产生剪切波，并通过置于井内的三分量拾振器将土的振动历程输入仪器，经电脑分析，获得各测点剪切波到时，经计算可得到各土层的剪切波速(现场测试示意图见图 12-14)。处理后得到各土层的剪切波速，进而确定建筑的场地类别。

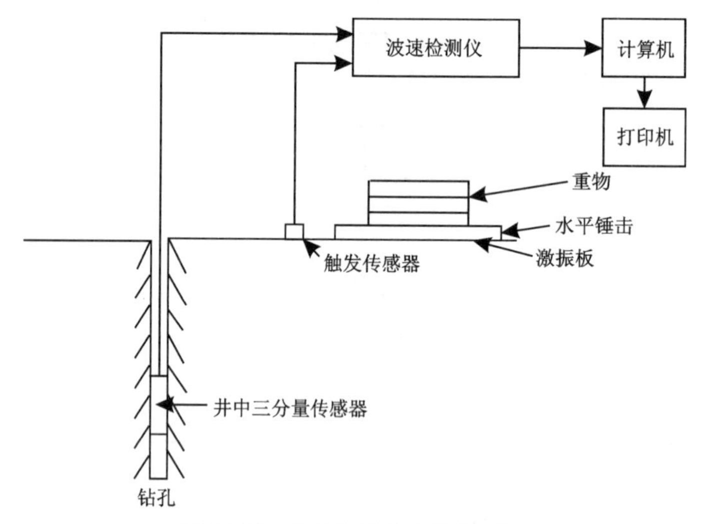

图 12-14　单孔法测试系统示意图

在场区内选择 6 个具有代表性的钻孔 K6、K12、K18、K21、K46、K50，采用单孔法在孔中进行土层剪切波速测试。按规范要求，每一土层都至少有 1 个测点，当某一土层厚度较大时，每 1m 左右测 1 个点，在一个测试深度上重复测试多次，获得各孔土层剪切波速度随深度分布，并绘制成土层剪切波速-深度曲线。

四、数据资料整理及测试成果分析

4.1　资料整理

根据场地 6 个钻孔土层剪切波速实测值和勘察资料，将地面以下覆盖层内土层厚度与各层剪切波速度计算出土层的等效剪切波速值，其结果及覆盖层厚度见表 12-3，典型钻孔测试综合结果及每层的波速详见图 12-15。

表 12-3　各孔等效剪切波速值及覆盖层厚度

<table>
<tr><th>序号</th><th>孔号</th><th>等效剪切波速度/(m·s^{-1})</th><th>覆盖层厚度/m</th><th>备注</th></tr>
<tr><td>1</td><td>K6</td><td>173.4</td><td>>50</td><td rowspan="6">覆盖层厚度根据区域地质资料确定</td></tr>
<tr><td>2</td><td>K12</td><td>177.6</td><td>>50</td></tr>
<tr><td>3</td><td>K18</td><td>179.8</td><td>>50</td></tr>
<tr><td>4</td><td>K21</td><td>183.5</td><td>>50</td></tr>
<tr><td>5</td><td>K46</td><td>181.2</td><td>>50</td></tr>
<tr><td>6</td><td>K50</td><td>179.4</td><td>>50</td></tr>
</table>

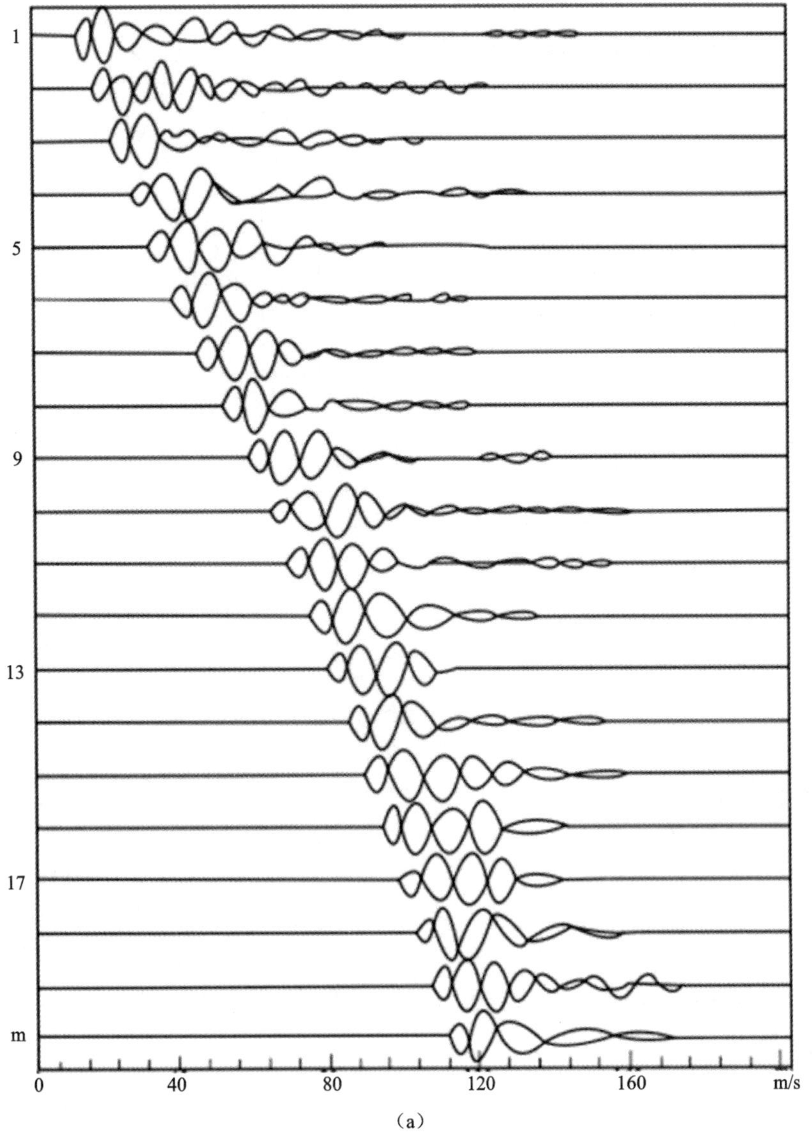

(a)

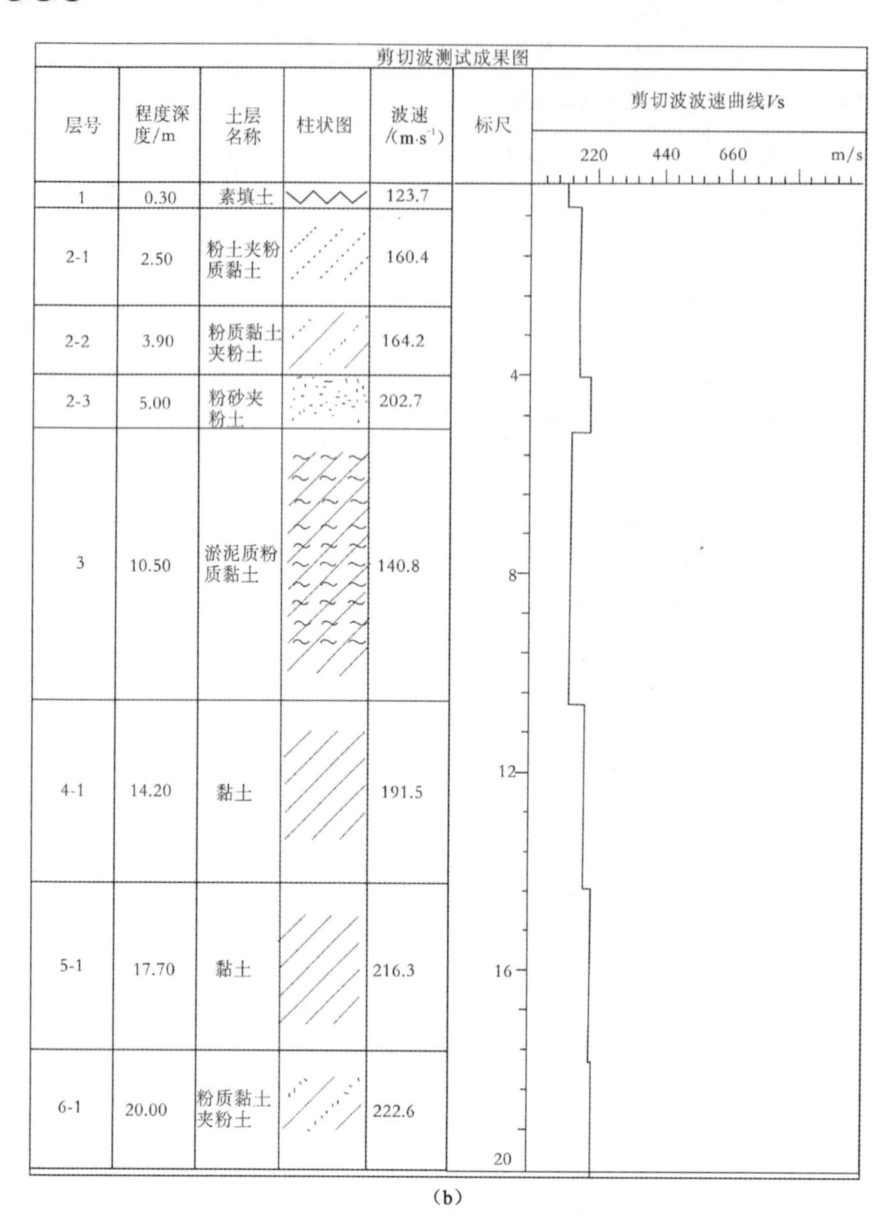

(b)

图 12-15 典型钻孔测试综合结果及每层的波速

4.2 成果分析

根据各个钻孔实际测试得到的波速值，结合钻孔地层分层及试验结果，计算得到各钻孔地层参数。土层等效剪切波速的计算深度取覆盖层厚度和 20m 两者的较小值。

《建筑抗震设计规范》(GB 50011—2010)(2016 年修订版)规定，建筑场地类别划分标准：根据岩石的剪切波速或土层等效剪切波速和场地覆盖层厚度将场地划分为四类，综合确定本场地类别为Ⅲ类。

(1)波速测试的意义及测试方法有哪些?

(2)单孔法波速测试的现场测试中,应注意哪些问题?

(3)跨孔法波速测试的现场测试中,应注意哪些问题?

(4)波速测试的成果应用体现在哪几个方面?

(5)某场地的地质剖面构成如下:表土层厚 1.5m,波速 80m/s;粉质粉土层厚 6.0m,波速 210m/s;粉细砂层厚 11.5m,波速 243m/s;砾石层厚 7.0m,波速 350m/s;砾岩埋深 26m,波速 750m/s,砾岩以下岩层的剪切波速均大于 500m/s,试判定场地类别。

第十三章　岩体原位测试

岩体应力现场测试的目的是了解岩体中存在的应力大小和方向，从而为分析岩体工程的受力状态以及为岩体加固支护提供依据。岩体应力测量还是预报岩体失稳破坏以及预报岩爆的有力工具。岩体应力测量可以分为岩体初始应力测量和地下工程应力分布测量，前者是为了测定岩体初始地应力场，后者则是为了测定岩体开挖后引起的应力重分布状况。

原始地应力测量就是确定存在于拟开挖岩体及其周围区域未受扰动的三维应力状态。岩体中一点的三维应力状态可由选定坐标系中的 6 个分量（σ_x、σ_y、σ_z、τ_{xy}、τ_{xz}、τ_{yz}）来表示，如图 13-1 所示。这种坐标系是可以根据需要任意选择的，但一般取地球坐标系作为测试坐标系。由 6 个应力分量可求得该点 3 个主应力的大小和方向，且是唯一的。在实际测量中，每一测点所涉及的岩石可能从几立方厘米至几千立方米，这取决于采用何种测量方法。但无论大小，对于整个岩体而言，仍可近似视为一个点。虽然有测定大范围岩体内的平均应力的方法，如超声波等地球物理方法，但这些方法不很准确，因而远没有“点”测量方法普及。由于地应力状态的复杂性和多变性，要比较准确地测定某一地区的地应力，就必须进行足够数量的“点”测量，在此基础上，才能借助数值分析、数理统计、灰色建模和人工智能等方法，进一步描绘出整个地区的全部地应力场状态。

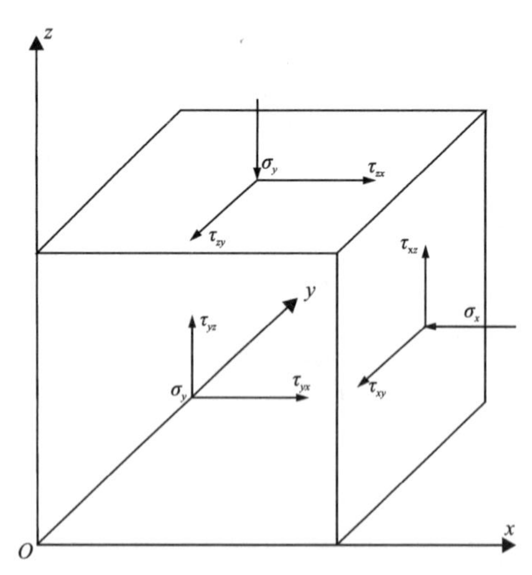

图 13-1　岩体中任一点三维应力状态示意图

为了进行地应力测量，通常需要预先开挖一些洞室以便测试人员和设备进入测点，然而只要开挖洞室，洞室周围岩体中的应力状态就会受到扰动。有些方法，如早期的扁千斤顶法，就是在洞室表面进行应力测量，然后在计算原始应力状态时，再把洞室开挖引起的扰动作用考虑进去。由于在通常情况下，紧靠洞室表面岩体都会受到不同程度的破坏，使它们与未受扰动岩体的物理力学性质大不相同，同时洞室开挖对原始应力场的扰动也是十分复杂的，不可能进行精确分析和计算。所以这类方法得出的原岩应力状态往往是不准确的，甚至与实际状况相差甚远。为了克服这类方法的缺点，另一类方法是从洞室表面向岩体中打小孔，直至原岩应力区。地应力测量是在小孔中进行的，由于小孔对原岩应力状态的扰动是可以忽略不计的，这就保证了测量是在原岩应力区中进行。目前，普遍采用的应力解除法和水压致裂法均属此类方法。

近半个世纪以来，随着地应力测量工作的不断开展，各种测量方法和测量仪器也不断发展起来，就世界范围而言，目前各种主要测量方法有十余种之多，而测量仪器则有数百种之多。

对测量方法的分类并没有统一的标准，有人根据测量手段的不同，将在实际测量中使用过的测量方法分为五大类，即构造法、变形法、电磁法、地震法、放射性法，也有人根据测量原理的不同分为应力恢复法、应力解除法、水压致裂法、声发射法、X 射线法、重力法等，但根据国内外多数人的观点，依据测量基本原理的不同，可将测量方法分为直接测量法和间接测量法两大类。

直接测量法是由测量仪器直接测量和记录各种应力的量，如补偿应力、恢复应力、平衡应力，并由这些应力量和原岩应力的相互关系，通过计算获得原岩应力值。在计算过程中并不涉及不同物理量的换算，不需要知道岩石的物理力学性质和应力应变关系。扁千斤顶法、水压致裂法、刚性包体应力计法和声发射法均属直接测量法。其中，水压致裂法目前应用最为广泛，声发射法次之。

在间接测量法中，不是直接测量岩体的应力量，而是借助传感元件或某些介质，测量和记录岩体中某些与应力有关的间接物理量的变化，如岩体的变形或应变、密度、渗透性、吸水性、电阻、电容、弹性波传播速度的变化等，然后由测得的间接物理量的变化通过已知的公式计算岩体中的应力值。因此，在间接测量法中，为了计算应力值，首先必须确定岩体的某些物理力学性质以及所测物理量和应力的相互关系。

根据《岩土工程勘察规范》（GB 50021—2001）（2009 年版）的有关规定，应力解除法中的孔壁应变法、孔径变形法和孔底应变法是岩体原位应力测试的推荐方法，这几种方法都适用于无水、完整或较完整的岩体应力量测。

第一节　岩体变形测试

岩体变形测试是通过加压设备将力施加在选定的岩体面上测量其变形，有静力法和动力法两种。静力法有承压板法、刻槽法、水压法、钻孔变形计法等，动力法有地震法和声波法等。本节仅介绍静力法中的承压板法和钻孔变形计法。

一、承压板法

1. 试验原理

承压板法是通过刚性或柔性承压板施力于半无限空间岩体表面量测岩体变形，按弹性理论公式计算岩体变形参数。

承压板按刚度分为刚性承压板和柔性承压板两种。刚性承压板采用钢板或钢筋混凝土制成，形状通常为圆形；柔性承压板多采用压力枕下垫以硬木或砂浆，形状多为环形。

坚硬完整岩体宜采用柔性承压板，半坚硬或软弱岩体宜采用刚性承压板。承压板法适用于各类岩体，通常在试验平洞或井巷中进行，也可露天进行。

2. 现场试验

1)试点制备

试点表面应垂直预定受力方向；清除试点表面受扰动的岩体，并修凿平整，岩面的起伏差不大于承压板直径的1%；试点面积应大于承压板，其加压面积不小于2000cm^2。

对于柔性承压板中心孔法，钻孔要与试点岩面垂直，其直径与钻孔轴向位移计直径一致，孔深不小于承压板直径的6倍。

2)试点边界条件要求

(1)承压板边缘距洞壁或底板的距离，应大于承压板直径的1.5倍；距洞口或掌子面的距离，应大于承压板直径的2倍；距临空面的距离，应大于承压板直径的6倍。

(2)两试点承压板边缘之间的距离，应大于承压板直径的3倍。

(3)试点表面以下3倍承压板直径深度范围内岩体的岩性应相同。

3)加载系统安装

(1)在试点表面铺一薄层水泥浆，平行试点表面放上刚性承压板(或环形液压枕)。

(2)在刚性承压板上放置千斤顶，或在环形液压枕上放置环形钢板和环形传力箱，并在千斤顶上依次安装垫板、传力柱、垫板，在垫板和反力后座岩体之间浇筑混凝土或安装反力装置，且应使所有部件中心在同一轴线并与加压方向一致，如图13-2所示。

(3)利用千斤顶加压，或在传力柱与垫板之间加一模形垫块，使整个系统结合紧密。进行柔性承压板中心孔法试验的试点，要先在钻孔内安装钻孔轴向位移计。钻孔轴向位移计的测点，可按承压板直径的0.25倍、0.50倍、0.75倍、1.00倍、1.50倍、2.00倍、3.00倍孔深处选择其中的若干点进行布置，并在孔口及孔底设置测点，如图13-3所示。

4)量测系统安装

(1)沿洞轴方向于承压板两侧以简支形式各放置测表支架1根。

(2)通过磁性表座在支架上安装测表，对于刚性承压板，在承压板上对称布置4个测表；对于柔性承压板(包括中心孔法)，在承压板中心岩面上布置1个测表。

(3)根据需要，可在承压板外的影响范围内，通过承压板中心沿洞轴和垂直洞轴的方向上布置测表。

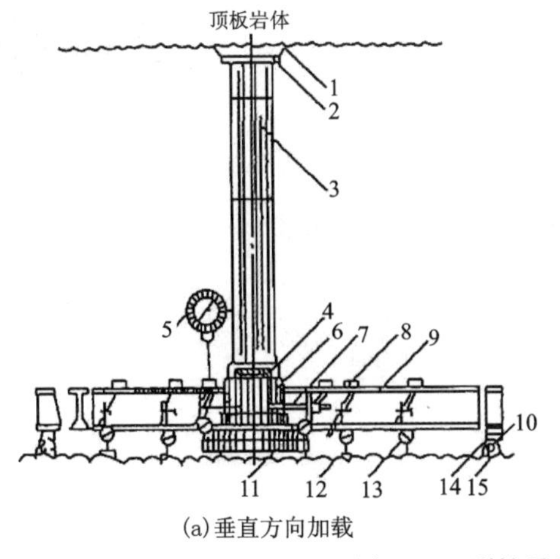

(a)垂直方向加载

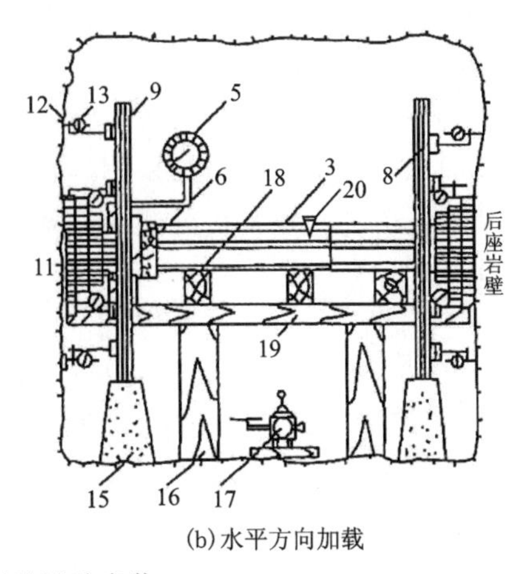

(b)水平方向加载

图 13-2 刚性承压板法试验安装

1.砂浆顶板；2.垫板；3.传力柱；4.圆垫板；5.标准压力表；6.液压千斤顶；7.高压管(接油泵)；8.磁性表架；9.工字钢梁；10.钢板；11.刚性承压板；12.标点；13.千分表；14.滚轴；15.混凝土支墩；16.木柱；17.油泵(接千斤顶)；18.木垫；19.木梁；20.楔块

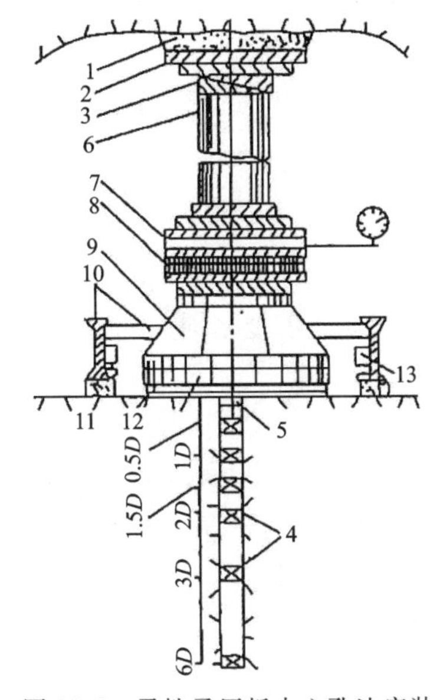

图 13-3 柔性承压板中心孔法安装

1.混凝土顶板；2.钢板；3.斜垫板；4.多点位移计；5.锚头；6.传力柱；7.测力枕；8.加压枕；9.环形传力箱；10.测架；11.环形传力枕；12.环形钢板；13.小螺旋顶

5)试验及稳定标准

(1)试验最大压力不小于预定压力的1.2倍，压力分5级，按最大压力等分施加。

(2)加载前，每隔10min测读各测表1次，连续3次读数不变方可开始加载，此读数即为各测表的初始读数。钻孔轴向位移计各测点，在表面测表读数稳定后进行初始读数。

(3)加载方式采用逐级一次循环法或逐级多次循环法。

(4)每级加载后立即读数，以后每隔10min读数1次，当刚性承压板上所有测表(或柔性承压板中心岩面上的测表)相邻两次读数差，与同级压力下第一次变形读数和前一级压力下最后一次变形读数差之比小于5%时，认为变形稳定并退压，如图13-4所示，退压后的稳定标准与加压时的稳定标准相同。

(5)在加压、退压过程中，均要测读相应过程压力下测表读数1次。

(6)中心孔中各测点及板外测表在读取稳定读数后进行一次读数。

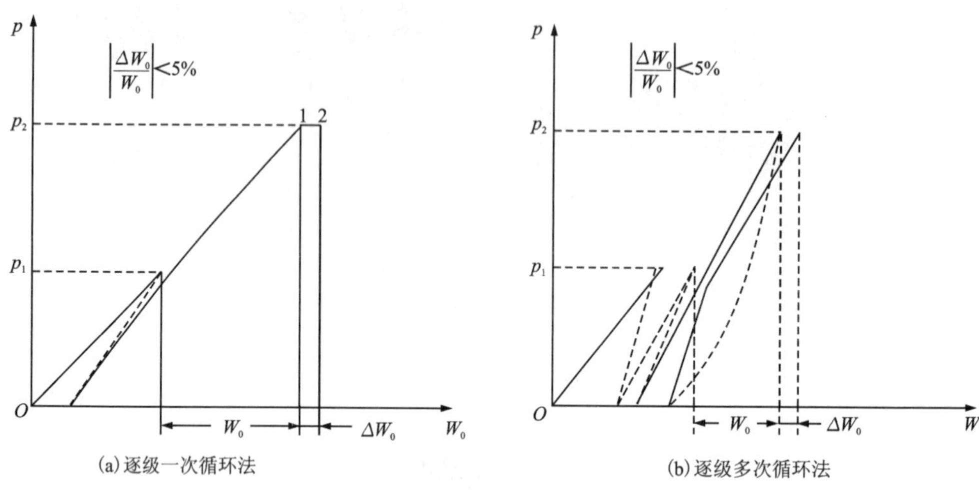

图13-4　相对变形变化的计算

3. 资料整理

1)岩体弹性(变形)模量计算

(1)当采用刚性承压板法量测岩体表面变形时，按式(13-1)计算变形参数：

$$E=\frac{\pi}{4}\cdot\frac{(1-\mu^2)pD}{W} \tag{13-1}$$

式中：E为岩体弹性(变形)模量(MPa)，当以总变形W_0代入式中计算的为变形模量E_0，当以弹性变形W_e代入式中计算的为弹性模量E；W为岩体变形量(cm)；p为按承压板面积计算的压力(MPa)；D为承压板直径(cm)；μ为泊松比。

(2)当采用柔性承压板法量测岩体表面变形时，按式(13-2)计算变形参数：

$$E=\frac{(1-\mu^2)p}{W}\cdot 2(r_1-r_2) \tag{13-2}$$

式中：r_1、r_2为环形柔性承压板的外半径和内半径(cm)；W为板中心岩体表面的变形(cm)。

(3)当采用柔性承压板法量测中心孔深部变形时，按式(13-3)计算变形参数：

$$E=\frac{p}{W_Z}\cdot K_Z \tag{13-3}$$

$$K_Z=2(1-\mu^2)\left(\sqrt{r_1^2+Z^2}-\sqrt{r_2^2+Z^2}\right)-(1+\mu)\left(\frac{Z^2}{\sqrt{r_1^2+Z^2}}-\frac{Z^2}{\sqrt{r_2^2+Z^2}}\right) \tag{13-4}$$

式中：W_Z为深度为Z处的岩体变形(cm)；Z为测点深度(cm)；K_Z为与承压板尺寸、测点深度和泊松比有关的系数。

2)绘制关系曲线

绘制压力与变形关系曲线、压力与变形模量关系曲线、压力与弹性模量关系曲线，以及沿中心孔不同深度的压力与变形曲线。

二、钻孔变形法

1. 试验原理

岩体钻孔变形试验是通过放入岩体钻孔中的压力计或膨胀计，施加径向压力于钻孔孔壁，量测钻孔径向岩体变形，按弹性力学平面应变问题的厚壁圆筒公式计算岩体变形参数。钻孔变形试验适用于软岩—较硬岩。

2. 现场试验

1)试点要求

(1)试验孔应垂直，孔壁应平直光滑，孔径根据仪器要求确定；在受压范围内岩性应均一、完整；孔径4倍范围内的岩性应相同。

(2)两试点加压段边缘之间的距离不小于1倍加压段的长度；加压段边缘距孔口的距离不小于1倍加压段的长度；加压段边缘距孔底的距离不小于0.5倍加压段的长度。

2)试验准备

(1)向钻孔内注水至孔口，将扫孔器放入孔内进行扫孔，直至上下连续两次收集不到岩块为止。将模拟管放入孔内直至孔底，如畅通无阻即可进行试验。

(2)按仪器使用要求，对钻孔压力计或钻孔膨胀计探头直径进行标定。

3)试验及稳定标准

(1)将组装后的探头放入孔内预定深度，并经定向后立即施加0.5MPa的初始压力，探头即自行固定，读取初始读数。

(2)试验最大压力为预定压力的1.2～1.5倍，分为7～10级，按最大压力等分施加。

(3)加载方式采用逐级一次循环法或大循环法。

(4)加压后立即读数，以后每隔3～5min读数1次。变形稳定标准为：

①当采用逐级一次循环法时，相邻两次读数差，与同级压力下第一次变形读数和前一级压力下最后一次变形读数差之比小于5%时，认为变形稳定，即可进行退压。

②当采用大循环法时，相邻两循环的读数差，与第一次循环的变形稳定读数之比小于5%时，认为变形稳定，即可进行退压。大循环次数不少于3次。

③退压后的稳定标准与加压时的稳定标准相同。

4)退压

在每一循环过程中退压时，压力应退至初始压力。最后一次循环在退至初始压力后，进行稳定值读数，然后将全部压力退至零，并保持一段时间，再移动探头。

3. 资料整理

1)岩体弹性(变形)模量计算

按下式计算变形参数:

$$E=\frac{p(1+\mu)d}{\delta} \tag{13-5}$$

式中:E 为岩体弹性(变形)模量(MPa),当以总变形 δ_0 代入式中计算的为变形模量 E_0,当以弹性变形 δ_e 代入式中计算的为弹性模量 E;p 为计算压力(MPa),为试验压力与初始压力之差;μ 为泊松比;d 为实测点钻孔直径(cm);δ 为岩体径向变形(cm)。

2)绘制关系曲线

绘制各测点的压力与变形关系曲线、压力与变形模量关系曲线、压力与弹性模量关系曲线,以及与钻孔岩芯柱状图相对应的沿孔深的弹性模量、变形模量分布图。

第二节　岩体强度测试

岩体强度测试是原位测定岩体抗剪强度的一种方法,由于这种方法考虑了岩体结构面的影响,试验结果比较符合实际情况。岩体强度测试方法有现场直剪试验和现场三轴试验两种。

一、试验原理

岩体现场直剪试验是将同一类型岩体(或岩体结构面)的一组试体,在不同的法向荷载作用下,沿预定的剪切面进行剪切,根据库仑表达式确定其抗剪强度参数。

岩体现场直剪试验可分为三类:岩体本身的抗剪强度试验、岩体沿其软弱结构面的抗剪强度试验和混凝土与岩体胶结面的抗剪强度试验。每类试验又可分为试体在剪切面未扰动情况下进行的第一次剪断,通称抗剪断试验;试体剪断后沿剪断面继续进行剪切的试验,通称抗剪试验。

岩体本身的抗剪强度和岩体沿其软弱结构面的抗剪强度是通过抗剪试验测定的;混凝土与岩体胶结面的抗剪强度是通过抗剪断试验和抗剪试验测定的。

二、现场试验

1. 试体制备

(1)每组试验的试体不少于 5 个。试体剪切面积不小于 50cm×50cm,一般为 70cm×70cm;高度不小于最小边长的 0.5 倍;试体之间的距离要大于最小边长的 1.5 倍。

(2)对于软弱岩体或具有软弱结构面的试体,应在顶面和周边设置钢或混凝土保护套,保护套顶面应平行于剪切面,底边应在剪切面的上边缘。

2. 设备安装

(1)加载设备安装(如图 13-5 所示):应使法向荷载系统所有部件与加压方向保持在同一轴线上,并垂直预定剪切面,垂直荷载的合力应通过预定剪切面中心。剪切方向应与预定的推力方向一致,其投影通过预定剪切面中心。平推法剪切荷载作用轴线应平行于预定剪切面,着力点与剪切面的距离不大于剪切方向试体长度的 5%;斜推法剪切荷载方向按预定的 α 角度安装。剪切荷载和法向荷载合力的作用点应在预定剪切面中心。

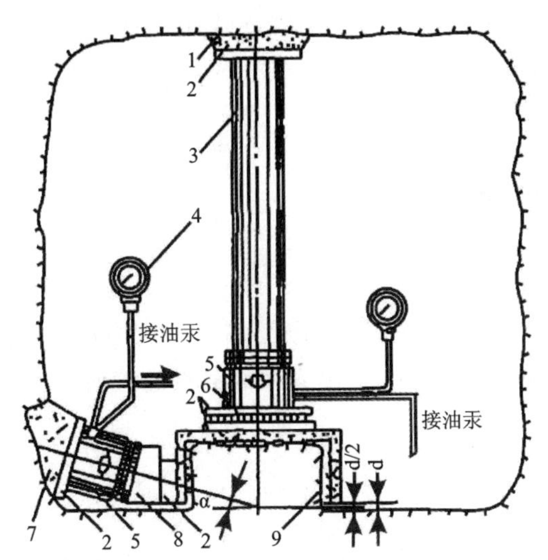

图 13-5　岩体直剪试验(斜推法)设备安装示意图

1. 砂浆顶板;2. 钢板;3. 传力柱;4. 压力表;5. 液压千斤顶;6. 滚轴排;7. 混凝土后座;8. 斜垫板;9. 钢筋混凝土

(2)量测系统安装:在试体的对称部位,分别安装剪切位移和法向位移测表,每种测表数显不少于 2 只,量测试体的绝对位移;如有条件,可在试体与基岩表面之间,布置量测试体相对位移的测表。

3. 加载及位移测读

(1)最大法向荷载大于设计荷载,并按等差分级。每一试体的法向荷载分 4～5 级施加,每隔 5min 施加一级,并测读其法向位移。加载至预定荷载后立即测读,以后每隔 5min 测读 1 次,当连续两次读数差不超过 0.01mm 时,视为稳定,然后施加剪切荷载。对于软弱岩体或软弱结构面,在最后一级荷载作用下,对低塑性岩体每隔 10min、高塑性岩体每隔 15min 测读 1 次,当连续两次读数差不超过 0.05mm 时,即视为稳定。

(2)剪切荷载按预估最大值的 8%～10%分级等量施加(如发生后一级荷载的剪切位移为前一级的 1.5 倍以上时,下一级荷载减半施加)。每隔 5min 加载 1 次(对于软弱岩体、软弱结构面,按每隔 10min 或 15min 加载 1 次),加载前后均应测读各表的剪切位移。当剪切位移急剧增长或剪切位移达到试体尺寸的 1/10 时,可认为试体已剪断。试体剪断后,继续在大致相同的剪切荷载作用下,根据剪切位移为 10mm 时的结果确定残余抗剪强度。然后将剪切荷载缓慢退荷至零，观测试体回弹情况。

抗剪断试验完成后，根据需要，调整设备和测表，按上述同样方法进行摩擦试验。当采用斜推法分级施加斜向荷载时，应同步降低由于施加斜向荷载而产生的法向分荷载增量，确保在剪切过程中法向荷载始终为一常数。

第三节　岩体应力测试

岩体应力测试一般是先测出岩体的应变值，再根据应变与应力的关系计算出应力值。测试方法通常有应力解除法和应力恢复法。本节主要介绍应力解除法中的孔壁应变法、孔径变形法和孔底变形法3种方法。

一、孔壁应变法测试

1. 测试原理

孔壁应变法测试是采用孔壁应变计，量测套钻解除应力后钻孔孔壁的岩石应变，按弹性理论建立的应变与应力之间的关系式，求出岩体内某点的三向应力大小和方向。该方法适用于无水、完整或较完整的岩体。

2. 现场测试

(1)在选定试验部位，用 ϕ130mm 钻头钻至预定深度，取出岩芯。

(2)用 ϕ130mm 磨平钻头磨平孔底；并用 ϕ130mm 锥形钻头在孔底打喇叭口。

(3)用 ϕ36mm(或 ϕ46mm)钻头钻一孔深 50cm 的同心测试孔。

(4)清洗测试孔，并对孔壁进行干燥处理。

(5)在测试孔孔壁及应变计上均匀涂上胶粘剂，用安装器将应变计送入测试孔，并使应变计紧贴孔壁；待胶粘剂充分固化后，取出安装器，量测测点方位角及深度。

(6)从钻具中引出应变计电缆，接通仪器，并向孔内注水，同时测读应变计的初始应变值。当数值稳定后(每隔 10min 读数 1 次，连续 3 次读数之差不超过 5$\mu\varepsilon$ 时，认为稳定)，即可用 ϕ130mm 钻头按预定的分级深度进行套钻解除，一般每级深度为 2cm。每解除一级深度，停钻连续读数 2 次，直到应变计读数稳定(但最小解除深度不小于岩芯外径的 1 倍)时，解除结束。

(7)取出带有应变计的岩芯，将它放入围压器中进行围压率定试验。

套钻程序如图 13-6 所示。

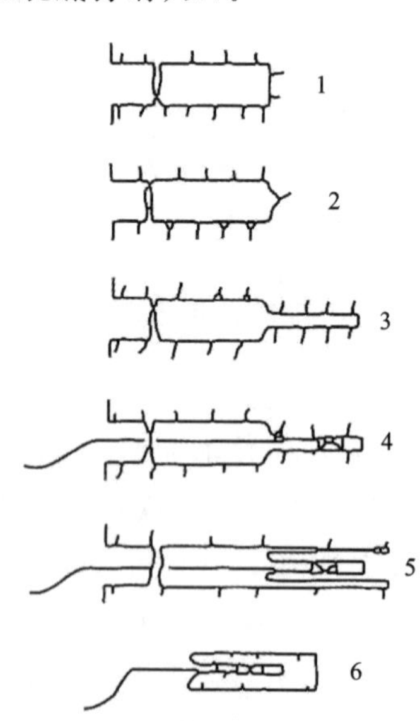

图 13-6　钻孔应力解除套钻程序示意图

1. 孔底磨平；2. 钻锥形孔；3. 钻测量孔；4. 埋设测量元件；5. 套钻解除；6. 取出岩芯

3. 资料整理

(1)计算各级解除深度下各应变片的应变测定值。

(2)绘制解除过程曲线(应变与解除深度关系曲线)。

(3)根据解除过程曲线,结合地质条件及试验情况,选取各应变片的解除应变测定值。

(4)计算岩体的三向应力。

(5)根据围压试验资料,绘制压力与应变关系曲线,计算岩石弹性模量和泊松比。

二、孔径变形法测试

1. 测试原理

孔径变形法测试是采用孔径变形计,量测套钻解除应力后钻孔孔径的变化,按弹性理论公式计算岩体内某点垂直孔轴平面上的岩体应力。当需测求岩体空间应力时,应采用 3 个钻孔交会法测试。该方法适用于完整或较完整的岩体。

2. 现场测试

(1)在选定试验部位,用 ϕ130mm 钻头钻至预定深度,取出岩芯。

(2)用 ϕ130mm 磨平钻头磨平孔底,并用 ϕ130mm 锥形钻头在孔底打喇叭口。

(3)用 ϕ36mm(或 ϕ46mm)钻头钻一孔深 50cm 的同心测试孔。

(4)冲洗测试孔,直至回水不含岩粉为止。

(5)用安装杆将孔径应变计送入测试孔内,并使之固定,记录其测量方向,然后退出安装杆,量测测点方位角及深度。

(6)从钻具中引出孔径应变计电缆,与应变仪连接,并向孔内注水,同时测读应变计的初始应变值。当数值稳定后(每隔 10min 读数 1 次,连续 3 次读数之差不超过 5$\mu\varepsilon$ 时,认为稳定),即可用 ϕ130mm 钻头按预定的分级深度进行套钻解除,一般每级深度为 2cm。每解除一级深度,停钻连续读数 2 次,直到应变计读数稳定(但最小解除深度不小于岩芯外径的 1 倍)时,解除结束。

(7)取出带有应变计的岩芯,进行围压率定试验。

套钻程序如图 13-6 所示。

3. 资料整理

(1)计算孔径位移。

(2)计算岩体的空间应力和平面应力。

(3)根据岩芯解除应变值和解除深度,绘制解除过程曲线。

(4)根据围压试验资料,绘制压力与孔径变形关系曲线,计算岩石弹性模量和泊松比。

三、孔底变形法测试

1. 测试原理

孔底变形法测试是采用孔底应变计，量测套钻解除应力后的钻孔孔底岩面应变，按弹性理论公式计算岩体内某点的平面应力大小和方向。如测求岩体内某点的三向应力状态，应在同一平面内采用 3 个钻孔交会于该点的方法测试。该方法适用于无水、完整或较完整的岩体。

2. 现场测试

(1)在选定试验部位，用 ϕ76mm 钻头钻至预定深度，取出岩芯。

(2)先用粗磨钻头将孔底磨平，再用细磨钻头精磨，使孔底达到平整光滑状态。

(3)清洗孔底，并进行干燥处理，再用丙酮擦洗孔底。

(4)在钻孔底面和孔底应变计底面分别均匀涂上胶粘剂，用安装器将孔底应变计送入钻孔底部，定向就位，并使之固定，然后取出安装器，量测测点方位角及深度。

(5)从钻具中引出孔底应变计电缆，接通仪器，并向孔内注水，同时测读应变计的初始应变值，当数值稳定后(每隔 10min 读数 1 次，连续 2 次读数之差不超过 5$\mu\varepsilon$ 时，认为稳定)，即可按预定的分级深度进行套钻解除，一般每级深度为 2cm。每解除一级深度，停钻连续读数 2 次，直到应变计读数稳定(但最小解除深度不小于岩芯直径的 4/5)时，解除结束。

(6)取出带有应变计的岩芯、进行围压率定试验。

套钻程序如图 13-7 所示。

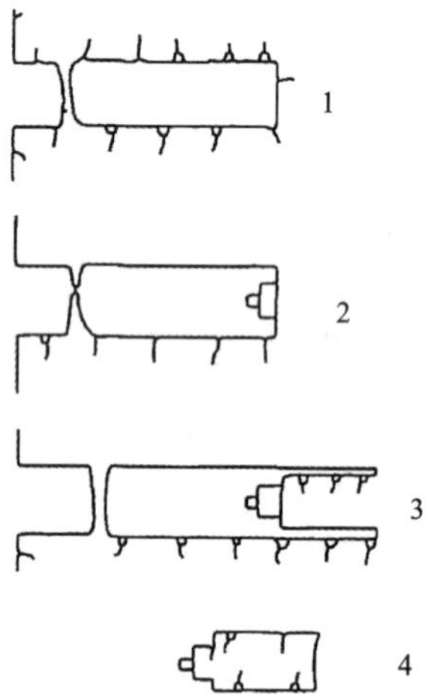

图 13-7　孔底变形法测试套钻程序示意图

1. 孔底磨平；2. 粘贴应变计；3. 套钻解除；4. 取出岩芯

3. 资料整理

(1)计算各电阻片应变测定值。

(2)计算岩体的三向应力。

(3)根据岩芯解除应变值和解除深度，绘制解除过程曲线。

(4)根据围压试验资料，绘制压力与应变关系曲线，计算岩石弹性模量和泊松比。

四、水压致裂法测试

1. 测试原理

水压致裂法是采用两个长约 1m 串接起来可膨胀的橡胶封隔器阻塞钻孔，形成一封闭的加压段(长约 1m)，对加压段加压直至孔壁岩体产生张拉破裂，根据破裂压力等压力参数按弹性理论公式计算岩体应力参数。该方法适用于完整或较完整的岩体，岩体的透水率不宜大于 1Lu。

2. 现场测试

(1)采用钻机成孔,孔深宜超过测试深度10m。

(2)用封隔器封隔压裂孔段。

(3)启动高压泵向压裂段施加液压。

(4)随着连续泵压,压裂段内液压持续增大,当孔壁上的切向有效张应力等于或大于岩石的抗拉强度时,就会在最大水平主应力方向的孔壁上产生破裂。此时,由于孔壁破裂液体灌入,导致压力值急剧下降,继而保持在裂缝张开和扩展的压力水平上。

(5)当破裂形成、关闭高压泵后,泵压急速下降,随着破裂面的闭合,转变为缓慢下降,这时便得到了破裂面处于临界闭合时的平衡力,也就是垂直于破裂面的最小水平主应力 S_h 与液压回路达到平衡时的压力,即瞬时关闭压力 p_s。

(6)重新向测量系统中注入高压水,记录裂隙重新张开时的压力 p_r。

(7)使用印模器或钻孔电视记录获得压裂裂隙的方向,压裂裂隙的方向即为垂直于破壁面的最大主应力 S_H 的方向。重复3~6的步骤,进行3~5个压裂循环,以便得到准确的测量结果。

3. 资料整理

(1)计算岩体钻孔横截面上的最小、最大主应力:

$$S_h = p_s \tag{13-6}$$

$$S_H = 3S_h - p_b - p_0 + \sigma_t \tag{13-7}$$

$$S_H = 3p_s - p_r - p_0 \tag{13-8}$$

式中:S_h 为钻孔横截面上岩体平面最小主应力(MPa);S_H 为钻孔横截面上岩体平面最大主应力(MPa);σ_t 为岩体的抗拉强度(MPa);p_s 为瞬时关闭压力(MPa);p_r 为重张压力(MPa);p_b 为破裂压力(MPa);p_0 为岩体孔隙水压力(MPa)。

应根据岩性和测试情况选择式(13-7)或式(13-8)计算岩体的最大主应力。

(2)根据印模器或钻孔电视记录绘制裂缝形状、长度图,确定岩体的最大主应力方向。

(3)绘制岩体应力与测试深度关系曲线。

第四节　岩体位移测试

一、地下洞室围岩收敛观测

地下洞室围岩收敛观测是用收敛计量测围岩表面两点在连线(基线)方向上的相对位移,即收敛值。该方法适用于各类围岩,也适用于岩体表面两点间距离变化的观测。

1. 观测断面和观测点的布置原则

应根据地质条件、围岩应力大小、施工方法、支护形式及围岩的时间和空间效应等因素,按一定间距选择观测断面和测点位置。

(1)观测断面间距大于2倍洞径,观测断面与开挖掌子面的距离不大于1m。

(2)基线的数量和方向应根据洞室断面的形状与大小确定,一般应考虑能测到最大位移。测点应牢固地埋设在岩石表面,其深度不大于10cm。

2. 试验过程

(1)试验准备:用钻孔工具在选定的测点处,垂直洞壁钻孔,将测桩固定在孔内,并在孔口设保护装置。观测前还应对收敛计进行标定。

(2)仪器安装:首先将测桩端头擦洗干净,然后将收敛计两端分别固定在基线两端的测桩上,按预计的测距固定尺长。

(3)观测:洞节拉力装置,使钢尺达到恒定张力,读记收敛值;这样再重复2次,取3次读数的平均值作为计算值。3次读数差不应大于收敛计的精度范围。

同时,测记收敛计的环境温度,观测时间间隔根据工程需要或围岩收敛情况确定。

3. 观测成果整理

(1)按下式计算经温度修正的实际收敛值:

$$u = u_i + \alpha L(t_n - t_0) \tag{13-9}$$

式中:u、u_i为实际收敛值和收敛读数值(mm);α为收敛计系统温度线胀系数(1/℃);L为基线长(mm);t_n、t_0为收敛计观测时和标定时的环境温度(℃)。

(2)绘制收敛值与时间关系曲线、收敛值与开挖空间变化关系曲线以及收敛值的断面分布图。

二、钻孔轴向岩体位移观测

钻孔轴向岩体位移观测是通过钻孔轴向位移计量测孔壁岩体不同深度与钻孔轴线方向一致的位移,主要用于地表和地下岩体工程中岩体与钻孔轴线一致方向的位移观测。

1. 观测布置原则

(1)根据工程规模、工程特点以及地质条件布置观测断面及断面上观测孔的数量。

(2)根据观测目的和地质条件确定观测孔的深度与方向,其深度应超出应力扰动区。

(3)根据位移变化梯度确定观测孔中测点的位置,梯度大的部位测点应加密。测点应避开构造破碎带,孔口或孔底应布置测点。

2. 试验过程

(1)试验准备:在预定部位,按要求的孔径、方向和深度进行钻孔。钻孔达到要求深度后,应将钻孔冲洗干净,并检查钻孔的通畅程度。

(2)仪器安装:根据预定位置,由孔底向孔口逐点安装测点或固定点;孔口仪器设备应设保护装置;调整每个测点的初始读数。

(3)观测:每个测点应重复测读3次,取其平均值。3次读数差不应大于仪器的精度范围。根据工程需要或岩体位移情况确定观测时间间隔。

3. 观测成果整理

(1)绘制测点位移与时间关系曲线。

(2)绘制同一时间测孔内的测点位移与深度关系曲线。

(3)绘制测点位移与断面和空间关系曲线。

(4)对地下洞室,应绘制测点位移随掌子面距离变化的过程曲线。

三、钻孔横向岩体位移观测

钻孔横向岩体位移观测是通过测斜仪量测孔壁岩体不同深度与钻孔轴线垂直的位移,主要用于观测边坡、地下工程、坝基等岩体工程中岩体发生的水平位移。

1. 观测布置原则

应根据工程岩体受力情况和地质条件,将观测孔重点布置在最有可能发生滑移,或对工程施工及运行安全影响最大的部位。观测孔的深度应超过预计滑移带5m。

2. 试验过程

(1)试验准备:在预定部位,按要求的孔径和深度沿铅直方向钻孔,钻孔直径应大于测斜管外径50mm;钻孔达到预定深度后,应将钻孔冲洗干净,并检查钻孔的通畅程度。

(2)测斜管安装:

①按要求长度将测斜管逐节进行预接,打好铆钉孔,并在对接处作对准标记及编号,底部测斜管下端应密封端盖。对接处导槽应对准,铆钉孔应避开导槽。

②按测斜管的对准标记和编号逐节对接、固定和密封后,缓慢地吊入钻孔内,直至将测斜管全部下入钻孔内。

③调整导槽方向,其中一对导槽方向与预计的岩体位移方向一致,用模拟测头检查导槽畅通无阻后,将导管就位锁紧。

④将灌浆管沿测斜管外侧下入孔内至孔底以上1m处进行灌浆。浆液固化后的力学性质应与围岩的力学性质相似。

⑤待浆液固化后,应量测测斜管导槽方位。

(3)观测:

①观测前用模拟测头检查测斜孔导槽。

②使测斜仪测读器处于工作状态,将测头导轮插入测斜管导槽内,缓慢地下至孔底,然后由孔底开始自下而上沿导槽全长每隔一定间距测读1次,记录测点深度和读数。测读完毕后,将测头旋转180°插入同一对导槽内,按以上方法再测1次,测点深度应与第一次相同。测读完一对导槽后,将测头旋转90°,按相同的程序,测量另一对导槽的两个方向的读数。每一深度正反两读数的绝对值要相同,如有异常应及时补测。

③浆液固化后，按一定的时间间隔进行测读，取其稳定值为观测值的基准值。

④观测时间间隔，应根据工程需要或岩体位移情况确定。

3. 观测成果整理

(1)绘制变化值与深度关系曲线。

(2)绘制位移与深度关系曲线。

(3)对于有明显位移的部位，应绘制该深度的位移与时间的关系曲线。

第五节　岩体声波测试

声波探测是弹性波探测技术中的一种，其理论基础是固体介质中弹性波的传播理论，它是利用频率为5000～20 000Hz的弹性波，研究其在不同性质和结构的岩体中的传播特性，从而解决某些工程地质问题。

声波探测是测定声波在岩体中的传播速度、振幅和频率等声学参数的变化。探测时，发射点和接收点根据探测项目的需要，可选在岩体表面，也可选在1个或2个钻孔中。

一、表面测试

(1)在岩体(或岩样)表面的某一点激发(发射)声波，在另一点进行接收，测出声波自发射点到达接收点的间隔时间，已知发射和接收两点间的距离，按下式计算波速：

$$v_p = \frac{l}{t_p} \tag{13-10}$$

$$v_s = \frac{l}{t_s} \tag{13-11}$$

式中：v_p、v_s为纵波、横波的速度(m/s)；t_p、t_s为纵波、横波的传播时间(s)；l为发射点到接收点的间距(m)。

(2)测试方法。

①平透法：适用于长距离岩体表面测试，采用锤击或换能器发射声波。

②对穿法：适用于洞室、巷道及岩样测试。

③横波法：通过改变锤击方式产生剪切波，在岩体表面接收。

(3)换能器与被测介质的耦合：为使换能器能很好地与岩体耦合，当进行纵波测试时，可用黄油或凡士林耦合；当进行横波测试时，一般用多层极薄的铝箔或银箔耦合。

二、孔中测试

(1)测试方法：有单孔声波测试和跨孔声波测试两种。

①单孔声波测试是发射和接收在同一钻孔中进行。

②跨孔声波测试是发射和接收分别在两个钻孔中进行，两孔的孔径和深度应大致相同，两孔间距根据仪器性能、地层岩性和岩石完整性等因素确定。

(2)孔距校正:根据孔口标高、两孔间距、钻孔的倾角和方位角进行孔距 D_H 校正。

(3)按下式计算纵波 v_p、横波 v_s 的传播波速:

$$v_p = \frac{D_H}{t_p} \tag{13-12}$$

$$v_s = \frac{D_H}{t_s} \tag{13-13}$$

式中:t_p、t_s 为纵波、横波的传播时间(s)。

(4)换能器与被测介质的耦合:当在钻孔中探测时,可向钻孔中注水,用水或钻井液作耦合剂。

第六节 工程案例

一、项目概况

中国地质科学院地质力学研究所于 2019 年 3 月在雪峰山 2000m 科钻先导孔中成功开展了深孔水压致裂原地应力测量,在孔深 170~2021m 范围获得了 16 个测段的有效测试数据。目前,雪峰山造山带区域内尚未有原地应力测量工作开展,本研究工作不仅填补了该区原地应力测量研究的空白,同时测量深度是国内原地应力测量的重大突破,对于中国深部地应力测量技术的发展具有重要的意义。相关研究成果对于测区附近及周缘地区地球动力学基础研究以及深部资源勘探开发和地下重大工程建设具有重要的借鉴和指导作用。

雪峰山深孔位于湖南省怀化市麻阳苗族自治县境内,构造位置位于沅麻盆地向斜,是由中国地质科学院地质力学研究所在湖南省实施的一口地质调查井,其科学目标是为在雪峰山开展深孔钻探试验,为雪峰山科学钻探提供基础数据;提取 0~2000m 深度的地层岩芯,建立地层柱状剖面,为扬子克拉通南缘地壳演化和成矿作用背景研究提供基础地质资料;同时,提取古生界中烃源岩岩芯,开展非常规油气资源评价。雪峰山深孔孔口坐标为北纬 27.775°,东经 109.802°,终孔深度为 2 403.91m。

二、新型深孔水压致裂测量系统

通过对关键部件的技术攻关,该研究所研发了适应于孔深 3000m 以深,且快捷、高效、稳定可靠的新型深孔水压致裂测量系统。相较于原有的测量系统,新的测量系统(图 13-8)具有以下重要的技术特色和优势。

图 13-8 新型水压致裂地应力测量系统井下设备

(1)封隔器耐高温 120℃以上，抗高压 80MPa 以上，抗差应力 50MPa 以上。

(2)封隔器结构采用国际上先进的爬杆式结构，以此提升封隔器的膨胀比，新系统封隔器的膨胀比达到 120%。此外，对封隔器的结构进行了明显的改进，两个封隔器之间水路连接采用刚性连接。测试段、上封隔器下端、下封隔器下端分别安装高精度压力传感器及自动数据采集和存储单元，显著提升测量结果的可靠性。

(3)多功能推拉开关具有自动解封功能，在钻孔水位不大于 400m 情况下，封隔器处于自动解封状态，无需顾虑因水位差导致封隔器膨胀无法解封的问题，水位大于 400m 的特殊情况，可以采用传统方式通过转换水路的方法使封隔器解封。

(4)多功能推拉开关对水路转换方式和水路结构进行了重要改进，使得压裂液过流能力得到大幅度提升。试验和计算表明，在泵进流量为 100L/min 的情况下，摩阻基本为零，由此可显著降低摩阻造成的计算误差，提高了系统的测试精度和可靠性。

(5)"无缝"式高压水路转换结构设计，保证测量过程中从封隔器坐封位置向测试段压裂位置进行水路转换时封隔器压力保持不变，以此实现单回路水压致裂测量系统压裂过程中的精准操作，显著提升深孔水压致裂应力测量的成功率和稳定性。

(6)在多功能推拉阀中设置坐封位置自动回复弹簧腔，避免由于钻孔中泥浆密度较大或由于高压涌水等因素导致无法正常连通封隔器坐封水路的问题，提高测量成功率。

(7)多功能井下推拉阀设置紧急解封功能，当出现意外情况导致封隔器无法卸压解封时，启用此功能强制封隔器解封，结束整个测量过程，将井下设备安全提出钻孔。

除以上改进外，还对井下测试系统的高压密封性能、抗拉强度、安装和操作的便捷性等方面进行了优化设计，使新的测量系统较以前得到了全面的提升。

三、试验结果分析

按照水压致裂技术规程，首先对测量钻杆进行了高压密封检测，之后连接钻杆和井下测量设备，按照预选的测段深度，由浅到深开展测量。在孔深 170～2021m 范围，共进行了 20 余个测段的测试，其中 16 个测段为有效测量数据。现场测量记录曲线见图 13-9，是井下压力传感器记录到的测试段压力-时间曲线。

可以看出，所获取的测试曲线形态标准规范，除 1 374.00m 和 1 482.00m 两个测段以外，其余 14 个测段的记录曲线都具有明显的破裂压力，并且各重张回次重复性好，各压力参数点明确，且一致性较好，为本次测量结果的可靠性提供了重要的基础和保证。

每个测段取第 1 回次的峰值作为该测段的破裂压力 P_b；重张压力 P_r 和关闭压力 P_s，均采用第 3 回次的数据。对于重张压力，从开始升压为起点进行线性拟合，以升压曲线明显偏离线性部分的位置对应的压力值作为该测段的重张压力；对于关闭压力，分别采用单切线法、dt/dp 方法、dp/dt 方法、马斯卡特非线性回归方法共 4 种方法进行计算，并取其平均值参与最小和最大水平主应力的计算，各测段的压力参数值计算结果列于表 13-1 中。在此基础上，根据水压致裂地应力测量理论的相关计算公式计算出最大水平主应力 S_H 和最小水平主应力 S_h 以及岩石的水压致裂抗张强度，如表 13-2 所示。

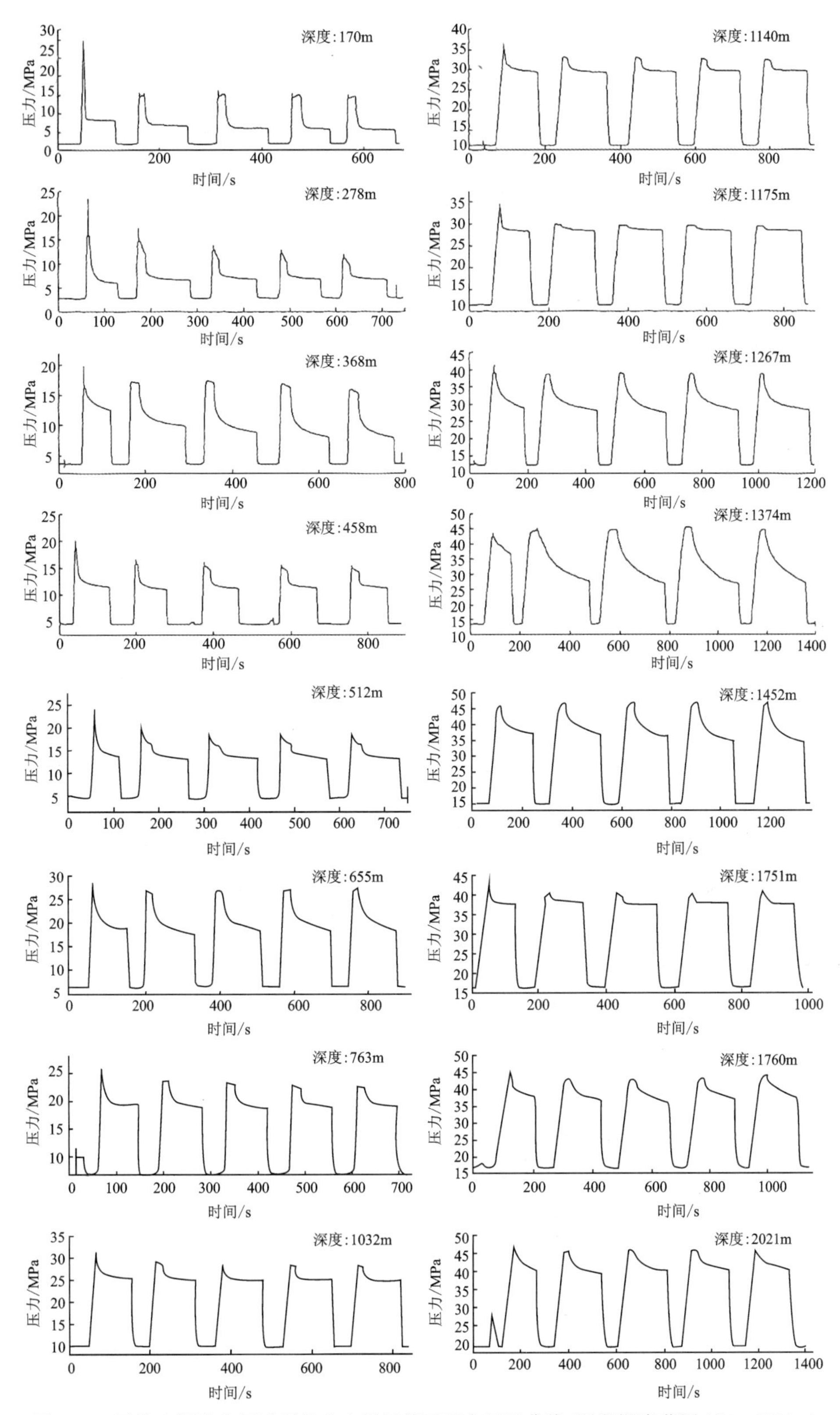

图 13-9 雪峰山深孔水压致裂地应力测量井下压力记录曲线(测段深度范围 170～2021m)

表 13-1　雪峰山深孔水压致裂地应力测量压力参数取值结果

序号	测段中心深度/m	p_b/MPa	p_r/MPa	p_s/MPa					
				dp/dt	dt/dp	maskat	单切线	平均值	均方差
1	170.00	28.97	14.32	/	/	/	/	6.91	/
2	278.00	23.64	10.67	7.76	7.76	7.64	7.56	7.68	0.10
3	368.00	20.09	14.54	11.79	11.81	11.10	11.30	11.50	0.35
4	458.00	19.91	13.60	12.04	11.85	12.02	11.93	11.96	0.09
5	512.00	25.48	17.58	14.59	14.41	14.52	14.35	14.47	0.11
6	655.00	28.38	22.71	21.77	20.56	21.70	21.93	21,49	0.63
7	763.00	25.58	20.71	19.81	19.32	19.73	19.66	19.63	0.21
8	1 032.00	32.79	27.34	25.42	25.62	25.45	25.57	25.52	0.10
9	1 140.00	35.77	31.50	29.88	29.96	30.04	29.99	29.97	0.07
10	1 175.00	34.66	27.42	28.87	28.86	28.89	28.82	28.86	0.03
11	1 267.00	41.63	34.1	31.85	32.67	32.71	32.85	32.52	0.45
12	1 374.00	45.75	34.52	35.82	37.65	37.77	37.71	37.24	0.95
13	1 482.00	46.92	40.42	39.03	40.23	41.02	41.14	40.35	0.97
14	1 751.00	42.85	37.61	38.48	37.92	37.93	37.81	38.03	0.30
15	1 760.00	45.35	38.97	39.60	40.41	40.72	40.40	40.28	0.48
16	2 021.00	47.44	43.47	42.79	43.42	43.73	43.37	43.33	0.39

注：170m 测段在计算关闭压力时计算机自动取值出现异常，采用手动取值。p_0 为岩石原地破裂压力；p_r 为破裂面重张压力；p_s 为破裂面瞬时关闭压力。

表 13-2　雪峰山深孔地应力测量结果

序号	测段中心深度/m	压裂参数/MPa					主应力值/MPa		
		p_0	p_b	p_r	p_s	T	S_H	S_h	S_v
1	170.00	1.70	28.97	14.32	10.00	14.65	13.30	10.00	4.51
2	278.00	2.78	23.64	10.67	7.68	12.97	9.60	7.68	7.37
3	368.00	3.68	20.09	14.54	11.50	5.55	16.28	11.50	9.75
4	458.00	4.58	19.91	13.6	11.96	6.31	17.70	11.96	12.14
5	512.00	5.12	25.48	17.58	14.47	7.90	20.71	14.47	13.57
6	655.00	6.55	28.38	22.71	21.49	5.67	35.21	21.49	17.36
7	763.00	7.63	25.58	20.71	19.63	4.87	30.55	19.6.3	20.22
8	1 032.00	10.32	32.79	27.34	25.52	5.45	38.89	25.52	27.35

续表 13-2

序号	测段中心深度/m	压裂参数/MPa					主应力值/MPa		
		p_0	p_b	p_r	p_s	T	S_H	S_h	S_v
9	1 140.00	11.40	35.77	31.50	29.97	4.27	47.01	29.97	30.21
10	1 175.00	11.75	34.66	27.42	28.86	7.24	47.41	28.86	31.14
11	1 267.00	12.67	41.63	34.10	32.52	7.53	50.79	32.52	33.58
12	1 374.00	13.74	/	34.52	37.24	/	63.46	37.24	36.41
13	1 482.00	14.82	/	40.42	40.35	/	65.82	40.35	39.27
14	1 751.00	17.51	42.85	37.61	38.0.3	5.24	58.99	38.03	46.40
15	1 760.00	17.60	45.35	38.97	40.28	6.38	64.27	40.28	46.64
16	2 021.00	20.21	47.44	43.47	43.33	3.97	66.31	43.33	53.56

注：p_b 为岩石原地磁裂压力；p_r 为破裂面重张压力；p_s 为破裂面瞬时关闭压力；p_0 为孔隙压力；T 为岩石抗拉强度；S_H 为最大水平主应力；S_h 为最小水平主应力；S_v 为岩石上覆岩石埋深计算的垂向主应力（岩石容重取 26.5kN/m³）。

主应力值随深度分布规律如图 13-10 所示，可以看出，最大和最小水平主应力的量值随着孔深的增加呈现总体增大的趋势。在 170～800m 范围，三向主应力关系为（$S_H>S_h>S_v$），应力结构有利于逆断层活动；在孔深 1000m 以下（1374m、1482m 两个测段没有明显的破裂压力，有可能是原生裂隙重张，不参与后续分析），表现为 $S_H>S_v>S_h$，表明该区域深部应力结构属于走滑型，有利于走滑断层活动。通过对测量数据进行线性拟合，分别得到最大水平主应力 S_H 和最小水平主应力 S_h 随深度变化关系如下：

$$S_H = 0.033\,3H + 5.240\,6 \tag{13-14}$$

$$S_h = 0.020\,3H + 4.566\,2 \tag{13-15}$$

式中：H 为孔深(m)；S_H、S_h 为最大、最小水平主应力(MPa)。

从应力强度等方面分析，在现今地应力状态下，雪峰山深孔附近断层未达到临界活动状态，相对较稳定。

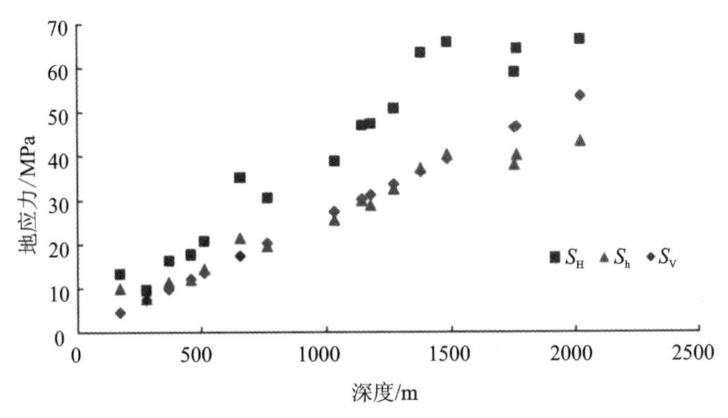

图 13-10　雪峰山深孔地应力随孔深分布图

(1)简述应力解除法的基本测量原理。

(2)为什么使用孔壁应变计可通过一孔的测量确定该点的三维应力状态?

(3)简述地下洞室围岩收敛测试的方法和注意事项。

第十四章　地基的动力参数测试

地基土的动力特性是指在各种动力荷载作用下表现出的工程性质。地基土在动力荷载作用下的特性远比在静力荷载作用下的特性复杂。地基土的动力参数测试不仅可以给建(构)筑物抗震分析和动力机器的基础设计提供依据,而且可以用它们来评价地基土的类别、检测地基土的加固效果等。它的影响因素除了与静力性质相同的因素(如土的粒径、孔隙比、含水率、侧向压力等)外,还有载荷时间(在土中形成一定的应力或应变所需要的时间)、重复(或周期)效应和应变幅值等因素。研究土的动力特性,必须区别两种不同应变幅值的情况,在小应变幅($<10^{-4}$)情况下,主要研究土的刚度系数、弹性模量、剪切模量和阻尼比,为建筑物地基、动力机器基础和土工构筑物的动态反应分析提供必要的计算参数,而在大应变幅($>10^{-4}$)情况下,则主要研究土的动变形(振动压密或振陷)和动强度(振动液化是特殊条件下的动强度问题)。在动力机器基础等的动态反应分析中,不论把土看作是什么样的介质、采用什么样的计算模式,首先都要确定土的动力特性参数,而计算方法无论如何严密,都不会高于土的动力特性参数的测定精度,可见正确测定土的动力特性参数是非常重要的。

第一节　地基的动力参数

影响动力机器基础振动计算最关键的动力参数为地基刚度系数、地基惯性作用和阻尼比。基础振动对周围建筑物、精密设备、仪器仪表和环境等影响的动力特性有土的动沉陷及振动在地基中传播的性能。弹性波在传播过程中,由于土体的非弹性阻抗作用及振动能量的扩散,其振动强度随着离振源距离的增加(包括水平距离和深度)而减弱,这种性能对基础振动影响周围建筑物、设备、仪器、环境等的计算非常重要。波速是场地土的类型划分和场地土层的地震反应分析的重要参数。土的动剪切模量、动弹性模量、动强度等在水利水电工程中的应用则更为广泛,这些动力参数的选取是否符合现场地基的实际情况,是振动计算与实际是否相符的关键。因此,当动力机器基础、小区划分、高层建筑及重要厂房等工程在设计前,地基刚度系数、阻尼比、参振质量、地基能量吸收系数、场地的卓越周期、卓越频率等地基动力参数应在现场进行试验确定。

一、地基刚度系数

地基刚度系数是分析动力机器基础动力反应最关键的参数,其取值是否合理,是所设计的基础振动是否满足需要的关键,不是将地基刚度系数取得越小就越偏于安全,因为基础的振动大小不仅与机器的扰力有关，还与扰力的频率是否与基础的固有频率产生共振有关。对于低频机器，机器的扰频小于基础的固有频率，不会产生共振，地基刚度系数取值偏小，计算的振幅偏大，是偏于安全的；对于中频机器，其扰频大于基础的固有频率，若地基刚度系数取值偏小，使计算的固有频率远离机器的扰频而使计算振幅偏小，则偏于不安全。

二、地基土的阻尼

阻尼是影响动力机器基础动态反应的一个非常重要的参数。对于强迫振动的共振区，振动线位移主要为阻尼控制，当无阻尼共振时，基础的振动线位移就趋近于无穷大，当有阻尼共振时，基础振动线位移趋向于有限值。随着阻尼比ζ值的增大，峰值振动线位移逐渐减小，直至$\zeta=0.707$时，曲线的峰值完全消失，这时振动线位移在所有频率下均小于静变位。

现行国家标准《动力机器基础设计规范》(GB 50040—96)给出的是黏滞阻尼，是通过现场强迫振动或自由振动实测资料反算的值，并用黏滞阻尼系数C与临界阻尼系数C_c($C_c=2\sqrt{KM}$)之比的阻尼比ζ来表示。

三、地基土的惯性作用

基础振动存在两种计算理论，一种是以质量、阻尼器和弹簧为模式的计算，简称“质-阻-弹”理论，另一种是以刚体置于匀质、各向同性的理想弹性半无限体表面为模式的计算理论，简称“弹性半空间”理论。

“质-阻-弹”模式计算理论的基本假定为：

(1)基础振动时，作用在基础上的地基反力和基础位移是线性关系。

(2)土是基础的地基，不具有惯性性能，只具有弹性性能。

(3)基础只有惯性性能，而无弹性性能。

(4)土的阻尼视为黏滞阻尼，阻尼力与运动速度成正比。

这样基础的振动简化为刚体在无重量的模拟土的弹簧上的振动，即基础是刚性的，没有弹性变形；而土只有弹性变形，无惯性作用。因此，我国和其他一些国家目前都采用不考虑地基惯性的温克尔沃格特模型，它的优点是计算简便。我国国家标准《动力机器基础设计规范》(GB 50040—96)中的地基刚度系数和地基刚度未考虑土的惯性影响，也不考虑土的惯性，对基础固有频率的计算毫无影响，而对振幅的计算则偏于安全。

四、地基土的能量吸收

在振动波的传递过程中，由于地基土的非弹性阻抗作用及振动能量的扩散，振动强度随离振源距离(包括沿地面水平距离和沿竖向深度)的增加而衰减。

有一些动力机器基础，除了要测试地基土动力参数外，还要求实测振动波沿地面的衰减，求出地基土的能量吸收系数。这是为了工程总图布置的需要，即要计算有振动的设备基础其振动对计算机房、中心试验室、居民区等的影响。还有一些压缩机车间，按工艺要求必须在同一车间内布置低频和高频机器时，应计算低频机器基础的振动对高频机器的影响。因此地基土能量吸收系数值的取用是否符合实际非常重要。

五、地基土的振动模量

为了预估地基土和土工构筑物的动态反应，必须确定土的振动模量——动弹性模量 E_d 和动剪切模量 G_d，可通过现场波速测试、室内振动三轴或共振柱测试求得。振动模量特点有：

(1)土的振动模量随着应变幅值的增加而减小。

(2)土的动剪切模量随着周围有效压力的增加而增大。

(3)土的动剪切模量随着加荷循环次数的增加而减小，但对于黏性土，则是略有增加的。

(4)土的动剪切模量随着土孔隙比的增加而减少，并随着土的重度和含水率的增加而增大。

(5)土的动剪切模量随着不均匀系数 C_u 和细粒土含量的增加而减少。

(6)土的动弹性模量比变形模量大得多，这是由于动弹性模量为微应变、时间效应较短等原因造成。

第二节　振动衰减测试

一、测试目的

由动力机器、交通车辆、打桩等工作时产生的振动，经地基土向周围传播出去，随着与振源距离的增大，振动波的能量逐渐减小。振动波在地基中传播时能量的减小与地基土介质的阻尼消耗和半球面几何扩散有关。衡量振动波在地基土中传播衰减快慢常用地基能量吸收系数 α 来表示，α 值大即衰减快，α 值小即衰减慢。地基能量吸收系数 α 的大小除与地基土的类别、性质有关外，还与振源的性质、激振频率、能量以及离振源的距离等有关。一般岩石比黏性土类衰减慢，高频振动比低频振动衰减快，距离振源近时比距离远时衰减快，基础底面积越大衰减越慢。在振动衰减测试时应根据具体情况与设计需要选用振源和布置测点，主要目的有：

(1)当所设计的车间内同时设置低转速和高转速机器基础，评价低转速机器基础振动对高转速机器基础的影响。

(2)评价机器基础振动对邻近的精密设备仪器、仪表或环境等产生有害影响。

二、测试方法

1. 振源选择步骤

(1)尽可能利用拟建场地附近的现有投产动力机器基础作振源。

(2)也可利用拟建场地附近交通公路、铁路等其他振源。

(3)无上述条件时，可在拟建场地浇注试验基础，(在埋置情况下)采用具有一定能量的机械式激振或电磁式激振设备作为振源。

2. 测点布置

(1)测点应与沿设计基础所需振动衰减方向一致。

(2)传感器有垂直方向、水平切向、水平径向放置。振动衰减主要考虑的是瑞利波,因此,一般振动衰减的传感器以垂直方向和水平径向放置即可。

(3)测点距振源的距离,以近密远疏为原则,一般测试半径应大于基础当量半径 r_0 的 35 倍,基础当量半径的计算:$r_0=\sqrt{\dfrac{A}{\pi}}$,振动衰减测点布置如图 14-1 所示。

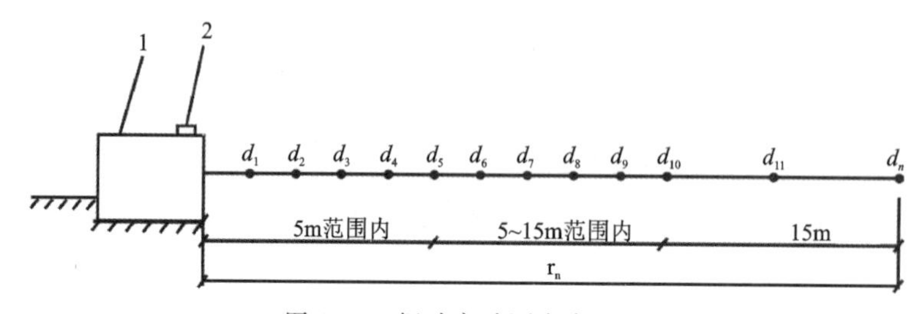

图 14-1 振动衰减测点布置图

1. 模型基础;2. 激振器

(4)传感器应放置在整平后的原状土上,如填土较厚也需夯实整平后才能放置。

(5)试验基础的激振频率应选择与设计基础的机器扰力频率相一致。为了研究振动频率与地基振动随距离的衰减关系,可以多选用几种激振频率进行试验。

三、数据处理

(1)绘制不同激振频率测试地面线位移随距离衰减的 d_r-r 曲线。

(2)地基能量吸收系数计算公式如下:

$$\alpha=\frac{1}{f_0}\frac{1}{r_0-r}\ln\left[\frac{d_r}{d_0}\frac{1}{\left(\frac{r_0}{r}\xi_0+\sqrt{\frac{r_0}{r}}(1-\xi_0)\right)}\right] \tag{14-1}$$

式中:α 为地基能量吸收系数(s/m);f_0 为振源频率(Hz);d_0 为振源基础的线位移(m);d_r 为距振源的距离为 r 处的地面振动线位移(m);ξ_0 为无量纲系数,可按国家现行《动力机器基础设计规范》(GB 50040—96)有关地面振动衰减计算的规定采用,见表 14-1。

表 14-1 系数 ξ_0

岩土体类型	模型基础的半径或当量半径 r_0/m							
	≤0.5	1.0	2.0	3.0	4.0	5.0	6.0	≥7.0
一般黏性土、粉土、砂土	0.70~0.95	0.55	0.45	0.40	0.35	0.25~0.30	0.23~0.30	0.15~0.20

续表 14-1

岩土体类型	模型基础的半径或当量半径 r_0/m							
	≤0.5	1.0	2.0	3.0	4.0	5.0	6.0	≥7.0
饱和软土	0.70～0.95	0.50～0.55	0.40	0.35～0.40	0.23～0.30	0.22～0.30	0.20～0.25	0.10～0.20
岩石	0.80～0.95	0.70～0.80	0.65～0.70	0.60～0.65	0.55～0.60	0.50～0.55	0.45～0.50	0.25～0.35

注：①对于饱和软土，当地下水深 1m 及以内，ξ_0 取较小值，1～2.5m 时取较大值，大于 2.5m 时取一般黏性土的 ξ_0 值；②对于岩石覆盖层在 2.5m 以内时，ξ_0 取较大值，2.5～6m 时，ξ_0 取较小值，超过 6m 时，ξ_0 取一般黏性土的值。

(3)提供设计应用的 α 值，不应提供 α 的平均值，而应提供 α 随 r 的变化曲线(α-r)(图 14-2)，由设计人员根据设计基础离振源的距离选用 α 值。

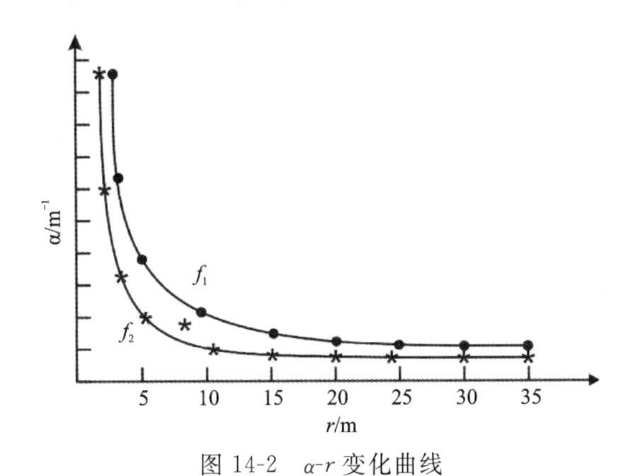

图 14-2 α-r 变化曲线

(4)基础底面积的修正：试验基础的底面积不可能与实际基础一样，而底面积小的基础振动时传出去的振动波沿地面衰减快，计算的 α 值大，用于设计基础的振动衰减就偏于不安全，因此要按面积进行修正。修正计算方法可将 α 值乘以面积修正系数 ξ，ξ 按下式计算：

$$\xi = 0.453e^{\frac{0.8}{A_f}} \tag{14-2}$$

第三节 地脉动测试

一、测试目的

地脉动测试是地基动力特性测试方法之一，是为场地抗震性能和环境振动评价服务的。20 世纪 60 年代，日本学者将所观测到的强震记录结果与同一地点所获得的地脉动频数周期曲线比较，认为它们之间符合得很好。我国地震局系统等研究单位也做了很多研究工作，如在西宁地震小区划分中，利用地面脉动观测，结合钻探、波速资料对第四系覆盖区的工程地质评价取得了较好的效果。但美国学者在类似的研究工作中所得的结果认为它们之间无直接关系，不同地震震级的地面运动主周期是个变化的量。用地脉动或小地震观测资料所得到的功率谱与大地震时地面强烈运动时观测到的地面运动反应谱还是有区别的。脉动表现的是场地地层在弹性振动范围内的滤波放大作用，地震时的地面运动反应谱表现的是场地地层在弹塑性振动范围内输入地震波对能量吸收放大作用，这时地基土不仅有黏滞阻尼，还受过程阻尼大小影响。虽有上述不同的看法，但地脉动测试作为地基动力试验方法已被越来越多的人所采用，它不仅是为抗震设计提供动力参数，而且具有工程地质评价环境振动等多方面的应用。

目前各国的抗震设计大多采用反应谱理论来计算地震对结构的影响，我国抗震设计也是以这一理论为基础，我国《建筑抗震设计规范》(GB 50011—2010)(2016 年版)给出抗震设计的标准反应曲线中，特征周期 T_g 是按场地类别和设计地震分组确定的。场地反应谱的特征周期通常应该由强地震时观测到的地面运动反应谱来确定，但大地震不会经常发生，于是人们考虑到能否用地面脉动测试后分析的功率谱来代替。

地脉动测试较多地应用于地震小区域划分、震害预测、厂址选择或评价、提供动力机器基础设计参数，有时将地脉动作为环境振动评价，可供精密仪器仪表及设备基础进行减震设计时参考。对地区脉动测试资料进行对比，也可用作地基土分类、场地稳定性(如滑坡、采空区、断裂带等)的评价或监测、第四纪地层厚度计算、场地类别区分等方面的参考。利用地脉动观测方法对房屋、古建筑、桥梁等做模态分析都有较好的应用前景。

二、测试方法

地脉动测试在每个测试工程项目中要根据具体情况制定测试方案，现将有关地脉动测试仪器和测试方法做简要说明。

1. 测试仪器

场地地脉动观测到的频率一般在 0.5～10Hz 范围内，其振幅值在百分之几微米到几微米。因此要求地脉动观测系统的低频频响特性好、信噪比高、工作性能稳定可靠，其系统的放大倍数应不低于 10^5 倍。国外有成套的设备，如 FBA-23 三分量力平衡式加速度计、FBA-13DH 井下三分量力平衡式加速度计、SSR-1 型固态记录仪、脉动测试仪器等。国内仪器有 923 型井下三分量检波器及配套的传感器、振动放大器和测试分析设备等。

1)传感器

传感器要求灵敏度高、分辨率高，可根据工程需要选择速度型或加速度型，一般选用速度传感器较多，自振周期大于 1s。如工程需要加速度时，应采用低频性能好、灵敏度高的加速度传感器。地下脉动观测孔内的拾振器必须密封，应置于孔底以防漏水、漏电现象发生。

2)测振放大器

为使观测系统具有高灵敏度和高分辨率，要求放大器的低频性能好，频带带宽应为 1～1000Hz，信噪比大于 80dB，并具有微分、积分电路，以适应不同振动参量的观测需要。宜用 6 通道放大器，各通道的一致性良好。

3)采集分析仪

在现场测试时，宜采用信号采集分析仪进行实时采集分析，信号采集用多通道、A/D 转换器不低于16位、增益12dB、低通滤波器大于80dB/倍频程，具有时域、频域加窗、抗混滤波等完备的信号分析软件，如功率谱、信号平均处理等功能。

2. 测试方法

脉动测试工作量布置应根据工程规模大小和性质以及地质构造的复杂程度来确定，一般每个建筑场地或地貌单元应不少于2个测试点，以便资料对比和提高测试成果的可靠性。如果同一建筑场地在不同的地质地貌单元，其地层的组成不同，地脉动的幅频特性也有差别，这时应适当增加脉动测试点。

脉动观测点的布置要考虑周围环境的干扰影响，调查周围有无动力机器振动源及其工作情况，以便远离或避开动力机器工作时的振动影响，确保地脉动的微弱振动信号不被干扰信号所淹没。测点应布置在离建筑物2/3高度外，以消除建筑物荷载的附加应力影响，并避免地下管道、电缆的影响。地下管道内部一般有液体流动，会产生干扰杂波；电缆所产生的电磁场则对仪器产生电干扰。场地脉动特性和地层的剪切波速都与地基土的动力特性有关，为了探索两者之间的内在联系，地脉动测试点宜选在波速测试孔附近。

综合考虑上述因素后选定地脉动测试点，测试前在测点位置去掉表层素填土，挖至天然土层，试坑面积约1m^2，待坑底整平后用地质罗盘确定方位，安置东西、南北、竖向3个方向的传感器。

地下脉动测试点宜选在基岩上，如覆盖层太厚，也可选在重要建筑物的持力层上或剪切波速超过500m/s的坚硬土层上。一般情况地下脉动是在钻孔中进行，最好与地面脉动观测同时进行，这样也便于资料的对比。地脉动的观测时间一般都在深夜或周围环境比较安静的时候，记录脉动信号时在距离观测点100m范围内应无人为振动干扰。如果测试目的是要考虑环境振动对精密仪器设备的影响，则不受此条件限制。

脉动观测前检查仪器的各个环节，将3个方向互相垂直的拾振器轻轻地安置于试坑或钻孔中，将拾振器、放大器、采集分析仪用导线连接后通电检验，调好零点，待观测系统一切正常后，方可进行观测记录。仪器参数、设置应根据所需频率范围设置低通滤波和采样频率，采样频率宜取50～100Hz。每次记录时间应不少于15min，记录次数不得少于3次。

三、数据处理

测试数据处理，宜采用功率谱分析法。每个样本数据不应少于1024个点，采样频率宜取50～100Hz，并应进行加窗函数处理，频域平均次数不宜少于32次。

卓越频率按下列规定确定：

(1)卓越频率采用频谱图中最大峰值所对应的频率。

(2)当频谱图中出现多峰且各峰值相差不大时，宜存谱分析的同时，进行相关或互谱分析，并经综合评价后确定场地卓越频率。

场地卓越周期应按下式计算：

$$T_p = \frac{1}{f_p} \tag{14-3}$$

式中：T_p为场地卓越周期(s)；f_p为场地卓越频率(Hz)。

第四节 工程实例

一、项目概况

吉林省松原市地处松辽盆地南部，是我国东北地区仅有的两个设防烈度为Ⅷ度的地区之一，曾发生过一系列5级以上地震。近年来，松原地区4～5级地震活动频繁，呈现出较明显的震群地震序列。2006年3月31日该地区乾安发生了5.0级地震，2013年前郭5.0级地震震群，2017年7月23日宁江区4.9级地震，2018年宁江5.7级地震。其中前郭5.0级地震震群自2013年10月31日前郭5.5级地震开始至2014年底，共发生$M5.0$～5.9级地震5次，$M4.0$～4.9级地震7次。这些地震导致震区部分房屋倒塌，农田出现砂土液化现象，上万人口受灾。由于震区地下砂层分布较广，地下水位埋藏较浅，地震中孔隙水压力升高，短时间内地震余震持续发生，超孔隙水压力难以消散且不断积累，更加重了该地区的砂土液化灾害。

2018年宁江5.7级地震中，场地液化最显著的宏观现象为喷水冒砂，发生的场地大都为稻田地，很少部分液化发生在林地、旱田及居民院内(图14-3、图14-4)。

图14-3　典型液化场地

图14-4　液化引起的建筑物破坏

二、仪器设备

地脉动测试设备采用美国Kinemet-rics公司生产的Basalt型强震仪，其内部设置三通道加速度计，能够同时记录2个水平方向和竖直方向的加速度。仪器布置时按南北、东西和上下3个正交方向放置。采样率设为200SPS，电压灵敏度为2.5V/g，每个点每次测试连续采样300s，每点测试3次。

三、测试结果与分析

地脉动在场地类别划分工程应用中，是通过地面脉动的卓越周期或频率划分场地土类别的。若场地土质比较软，则卓越周期比较长，振幅较大；若场地土质比较硬，则卓越周期比较短，振幅较小。选取平方根法对水平方向分量进行组合分析，施加步长为 0.8Hz 的 Parzen 窗函数，对 26 组数据进行计算处理，得到如下表 14-2 所示的数据结果。

表 14-2　地脉动 H/V 谱比卓越频率与场地情况

位置编号	卓越频率/Hz	幅值比	液化情况	位置编号	卓越频率/Hz	幅值比	液化情况
M1	1.27	1.24	液化喷出	M14	1.73	1.36	液化喷出
M2	1.02	1.55	液化喷出	M15	1.68	1.75	液化喷出
M3	1.62	1.44	未液化	M16	1.63	139	液化未喷出
M4	0.84	1.66	液化喷出	M17	1.35	1.73	液化喷出
M5	1.25	1.23	液化喷出	M18	—	—	未液化
M6	1.17	1.30	液化喷出	M19	1.65/2.167*	0.92/0.91	液化未喷出
M7	1.72	1.19	未液化	M20	5.20	1.44	未液化
M8	1.84	1.67	液化喷出	M21	1.72	1.35	未液化
M9	1.65	2.18	液化喷出	M22	0.72/1.43*	1.67/1.72	液化未喷出
M10	1.57	1.34	液化喷出	M23	1.62	0.89	未液化
M11	1.50	1.11	液化喷出	M24	178	137	液化未喷出
M12	1.65	1.68	液化喷出	M25	1.02/1.61*	1.61/1.62	液化未喷出
M13	1.67	1.73	液化喷出	M26	—	—	未液化

注："—"指该测试点无明显卓越频率；"＊"表示双峰情况。

此次地脉动测试点一共获得 26 个测点数据，其中 14 个测点发生液化并出现了喷砂现象，5 个测点发生液化但未发生喷砂现象，还有 7 个测点未发生液化现象。从 H/V 谱比的结果可知，发生液化并出现喷砂现象的场地 H/V 谱比的卓越频率主要集中在 0.8～1.3Hz 和 1.5～1.75Hz 之间，最大幅值比在 1～2.1 之间，最大幅值比大于 2 的只有 1 个测点。发生液化但未出现喷砂的测点 H/V 谱比的卓越频率主要集中在 1.6～1.8Hz 之间，最大幅值比为 1.3～1.7。未发生液化的测点 H/V 谱比的卓越频率主要集中在 1.6～1.7Hz 之间，最大幅值比为 0.9～1.5，其中小于 1 的只有 1 个测点，其他的测点都在 1.2 以上。

综上所述，该工程给出了松原 5.7 级地震液化场地与非液化场地地脉动特征，如下表 14-3 所示，该表结合工程场地资料作为地震应急期间初步判别地震砂土液化的依据。

表 14-3 液化场地与非液化场地地脉动特性表

场地类型	卓越频率/Hz	H/V 谱比峰值	波形特征
液化场地	0.8～1.8	1.3～1.8	单一或者双个波峰，且波形趋于某一谱比值
非液化场地	1.6～1.7	1.2～1.45	单一波峰或者无明显波峰，且波形呈递减趋势

(1)地基的动力参数测试内容包括哪些？

(2)简述振动衰减测试方法。

(3)什么情况下需要开展地基的地脉动测试？

第三篇

水文地质测试

第十五章　地下水流向、流速的测定

第一节　地下水流向的测定

地下水的流向可用三点法测定，沿等边三角形(或近似的等边三角形)的顶点布置钻孔，以其水位高程编绘等水位线图，垂直等水位线并向水位降低的方向为地下水流向。三点间孔距一般取 50～150m，钻孔布置见图 15-1。

地下水流向也可用人工放射性同位素单井法来测定(图 15-2)。它的原理是用放射性示踪溶液标记井孔水柱，让井中的水流入含水层，然后用一个定向探测器测定钻孔各方向含水层中示踪剂的分布，在一个井中确定地下水流向。这种测定可在用同位素单井法测定流速的井孔内完成。

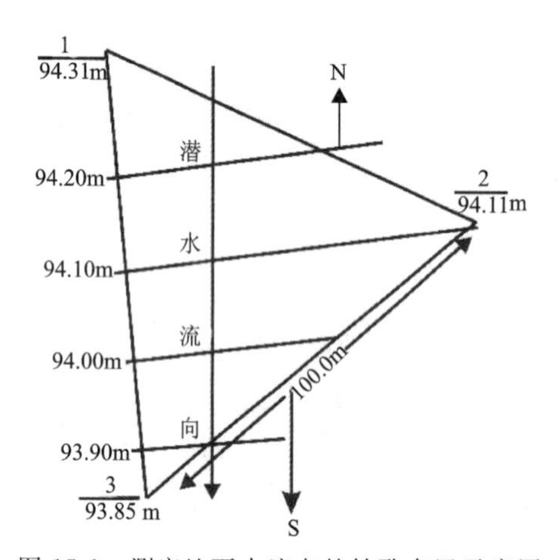

图 15-1　测定地下水流向的钻孔布置示意图

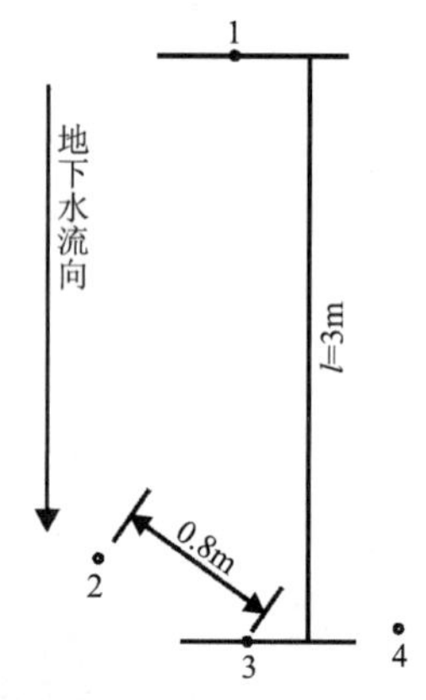

图 15-2　测定地下水流速的钻孔布置示意图

1. 投剂孔；2、4. 辅助观测孔；3. 主观测孔

第二节　地下水流速的测定

一、水力坡度求地下水流速

在等水位线图的地下水流向上，求出相邻两等水位间的水力坡度，然后利用式(15-1)计算地下水流速：

$$v = ki \tag{15-1}$$

式中：v 为地下水流速(m/d)；k 为渗透系数(m/d)；i 为水力坡度。

二、示踪剂测定地下水流速

利用指示剂或示踪剂现场测定流速，要求被测量的钻孔能代表所要查明的含水层，钻孔附近的地下水流为稳定流，呈层流运动。

根据已有等水位线图或三点孔资料，确定地下水流动方向后，在上、下游设置投剂孔和观测孔来实测地下水流速。为了防止指示剂(示踪剂)绕过观测孔，可在其两侧 0.5～1.0m 各布一辅助观测孔。投剂孔与观测孔的间距决定于岩石(土)的透水性。具体方法和孔位布置见图 15-2 和表 15-1。

表 15-1　投剂孔与观测孔间距

岩石性质	投剂孔与观测孔的间距/m	岩石性质	投剂孔与观测孔的间距/m
细粒砂	2～5	透水性好的裂隙岩石	10～15
含砾粗砂	5～15	岩溶发育的石灰岩	>50

根据试验观测资料绘制观测孔内指示剂随时间的变化曲线，并选指示剂浓度高峰值出现时间(或选用指示剂浓度中间值对应时间)来计算地下水实际流速：

$$v' = \frac{l}{t} \tag{15-2}$$

式中：v'为地下水实际流速(m/h)；l 为投剂孔与观测孔距离(m)；t 为观测孔内浓度峰值出现所需时间(h)。

渗透速度 v 可按 $v=nv'$公式换算得到，其中 n 为孔隙度。地下水实际流速的测定方法如表 15-2 所示。

表 15-2　地下水实际流速的测定方法

方法	原理	指示剂			基本操作方法	鉴别	备注
		名称	投放孔与观测孔间距/m	投放剂量			
化学方法	通过化学分析确定盐分在观测孔出现的时间及其浓度的变化	氯化钠	>5	10～15kg	投放指示剂的方法有两种：①将装有指示剂溶液的圆筒(底部带有锥形活门)放至预定深度，松开底部活门，使溶液溢入孔内；	用滴定法确定含氯量至水样变成棕红色，经摇晃至颜色不褪为止	①所列各种方法中以硝酸盐类作为指示剂效果比较好。它的主要优点：灵敏度高，干扰较少，试验简检验 NO_2^-
		氯化钙	3～5	5～10kg			
		氯化铵	<3	3～5kg			

续表 15-2

<table>
<tr><th rowspan="2">方法</th><th rowspan="2">原理</th><th colspan="5">指示剂</th><th rowspan="2">基本操作方法</th><th rowspan="2">鉴别</th><th rowspan="2">备注</th></tr>
<tr><th colspan="2">名称</th><th>投放孔与观测孔间距/m</th><th colspan="2">投放剂量</th></tr>
<tr><td rowspan="2">化学方法</td><td rowspan="2">通过化学分析确定盐分在观测孔出现的时间及其浓度的变化</td><td colspan="2">亚硝酸钠</td><td>>5</td><td colspan="2">使水中含 NO_2^-<1mg/L</td><td rowspan="5">②将带两个孔的圆筒(筒上部小孔接有胶管通地面)放入预定深度,沿胶管将溶液注入井内。然后用不大于 $50cm^3$ 的取样器从观测孔中取水样</td><td rowspan="2">含量方法:配置固体试粉,用0.5g试粉放入50mL的水样中与标准溶液比色,检验 NO_2^- 含量,此处为 NO_3^-、NO_2^- 总量,须减除 NO_3^- 含量,即为 NO_2^- 含量</td><td rowspan="5">单,操作方便。重现性也比较好,价格便宜,容易购买。但亚硝酸钠不太稳定,具有一定毒性。硝酸钠毒性低,灵敏度稍低,需作 NO_3^- 本底含量校正。
②检验 NO_2^-、NO_3^- 固体试粉的制配:分别研细100g硫酸钡(烘干)、75g柠檬酸、4g对氨基苯磺酸、2gα-萘胺,混合均匀,存放于棕色瓶中保持干燥。检验 NO_3^- 时,需再混合10g硅酸锰、4g锌粉。比色标准溶液配置成 NO_2^- 或 NO_3^- 的浓度为0.001mg/L。</td></tr>
<tr><td colspan="2">硝酸钠</td><td>>5m</td><td colspan="2">使水中含 NO_3^-<1mg/L</td></tr>
<tr><td rowspan="3">比色法</td><td rowspan="3">利用着色浓度的变化确定通过两孔的时间</td><td rowspan="2">碱性水</td><td rowspan="2">荧光红、荧光黄、伊红</td><td rowspan="3"></td><td rowspan="3">每5m路径</td><td>松散岩层
1～5g</td><td rowspan="3">用荧光比色器确定染料的存在及其浓度,或自配不同浓度的溶液装入比色管,定时取样比色,以确定染料的存在及其浓度</td></tr>
<tr><td>岩溶裂隙岩层
1～10g</td></tr>
<tr><td>弱酸性水</td><td>刚果红、亚甲基蓝、苯胺蓝</td><td>10～30g
10～40g</td></tr>
</table>

续表 15-2

方法	原理	指示剂			基本操作方法	鉴别	备注
		名称	投放孔与观测孔间距/m	投放剂量			
电解法	利用专门电测设备确定钻孔间电解质的运动及其在观测孔内初显的情况	氯化铵			投放指示剂的方法同前，观测孔内设有专门电极（与管子绝缘），电路从电极处经电池、安培计和调节变阻器，最后到投放孔的套管上	在不同时间内测定电路的电流强度，以电流强度的变化确定指示剂的存在及其浓度	
充电法	利用溶化的食盐沿地下水流向扩散，使投放孔附近电场发生变化	食盐			食盐放入孔中的含水层位置，将A电极置于井中，B电极插在离钻孔20*H*（*H*为含水层埋深）处，并使*MN*范围在2*H*～4*H*（N极设在水流上游）	地表观测到的等电位线由圆形逐渐变为似椭圆形，其长轴方向即为地下水流向	③用硝酸盐类作指示剂的方法，在试验前，须预先取1瓶观测点的水样，便于在试验中出现异常或有怀疑时进行对比
放射性示踪原子法	利用仪器确定示踪剂通过观测孔的时间	氚(^{3}H) 碘(^{131}I) 镍(^{82}Br) 钠(^{24}Na) 硫(^{35}S)等	流速为10^{-2}～10^{-6} cm^3/s时，间距为50～100m	一般应使放射源强度达到10～15mc（毫居里）	将示踪剂投入中心孔，然后在观测孔中用1组Cr-M计数管作为探头和定标器（或计数率计）组成的探测设备，定期将放射性计数记录下来	以放射源强度随时间变化曲线最高值在时间坐标上的投影为示踪剂通过观测孔的时间	

此外，地下水流速的测定，还可用人工放射性同位素单井稀释法在现场测定。水文地质示踪常用的人工放射性同位素有^{3}H、^{5}Cr、^{60}Co、^{82}Br、^{131}I、^{137}Cs等。流速的测定根据示踪剂投剂孔内不同时间的浓度变化曲线，用式(15-3)计算可得到平均的实际流速 v(近似值)：

$$v=\frac{V}{st}\ln\left(\frac{C_0}{C}\right) \tag{15-3}$$

式中：C_0、C 分别为时间 $T=0$ 和 $T=t$ 的浓度(μg/L)；t 为观测时间(s)；s 为水流通过隔绝段中心的垂向横截面面积(m^2)；V 为隔绝段井孔水柱的体积(m^3)。

单井法试验方法具体见图 15-3，地下水实际流速测定方法请参考表 15-2。

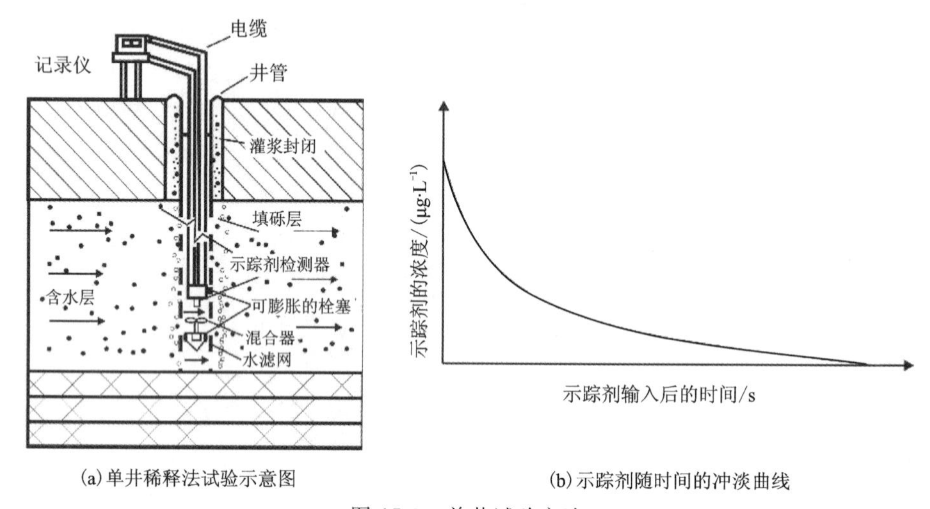

(a)单井稀释法试验示意图

(b)示踪剂随时间的冲淡曲线

图 15-3 单井试验方法

(1)测定地下水流向的方法有哪些？

(2)地下水流速测定的基本原理是什么？能否在钻孔中测量地下水流速？

(3)地下水的渗透速度和实际流速之间有什么关系？

第十六章　抽水试验

第一节　抽水试验的目的和方法

一、抽水试验的目的

岩土工程勘察中抽水试验的目的通常为查明建筑场地的地层渗透性和富水性，测定有关水文地质参数，为建筑设计提供水文地质资料，用单孔（或有 1 个观测孔）稳定流抽水试验。因为现场条件限制，也常在探井、钻孔或民井中用水桶或抽水筒进行简易抽水试验。抽水试验方法可按表 16-1 选用。

表 16-1　不同抽水方法与其应用范围

试验方法	应用范围
钻孔或探井简易抽水	粗略估算弱透水层的渗透系数
不带观测孔抽水	初步测定含水层的渗透性参数
带观测孔抽水	较准确测定含水层的各种参数

二、抽水试验的方法

1. 抽水孔

钻孔适宜半径 $r \geqslant 0.01M$（M 为含水层厚度），或者利用适宜半径的工程地质钻孔。抽水孔深度的确定与试验目的有关。若以试验段长度与含水层厚度两者关系而言，有完整孔与非完整孔两种情况。为获得较为准确、合理的渗透系数 k，以进行小流量、小降深的抽水试验为宜。

2. 观测孔

观测孔的布置决定于地下水的流向、坡度和含水层的均一性。一般布置在与地下水流向垂直的方向上，观测孔与抽水孔的距离以 1～2 倍含水层厚度为宜。孔深一般要求进入抽水孔试验段厚度之半。

3. 技术要求

(1)水位下降(降深):正式抽水试验一组进行3个降深,每次降深的差值宜大于1m。

(2)稳定延续时间和稳定标准:稳定延续时间是指某一降深下,相应的流量和动水位趋于稳定后的延续时间。岩土工程勘察中稳定延续时间一般为8～24h。稳定标准为在稳定时间段内,涌水量波动值不超过正常流量的5%,主孔水位波动值不超过水位降低值的1%,观测孔水位波动值不超过2～3cm。若抽水孔、观测孔动水位与区域水位变化幅度趋于一致,则为稳定。

(3)稳定水位观测:试验前对自然水位要进行观测。一般地区1h测定1次,3次所测水位值相同,或4h内水位差不超过2cm者,即为稳定水位。

(4)水温和气温的观测:一般每2～4h同时观测水温和气温1次。

(5)恢复水位观测:一般地区在抽水试验结束后或中途因故停抽时,均应进行恢复水位观测,通常以1min、3min、5min、10min、15min、30min……按顺序观测,直至完全恢复。观测精度要求同稳定水位的观测。水位渐趋恢复后,观测时间间隔可适当延长。

(6)动水位和涌水量的观测:动水位和涌水量同时观测,主孔和观测孔同时观测。开泵后每5～10min观测1次,然后视稳定趋势改为15min或30min观测1次。

三、注意事项

(1)为测定水文地质参数(渗透系数、给水度等)的抽水试验,应在单一含水层中进行,并应采取措施避免其他含水层的干扰。试验地点和层位应有代表性,地质条件应与计算分析方法一致。

(2)单孔抽水试验时,宜在主孔过滤器外设置水位观测管,不设置观测管时,应估计过滤器阻力的影响。

(3)承压水完整井抽水试验时,主孔降深不宜超过含水层顶板,超过顶板时,计算渗透系数应采用相应的公式。

(4)潜水完整井抽水试验时,主孔降深不宜过大,不得超过含水层厚度的1/3。

(5)降落漏斗水平投影应近似圆形,对椭圆形漏斗宜同时在长轴方向和短轴方向上布置观测孔;对傍河抽水试验和有不透水边界的抽水试验,应选择适宜的计算公式。

(6)正规抽水试验宜3次降深,最大降深宜接近设计动水位。

(7)非完整井的抽水试验应采用相应的计算公式。

第二节　抽水试验的仪器设备

抽水试验的设备仪器是根据抽水试验的目的、方法和精度来选择的,同时还要考虑所要研究的地下水流和含水层特征。岩土工程勘察中稳定流抽水试验或简易抽水试验设备仪器如下。

(1)抽水设备:水桶、抽筒、水泵(离心泵、射流泵、潜水泵、深井泵)、空压机(电动式空压机、柴油动力式空压机)。

(2)过滤器:砾石过滤器、缠丝(包网)过滤器、骨架过滤器。从材质上区分有混凝土过滤器、尼龙塑料类过滤器、铸铁过滤器、钢及不锈钢过滤器。

(3)水位计:测钟、电测水位计(浮漂式、灯显式、音响式、仪表式等)、浮子式自动水位仪、测量水头用的套管架接水头测量仪、压力表(计)水头测量仪。

(4)流量计:三角堰、梯形堰、矩形堰、量筒、流量箱、缩径管流量计、孔板流量计。

(5)水温计:温度表、带温度表的测钟、热敏电阻测温仪、水温仪。

第三节 水文地质参数计算

一、渗透系数计算

不同适用条件下渗透系数计算公式见表 16-2～表 16-4。

表 16-2 潜水非完整井(非淹没过滤器井壁进水)

图形	计算公式	适用条件
$l<0.3H$	$k=\dfrac{0.73Q}{s_w\left[\dfrac{l+s_w}{\lg\dfrac{R}{r_w}}+\dfrac{l}{\lg\dfrac{0.06l}{r_w}}\right]}$	①过滤器安置在含水层上部; ② $l<0.3H$; ③含水层厚度很大
$s<0.3H$ $l<0.3H$ $r_1<0.3H$	$k=\dfrac{0.16Q}{l'(s_w-s_1)}\left(2.3\lg\dfrac{1.6l'}{r_w}-\text{arsh}\,\dfrac{l'}{r_1}\right)$ 式中:$l'=l_0-0.5(s_w+s_1)$	①过滤器安置在含水层上部; ② $l<0.3H$; ③ $s_w<0.3l_0$; ④有 1 个观测孔 $r_1<0.3H_r$
	$k=\dfrac{0.73Q}{s_w\left[\dfrac{l+s_w}{\lg\dfrac{R}{r_w}}+\dfrac{2m}{\dfrac{1}{2\alpha}\left(2\lg\dfrac{4m}{r_w}-A\right)-\lg\dfrac{4m}{R}}\right]}$ 式中:m 为抽水时过滤器(进水部分)长度的中点至含水层底的距离;A 取决于 $\alpha=l/m$(由图 16-1 确定)。	①过滤器安置在含水层上部; ② $l>0.3H$; ③单孔
$H_1<0.5H$	$k=\dfrac{0.366Q(\lg R-\lg r_w)}{H_1 s_w}$ 式中:H_1 为到过滤器底部的含水层深度	单孔

续表 16-2

图形	计算公式	适用条件
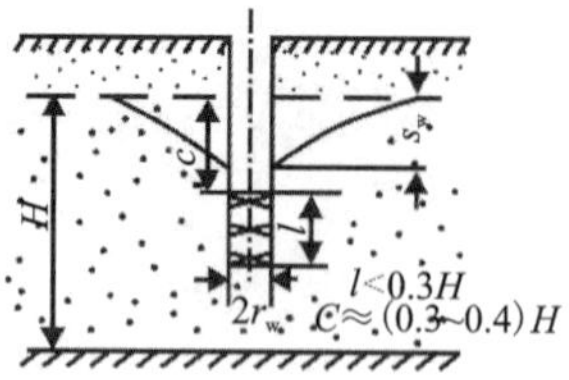	$k=\frac{0.366Q}{ls_{w}}\lg\frac{0.66l}{r_{w}}$	①河床下抽水； ②过滤器安置在含水层上部或中部； ③ $c>\frac{l}{\ln\frac{l}{r_{w}}}$ (一般 $c<2\sim3\text{m}$)； ④ $H_{1}<0.5H$

表 16-3　潜水非完整井(淹没过滤器井壁进水)

图形	计算公式	适用条件
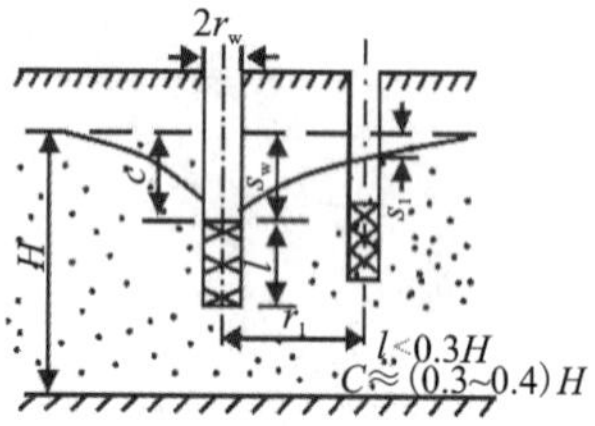	$k=\frac{0.336Q}{ls_{w}}\lg\frac{0.66l}{r_{w}}$	①过滤器安置在含水层中部； ② $l<0.3H$； ③ $c\cong(0.3\sim0.4)H$； ④单孔
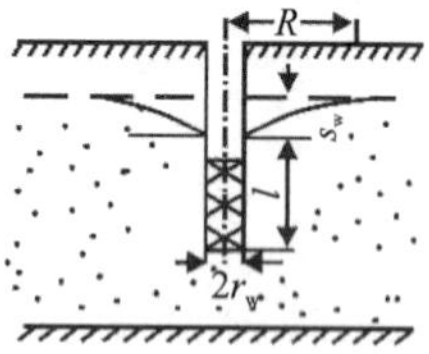	$k=\frac{0.16Q}{l(s_{w}-s_{1})}\left(2.31\lg\frac{0.66l}{r_{w}}-\text{arsh}\,\frac{l}{2r_{1}}\right)$	①②③条件同上； ④有 1 个观测孔
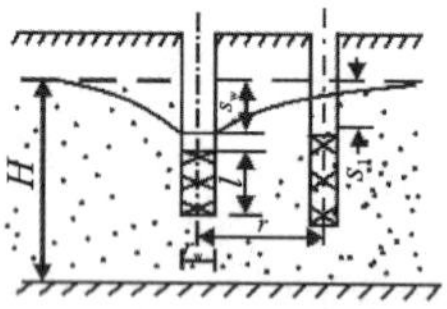	$k=\frac{0.336Q(\lg R-\lg r_{w})}{(s_{w}+l)s}$	①过滤器位于含水层中部； ②单孔
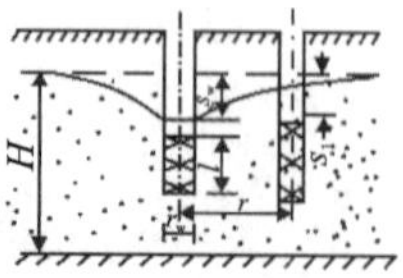	$k=\frac{0.336Q(\lg r_{1}-\lg r_{w})}{(s_{w}-s'_{1})(s-s_{1}+l)}$	①过滤器位于含水层中部； ②有 1 个观测孔

续表 16-3

图形	计算公式	适用条件
	$k=\dfrac{0.73Q(\lg R-\lg r_w)}{s_w(H+l)}$	①过滤器位于含水层下部； ②单孔

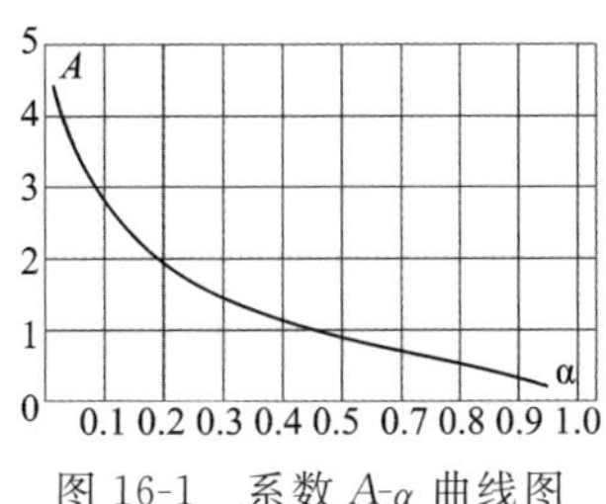

图 16-1 系数 A-α 曲线图

表 16-4 根据水位恢复速度计算渗透系数

图形	计算公式	适用条件	说明
	$k=\dfrac{1.57r_w(h_2-h_1)}{t(s_1+s_2)}$	①承压水层； ②大口径平底井（或试坑）	求得一系列与水位恢复时间有关的数值 k 后，则可作 $k=f(t)$ 曲线，根据此曲线，可确定近于常数的渗透系数值，如下图：
	$k=\dfrac{r_w(h_2-h_1)}{t(s_1+s_2)}$	①条件同上； ②大口径半球状井底（试坑）	
	$k=\dfrac{3.5r_w^2}{(H+2r_w)t}\ln\dfrac{s_1}{s_2}$	潜水完整井	
	$k=\dfrac{\pi r_w}{4t}\ln\dfrac{H-h_1}{H-h_2}$	①潜水完整井； ②大口径井底进水井壁不进水	

注：表 16-2、16-3 和 16-4 内公式中参数含义：k 为含水层的渗透系数(m/d)；Q 为抽水孔涌水量(L/s)；s_w 为抽水孔水位降深值(m)；l_0 为过滤器的长度(m)；l 为过滤器工作部分的长度(m)；R 为影响半径(m)；H 为潜水含水层的厚度(m)；r_1 为观测孔 1 至抽水孔间的中心距离(m)；h_1、h_2 分别为水位恢复 t_1、t_2 时潜水含水层的厚度(m)；s_1、s_2 分别为 t_1、t_2 时水位降深值(m)。

二、影响半径计算

根据计算公式确定影响半径，目前大多数公式只能给出近似值，常用公式见表 16-5。

表 16-5 影响半径 R 计算公式

<table>
<tr><th colspan="2">计算公式</th><th rowspan="2">适用条件</th><th rowspan="2">备注</th></tr>
<tr><th>潜水</th><th>承压水</th></tr>
<tr><td>$\lg R=\dfrac{s_w(2H-s_w)\lg r_1-s'(2H-s_1)\lg r_w}{(s_w-s_1)(2H-s_w-s_1)}$</td><td>$\lg R=\dfrac{s_w\lg r_1-s_1\lg r_w}{s_w-s_1}$</td><td>有 1 个观测孔完整井抽水</td><td rowspan="2">精度较差，一般偏大</td></tr>
<tr><td>$\lg R=\dfrac{1.336k(2H-s_w)s_w}{Q}+\lg r_w$</td><td>$\lg R=\dfrac{2.73kms}{Q}+kgr_w$</td><td>无观测孔完整井抽水</td></tr>
<tr><td colspan="2">$R=2d$</td><td>近地表水体单孔抽水</td><td></td></tr>
<tr><td>$R=2s\sqrt{\mathrm{Hk}}$</td><td></td><td>计算松散含水层井群或基坑矿山巷道抽水初期的 R 值</td><td>对直径很大的井群和单井算出的 R 值过大；计算矿坑基坑值偏小</td></tr>
<tr><td></td><td>$R=10s\sqrt{R}$</td><td>计算承压水抽水初期的 R 值</td><td>得出的 R 值为概略值</td></tr>
<tr><td>$R=\sqrt{\dfrac{k}{W}(H^2-h_0^2)}$</td><td></td><td>计算泄水沟和排水渠的影响宽度</td><td>要考虑大气降水补给潜水最强时期的 W 值</td></tr>
<tr><td>$R=1.73\sqrt{\dfrac{kHt}{\mu}}$</td><td></td><td>含水层没有补给时，确定排水渠的影响宽度</td><td rowspan="2">得出近似的影响宽度值</td></tr>
<tr><td>$R=H\sqrt{\dfrac{k}{2W}\left[1-\exp(-\dfrac{6Wt}{\mu H})\right]}$</td><td></td><td>含水层有大气降水补给时，确定排水渠的影响宽度</td></tr>
<tr><td></td><td>$R=\alpha\sqrt{\alpha t}$
$\alpha=1.1\sim1.7$</td><td>确定承压含水层中狭长坑道的影响宽度</td><td>α 为系数，取决于抽水状态</td></tr>
</table>

第四节　抽水试验资料整理

一、现场整理

抽水试验进行过程中，需要在现场整理试验数据，编制有关曲线图表，指导并检查试验情况，为室内整理做好基础工作。典型的流量、降深与时间的关系如图 16-2 所示。图 16-3、图 16-4 中，曲线 A 代表含水层的渗透性好、补给条件好、出水量大的抽水试验曲线；曲线 B 代表含水层的渗透性较好、补给条件较好、出水量较大的抽水试验曲线；曲线 C 代表含水层分布范围较小、含水层渗透性和地下水补给条件差的抽水试验曲线。

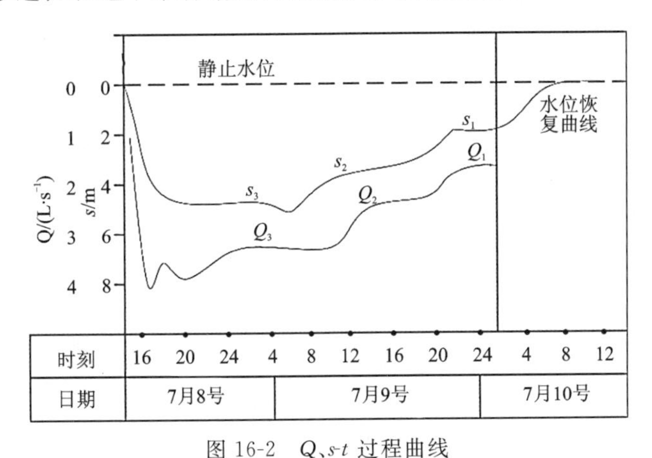

图 16-2　Q、s-t 过程曲线

注：有观测孔时，应绘制主孔与观测孔水位下降历时曲线

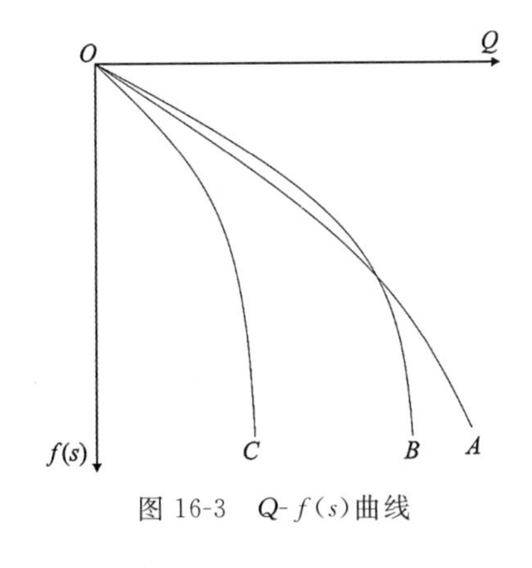

图 16-3　Q-$f(s)$曲线

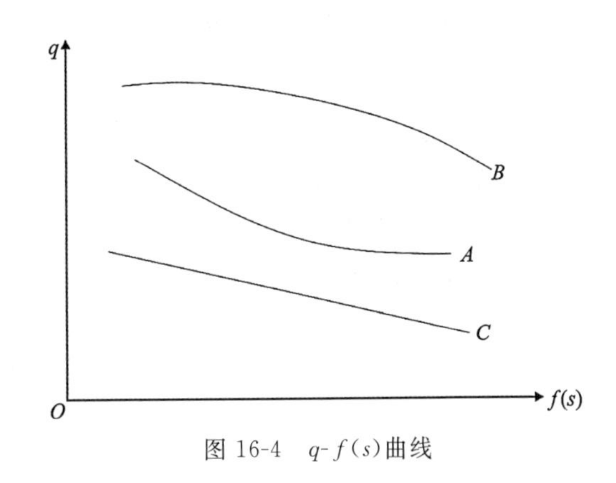

图 16-4　q-$f(s)$曲线

二、室内整理

(1)绘制水文地质综合图表，内容包括：①试验地段平面图；②水位、流量与时间过程曲线图；③Q-$f(s)$、q-$f(s)$曲线图；④水位恢复曲线(过程)图；⑤主孔、观测孔结构图(包括工艺、技术措施说明等)。

(2)计算岩土工程勘察所要求的水文地质参数。在选用计算公式时，应充分考虑适用条件，具体内容见本节水文地质参数计算。

(3)编写抽水试验报告内容包括：①试验的目的、方法和要求；②试验设备；③试验的成果和结论。

第五节 工程实例

一、工程概况

湖北荆州煤炭铁水联运储配基地一期工程，位于长江江陵河段马家寨水道中下部的长江左岸荆州市江陵县马家寨乡祁渊村，上游距荆州市约 25km，下游距江陵县约 10km。一期工程勘察范围主要包括码头、堆场和道路、廊道和转运站、翻车机区、辅助区及其他附属设施，本次抽水试验在翻车机区进行。

勘察区岩土层主要为第四系全新统冲积层(Qh^{al})、冲洪积层(Qp_3^{al+pl})，岩土层自上而下可分为如下几个单元土体，分述如下。

(1)杂素填土(Qh^{ml})：杂色，松散。

(1)-1 素填土(Qh^{ml})：以黄褐色为主，松散。

(2)粉质黏土及黏土(Qh^{al})：以黄褐色为主，一般呈可塑状。

(2)-1 淤泥质粉质黏土(Qh^{al})：褐色，流塑状。

(3)粉质黏土及黏土(Qh^{al})：以灰褐色为主，一般呈可塑状。

(3)-1 淤泥质粉质黏土(Qh^{al})：灰褐色，流塑状。

(3)-2 粉土(Qh^{al})：灰褐色，稍密状。

(4)粉细砂(Qh^{al})：灰色，松散—稍密状。

(5)粉细砂(Qh^{al})：灰色，中密状。

(5)-1 粉质黏土(Qh^{al})：褐灰色，一般呈软塑状。

(6)卵石(Qp_3^{al+pl})：灰色夹杂色，一般呈中密状。

(6)-1 卵石混砂(Qp_3^{al+pl})：以灰色为主，夹杂色，稍密状。

(6)-2 圆砾(Qp_3^{al+pl})：灰色夹杂色，一般呈中密状。

本工程先后在砂层、卵石层中各进行了 1 组抽水试验。砂层抽水试验布设 1 个抽水孔和 3 个观测孔，期间进行了 3 个降深的稳定流试验；卵石层试验布设 1 个抽水孔和 2 个观测孔，期间进行了 3 个降深的稳定流试验(表 16-6)。

表 16-6 水文试验钻孔数据一览表 单位：m

序号	钻孔编号	钻孔收孔坐标		管口高程	钻孔深度	钻孔直径	备注
		X	Y				
1	C1	3329624.279	531651.799	29.82	32	660	抽水试验抽水孔
2	G1	3329616.056	531649.833	29.72	32	127	抽水试验观测孔

续表 16-6　　单位：m

序号	钻孔编号	钻孔收孔坐标/m		管口高程	钻孔深度	钻孔直径	备注
		X	Y				
3	G2	3329609.039	531647.306	29.54	32	127	抽水试验观测孔
4	G3	3329622.416	531659.533	29.80	32	127	抽水试验观测孔
5	CS1	3329574.945	531706.464	29.93	39	600	抽水试验抽水孔
6	CS2	3329576.876	531701.323	29.73	37	220	抽水试验观测孔
7	CS3	3329580.783	531693.019	29.66	37	220	抽水试验观测孔

勘察区地表水系主要为邻近的长江，拟建项目位于荆江江陵祁家渊段，地处长江中游荆江下段，该段江面狭窄，仅 700～900m。汛期多在 5～10 月，7、8 月份水位最高。勘察区离长江相对较近，离江堤不到 1100m，地表下伏透水层埋深较浅，长江水系高水位对勘察区影响较大。

二、抽水试验

1. 试验井布置

砂层采用 1 个抽水孔、3 个观测孔的抽水试验方案，结合地质资料，抽水孔（C1）选择在钻孔 FZK09 附近，1 个观测孔（G3）与抽水孔（C1）平行长江布设，2 个观测孔（G1 和 G2）与抽水孔（C1）垂直长江呈直线布设。

卵石层采用 1 个抽水孔、2 个观测孔的抽水试验方案，结合地质资料，抽水孔（CS1）选择在钻孔 FJZK10 附近，观测孔（CS2 和 CS3）与抽水孔呈直线布设。

2. 试验井结构设计

（1）砂层抽水试验：试验选取 14.0～30.0m 作为抽水试验段，14.0m 以上采用实管连接，试验段 14.0～30.0m 安装过滤管并在外围缠绕滤网，30.0～32.0m 安装底部密封的实管作为沉淀管。

（2）卵石层抽水试验：试验选取 30.0～35.0m 范围内卵石层作为抽水试验段，30.0m 以上采用实管连接，试验段 30.0～35.0m 安装过滤管并在外围缠绕滤网，35.0～39.0m 安装底部密封的实管作为沉淀管。

3. 试验过程

（1）砂层抽水试验：采取先钻抽水孔、后钻观测孔的顺序。抽水试验降深采取从小到大的原则，先后进行了流量约 $19.2m^3/h$、$29.8m^3/h$、$55.2m^3/h$ 的稳定流抽水试验工作。第 3 个降深完成后立即进行水位恢复试验，水位恢复稳定后，抽水试验结束。现场工作照片如图 16-5 所示。

图 16-5　砂层抽水试验现场工作照片

（2）卵石层抽水试验：采取先钻抽水孔、后钻观测孔的顺序。抽水试验流量采取从小到大的原则，先后进行了流量 $20.85m^3/h$、$34.19m^3/h$、$42.87m^3/h$ 的稳定流抽水试验工作。第 3 个降深完成后立即进行水位恢复试验，水位恢复稳定后，抽水试验结束。卵石层抽水试验现场工作照片如图 16-6 所示。

图 16-6　卵石层抽水试验现场工作照片

4. 设备及材料

(1)150 型冲击钻钻机、钻具 1 台(套)。

(2)汽油发电机、水泵 1 台(最大流量 $80m^3/h$,最大扬程 50m)。

(3)井管、水管 1 套。

(4)滤料、黏土球若干。

(5)水位计、秒表、流量计、水表各 1 台(套)。

三、试验结果与分析

1. 砂层试验结果

根据 3 组抽水试验的成果,每一个降深计算渗透系数及影响半径的参数见表 16-7。

表 16-7 砂层抽水试验计算参数表

项目	r_1/m	r_2/m	r_3/m	r/m	s_w/m	s_1/m	s_2/m	s_3/m	l/m	$Q/(m^3 \cdot h^{-1})$
第一降深	8	15	8	0.125	1.99	0.79	0.59	0.39	16	19.2
第二降深	8	15	8	0.125	3.21	1.04	0.70	0.29	16	29.8
第三降深	8	15	8	0.125	8.06	2.40	1.50	1.11	16	55.2

注:r_1、r_2、r_3 为观测孔 1、2、3 到抽水孔的距离;r 为抽水孔过滤管内径;S_w 为抽水孔的降深;S_1、S_2、S_3 为观测孔 1、2、3 的降深;l 为试验段长度;Q 为出水量。

按 1 口观测孔的单孔抽水试验计算平行荆江方向的渗透系数 K_H 及影响半径 R_H:

$$K_H = \frac{0.366Q(\lg r_1 - \lg r_w)}{l(s_w - s_1)} \tag{16-1}$$

$$\lg R_H = \frac{s_w \lg r_1 - s_1 \lg r_w}{s_w - s_1} \tag{16-2}$$

计算得出第一降深渗透系数 K_H=11.90m/d,影响半径 R_H=22.05m;第二降深渗透系数 K_H=10.12m/d,影响半径 R_H=12.09m;第三降深渗透系数 K_H=7.88m/d,影响半径 R_H=15.54m。综合得出平行荆江方向渗透系数 K_H=11.90m/d,影响半径 R_H=22.05m。

按 2 口观测孔的单孔抽水试验计算垂直荆江方向的渗透系数 K_V 及影响半径 R_V:

$$K_V = \frac{0.366Q(\lg r_2 - \lg r_1)}{l(s_1 - s_2)} \tag{16-3}$$

$$\lg R_V = \frac{s_1 \lg r_2 - s_2 \lg r_1}{s_1 - s_2} \tag{16-4}$$

计算得出第一降深渗透系数 K_V=14.39m/d,影响半径 R_V=95.82m;第二降深渗透系数 K_V=13.14m/d,影响半径 R_V=54.72m;第三降深渗透系数 K_V=9.19m/d,影响半径 R_V=42.77m。综合得出垂直荆江方向渗透系数 K_V=14.39m/d,影响半径 R_V=95.82m。

2. 卵石层试验结果

根据 3 组抽水试验的成果,每一个降深计算渗透系数及影响半径的参数见下表 16-8。

表 16-8 卵石层抽水试验计算参数

项目	r_w/m	r_1/m	r_2/m	s_w/m	s_1/m	s_2/m	$Q/(m^3 \cdot /h^{-1})$	l/m
第一降深	0.125	5.49	14.66	3.29	0.73	0.36	20.854	5
第二降深	0.125	5.49	14.66	5.22	1.02	0.4	34.188	5
第三降深	0.125	5.49	14.66	6.49	1.17	0.44	42.872	5

注：r_w为抽水孔过滤管内径；r_1、r_2为观测孔 CS2、CS3 到抽水孔 CS1 的距离；s_w为抽水孔 CS1 的降深；s_1、s_2为观测孔 CS2、CS3 的降深；Q为出水量；l为至过滤器底部的含水层厚度。

依据《水利水电工程钻孔抽水试验规程》(SL 320—2005)，承压水稳定流非完整井渗透系数 K 及影响半径R 计算公式如下：

$$K=\frac{0.16Q}{l(s_1-s_2)}\times\left[\operatorname{arsh}\frac{l}{r_1}-\operatorname{arsh}\frac{l}{r_2}\right] \tag{16-5}$$

$$R=10\,s_w\sqrt{K} \tag{16-6}$$

计算得出第一降深渗透系数 K=20.87m/d，影响半径 R=150.89m；第二降深渗透系数 K=20.41m/d，影响半径 R=235.85m；第三降深渗透系数 K=21.74m/d，影响半径 R=302.62m。综合 3 次降深得出渗透系数 K=21.74m/d，影响半径 R=302.62m。

综合两种计算方法，渗透系数综合取值 K=21.74m/d，影响半径综合取值 R=302.62m。

(1)抽水试验的目的是什么？

(2)如何根据抽水试验结果计算渗透系数？

(3)对于多层承压水，如何开展抽水试验？

第十七章　压水试验

第一节　压水试验目的和方法

一、压水试验的目的

岩土工程勘察中的压水试验主要是为了查明天然岩(土)层的裂隙性和渗透性,为评价岩体的渗透特性和设计防渗措施提供基本资料。

二、压水试验的方法

根据试验方法的不同,压水试验可以按不同的方式进行划分,主要有4种:①按试验段划分为分段压水试验、综合压水试验和全孔压水试验;②按压力点划分为一点压水试验、三点压水试验和多点压水试验;③按试验压力划分为低压压水试验和高压压水试验;④按加压的动力源划分为水柱压水法、自流式压水法和机械压水法试验,见图17-1～图17-3。

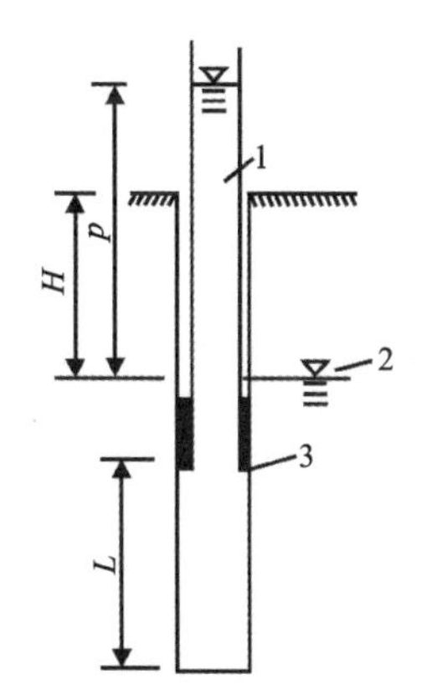

图17-1　水柱压水法布置示意图

1.水柱;2.静止水位;3.柱塞;p.压力;H.地下水埋深;L.试水段长度

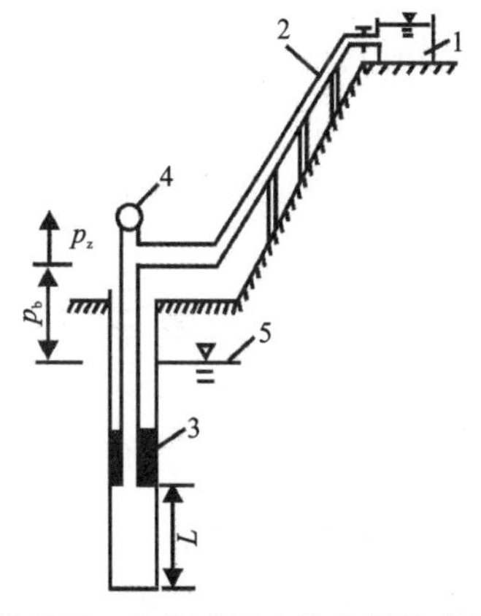

图17-2　自流式压水法布置示意图

1.量水箱;2.管路;3.栓塞;4.压力表;5.地下水位;p_z.水柱压力;p_b.压力表指示压力;L.试水段长度

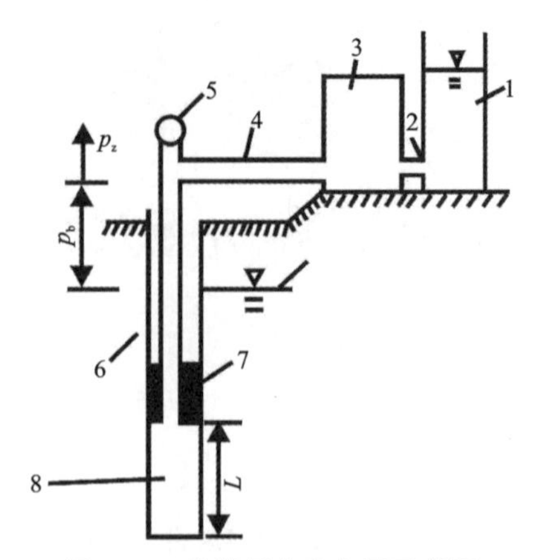

图 17-3　机械压水法布置示意图

1. 量水箱;2、4. 管路;3. 加压泵;5. 压力表;6. 试验孔;7. 栓塞;8. 试验段;

p_z. 水柱压力;p_b. 压力表指示压力;L. 试验段长度

三、压水试验的仪器设备

压水试验的仪器设备包括测量压力的压力表、压力传感器、流量计和水位计等,量测设备应符合下列要求:

(1)压力表应反应灵敏,卸压后指针回零,量测范围应控制在极限压力值的1/3～3/4。

(2)压力传感器的压力范围应大于试验压力。

(3)流量计应能在1.5MPa压力下正常工作,量测范围应与水泵的出力相匹配,并能测定正向和反向流量。

(4)宜使用能测量压力和流量的自动记录仪进行压水试验。

(5)水位计应灵敏可靠,不受孔壁附着水或孔内滴水的影响,水位计的导线应经常检测。

(6)试验用的仪表应专门保管,并定期进行检查、标定。

第二节　现场钻孔压水试验

1. 试验程序

现场试验工作应包括洗孔、设置栓塞隔离试验段、水位测量、仪表安装、压力和流量观测等步骤。试验开始时,应对各种设备、仪表的性能和工作状态进行检查,发现问题应立即处理。

2. 洗孔

(1)洗孔应采用压水法,洗孔时钻具应下到孔底,流量应达到水泵的最大出水量。

(2)洗孔应洗至孔口回水清洁,肉眼观察无岩粉时方可结束。当孔口无回水时,洗孔时间不得少于15min。

3. 试验段隔离

(1)下栓塞前应对压水试验工作管进行检查，不得有破裂、弯曲、堵塞等现象。接头处应采取严格的止水措施。

(2)采用气压式或水压式栓塞时，充气(水)压力应比最大试验段压力大 0.2～0.3MPa，在试验过程中充气(水)压力应保持不变。

(3)栓塞应安设在岩石较完整的部位，定位应准确。

(4)当栓塞隔离无效时，应分析原因，采取移动栓塞、更换栓塞或灌制混凝土塞位等措施。移动栓塞时只能向上移，其范围不应超过上一次试验的塞位。

4. 水位观测

(1)下栓塞前应首先观测 1 次孔内水位，试验段隔离后，再观测工作管内水位。

(2)工作管内水位观测应每隔 5min 进行 1 次。当水位下降速度连续 2 次均小于 5cm/min 时，观测工作即可结束。

(3)在工作管内水位观测过程中如发现承压水时，应观测承压水位。当承压水位高出管口时，应进行压力和漏水量观测。

5. 压力和流量观测

(1)在向试验段送水前，应打开排气阀，待排气阀连续出水后，再将其关闭。

(2)流量观测前应调整调节阀，使试验段压力达到预定值并保持稳定。

(3)流量观测工作应每隔 1～2min 进行 1 次。当流量无持续增大趋势，且 5 次流量读数中最大值与最小值之差小于最终值的 10%，或最大值与最小值之差小于 1L/min 时，本阶段试验即可结束。

(4)将试验段压力调整到新的预定值，重复上述试验过程，直到完成该试验段的试验。

(5)在降压阶段，如出现水由岩体向孔内回流现象，应记录回流情况。待回流停止，流量达到规定的标准后方可结束本阶段试验。

(6)在试验过程中，应对附近受影响的泉水、井水、钻孔水位进行观测。

(7)在压水试验结束前，应检查原始记录是否齐全、正确，发现问题必须及时纠正。

第三节　压水试验的主要参数

一、稳定流量

压入耗水量就是在一定的地质条件下和某一个确定压力作用下，压入水量呈稳定状态的流量。

根据《水利水电工程钻孔压水试验规程》(SL 31—2003)规定，控制某一设计压力值稳定后，每隔 1～2min 测读 1 次流量，当流量无持续增大趋势，且连续 5 次读数最大值与最小值之差小于最终值的10%，或最大值与最小值之差小于1L/min时，本阶段试验即可结束，取最终值作为稳定流量。

若进行简易压水试验，其稳定流量标准可低于上述标准。

二、压力值

1. 试验段压力

压水试验应按三级压力、5个阶段进行，即 $p_1—p_2—p_3—p_4(=p_2)—p_5(=p_1)$、$p_1<p_2<p_3$，$p_1$、$p_2$、$p_3$ 三级压力宜分别为0.3MPa、0.6MPa和1MPa。当试验段埋深较浅时，宜适当降低试验段压力。压水试验的总压力是指用于试验段的实际平均压力，其单位习惯上均以水柱高度m计算，即1m水柱压力=9.8kPa。

（1）当用安设在与试验段连通的测压管上的压力计测压时，试验段压力下式计算：

$$p = p_p + p_z \tag{17-1}$$

式中：p 为试验段压力（MPa）；p_p为压力计指示压力（MPa）；p_z为压力计中心至压力计算零线的水柱压力（MPa）。

（2）当用安设在进水管上的压力计测压时，试验段压力按下式计算：

$$p = p_p + p_z - p_s \tag{17-2}$$

式中：p_s为管路压力损失（MPa）；其余符号同式（17-1）。

2. 压力计算零线值

压力计算零线值 p_z是指自压力表中心至压力计算零线的垂直距离的水柱压力。因此应首先确定压力计算零线。压力计算零线按以下3种情况确定：

（1）当地下水位位于试验段以下时，以通过试验段1/2处的水平线作为压力计算零线，见图17-4(a)。

（2）当地下水位位于试验段之内时，以通过地下水位以上试验段1/2处的水平线作为压力计算零线，见图17-4(b)。

（3）当地下水位位于试验段之上时，且试验段在该含水层中，以地下水位线作为压力计算零线，见图17-4(c)。

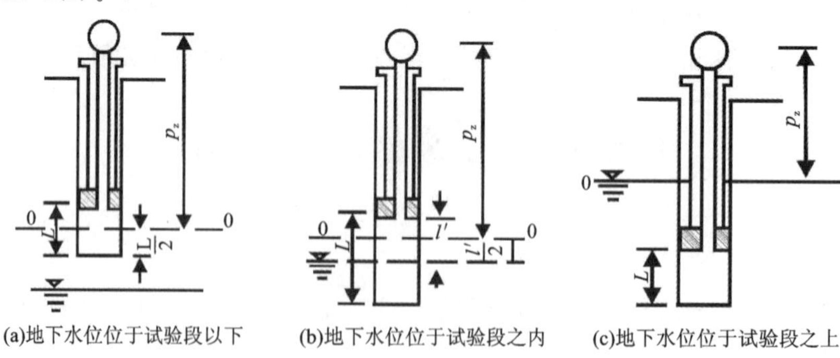

(a)地下水位位于试验段以下　(b)地下水位位于试验段之内　(c)地下水位位于试验段之上

图 17-4　压力计算零线

p_z. 水柱压力；L. 试验段长度

对于压水试验，压力值是从地下水位起算的，故在试验前应观测地下水位。地下水位达到稳定的标准规定如下：

(1)确知原地下水稳定水位未受外界和人为影响，或变化很小的情况下，观测 2～3 次地下水位即可认定。

(2)若地下水位发生了变化，应进行稳定水位观测。观测初期间隔可稍短些，其后每隔 10min 观测 1 次。当水位不再发生变化，或当水位连续 3 次读数变化速率小于 lcm/min 时，即认为达到稳定，将最后 1 次测得的水位作为稳定水位。

(3)钻孔动水位高于稳定水位的情况下，水位逐渐下降而趋于稳定，见图 17-5。稳定标准定为：$H_2-H_1<10\text{cm}$ 和 $H_3-H_2<10\text{cm}$，水位下降速度小于 1cm/min。

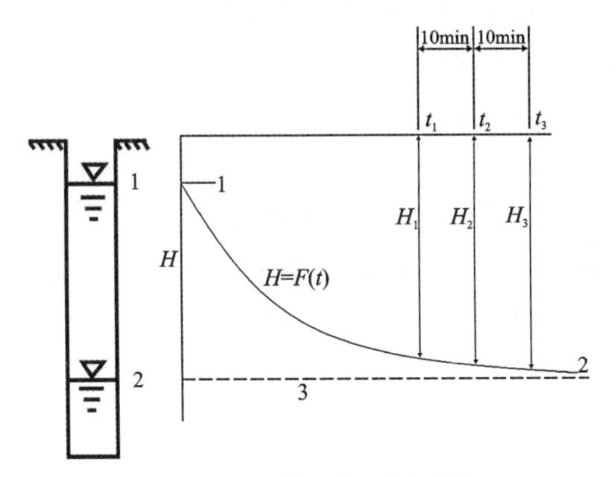

图 17-5 水位下降历时曲线

1.初始观测时的最高动水位；2.计算用的稳定水位；3.实际的稳定水位

(4)钻孔动水位低于稳定水位的情况下，水位逐渐上升而趋于稳定，见图 17-6。稳定标准定为：$H_1-H_2<10\text{cm}$ 和 $H_2-H_3<10\text{cm}$，水位上升速度小于 1cm/min。

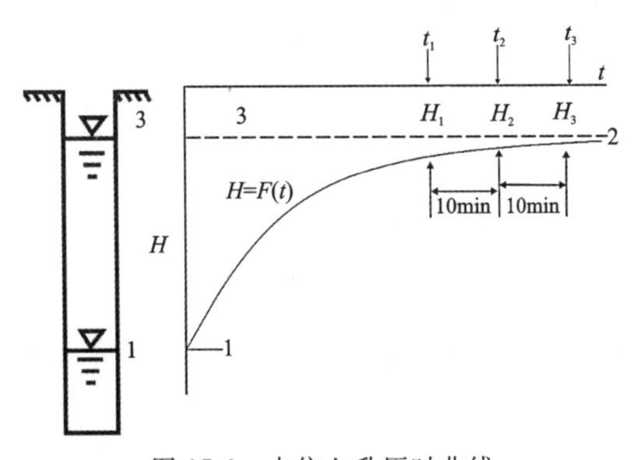

图 17-6 水位上升历时曲线

1.初始观测时的最低水位；2.计算用的稳定水位；3.实际的稳定水位

3.压力损耗值 p_s

(1)当工作管内径一致且内壁粗糙度变化不大时，管路压力损失可按下式计算：

$$p_s = \lambda \frac{L_p}{d} \frac{v^2}{2g} \tag{17-3}$$

式中：λ 为摩擦系数，$\lambda = (2 \sim 4) \times 10^{-4}$ MPa/m；L_p 为工作管长度(m)；d 为工作管内径(m)；v 为管内液体流速(m/s)；g 为重力加速度，$g = 9.8\text{m/s}^2$。

(2)当工作管内径不一致时，按《水利水电工程钻孔压水试验规程》(SL 31—2003)取值，管路压力损失应根据实测资料确定。实测管路压力损失，按下列规定和过程进行：

①测定压力损失所用的钻杆和接头应与实际使用的规格一致。

②测试管路为两套，每套管路总长度不少于 40m，第一套与第二套的长度相差不大于 0.2m，但接头数相差 3 副以上。

③管路应平置于地面，末端高于首端，两端安装压力表，末端安装流量计，流量计后的出水口应抬高 1～2m，实测两端压力表的高差。

④将不同流量的水输入管路，流量范围为 10～100L/min，测点不少于 15 个，管路两端的压力差即为该流量下的管路压力损失。

⑤每套管路的实测工作应进行 2 次，取其平均值。

⑥绘制两套管路的压力损失与流量关系曲线，量得各流量值相应的压力损失差 Δp_s(图 17-7)。

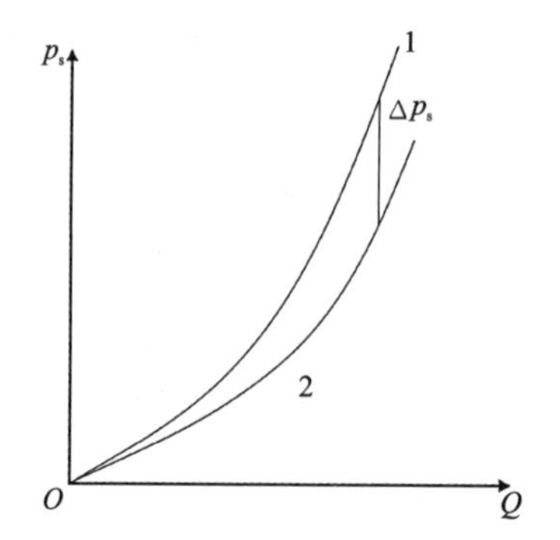

图 17-7　压力损失与流量关系曲线

1. 第 1 套路径；2. 第 2 套管路

⑦各种流量下每副接头的压力损失按下式计算：

$$p_{sj} = \frac{\Delta p_s}{n} \tag{17-4}$$

式中：p_{sj} 为某流量下每副接头的压力损失(MPa)；Δp_s 为该流量下两套管路的压力损失差(MPa)；n 为两套管路接头数之差。

⑧从各种流量下的管路压力损失中减去接头的压力损失，计算出各种流量下每米钻杆的压力损失值。

⑨编制出各种流量下每米钻杆及每副接头的压力损失图或表。

(3)对工作管管径“突大”或“突小”两种情况，也可分别按式(17-5)和式(17-6)计算。

管径断面突然扩大时的压力损失：

$$p_s = \frac{(v_1 - v_2)^2}{2g} \tag{17-5}$$

式中：p_s为管径断面突然扩大时的压力损失（MPa）；v_1为水在小管径的管内流速（m/s）；v_2为水在大管径的管内流速（m/s）。

管径断面突然缩小时的压力损失：

$$p_s = \alpha \frac{v_1^2}{2g} \tag{17-6}$$

式中：p_s为管径断面突然缩小时的压力损失（MPa）；α为阻力系数，见表17-1。

表17-1 阻力系数α

d_2/d_1	0.1	0.2	0.4	0.6	0.8
α	0.5	0.42	0.33	0.25	0.15

注：表中d_1为大管内径，d_2为小管内径。压力损失值的确定尚可查有关图表或试验确定。

4. 试验段长度

试验段按规《水利水电工程钻孔压水试验规程》（SL 31—2003）规定一般为5m。若岩芯完好（$q<10$Lu）时，可适当加长试验段，但不宜大于10m。对于透水性较强的构造破碎带、岩溶段、砂卵石层等，可根据具体情况确定试验段长度。孔底岩芯不超过20cm者，可计入试验段长度。倾斜钻孔的试验段按实际倾斜长度计算。

第四节 压水试验成果整理

一个压力点的压水试验成果，要依靠钻孔钻进和压水工艺质量来控制，只有上述质量可靠，试验成果才可靠。用以下工作程序来保证成果的可靠性，即试验段清水钻进→冲孔→下卡栓塞→观测稳定水位→正式压水（控制p读取Q）→正误判断→松塞提管。

试验资料整理应包括校核原始记录，绘制p-Q曲线，确定p-Q曲线类型，计算试验段透水率、渗透系数等。

（1）绘制p-Q曲线时，应采用统一比例尺，即纵坐标（p轴）1mm代表0.01MPa，横坐标（Q轴）1mm代表1L/min。曲线图上各点应标明序号，并依次用直线相连，升压阶段用实线，降压阶段用虚线。

（2）试验段的p-Q曲线类型应根据升压阶段p-Q曲线的形状以及降压阶段p-Q曲线与升压阶段p-Q曲线之间的关系确定。

（3）当p-Q曲线中第4点与第2点、第5点与第1点的流量值绝对差不大于1L/min或相对差不大于5%时，可认为基本重合。

p-Q曲线类型及曲线特点见表17-2。

表 17-2　p-Q 曲线类型及曲线特点

类型名称	A 型(层流)	B 型(紊流)	C 型(扩张)	D 型(冲蚀)	E 型(充填)
p-Q 曲线	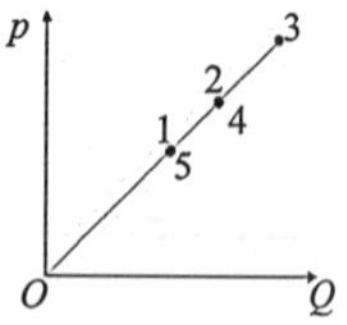	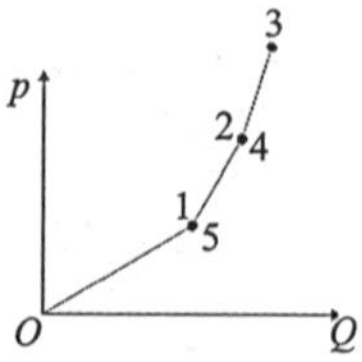	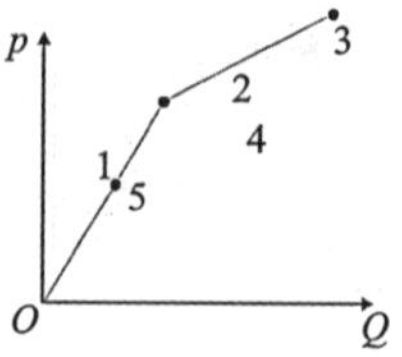	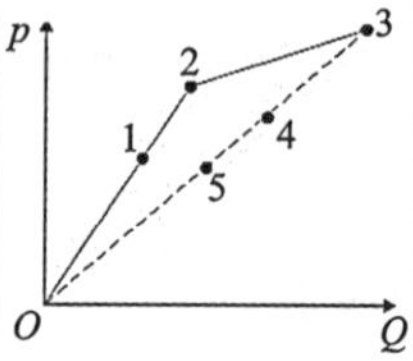	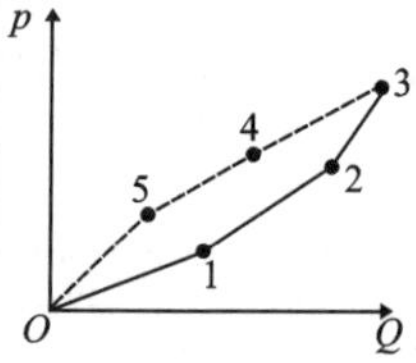
曲线特点	升压曲线为通过原点的直线,降压曲线与升压曲线基本重合	升压曲线凸向 Q 轴,降压曲线与升压曲线基本重合	升压曲线凸向 p 轴,降压曲线与升压曲线基本重合	升压曲线凸向 p 轴,降压曲线与升压曲线不重合,呈顺时针环状	升压曲线凸向 Q 轴,降压曲线与升压曲线不重合,呈逆时针环状

第五节　工程实例

一、工程概况

南京地铁 3 号线上元门站位于南京市北,距长江 400m 左右,属于长江一级阶地岗地区和长江漫滩平原区过渡区,区段土层结构复杂,存在较厚的淤泥质粉质黏土、粉土、粉砂及细砂,地下水丰富且与江水水力联系密切。车站基坑处于临江破碎带影响范围内,且基坑主体两侧存在较多建筑物以及地下管线,水文地质条件与工程地质条件十分复杂。基坑断面为地下 3 层侧式的断面形式,埋深为 22.0m,底板标高为−12.0m,开挖尺寸为 121.4m×24.4m×24.0m。

二、现场压水试验

为查明破碎带及影响区域的岩体及地下水情况,查找导致基坑发生涌水灾害的主要通道及渗透系数分布情况,开展了现场压水试验。根据基坑地质资料圈定压水试验范围 ZHK11+887.239→ZHK12+008.268,沿基坑布设两排钻孔,在地质资料显示破碎的区域加密布设 6 个钻孔,因该区域地下水位位于地表下 5m,基坑深度为 18m,为保证基坑安全,钻孔深度定为地面下 23m,钻孔布置如图 17-8 所示。

图中正号标示的作为压水井,负号标示的作为抽水井,共进行 10 组试验,每组试验选取 1 对抽水井与压水井,以相同的速率(100L/h)分别对其进行抽水和压水,其余孔作为观测孔,用钻孔水位测量仪记录水头变化,抽水孔、压水孔试验设计以及观测孔水位变化结果见表 17-3。

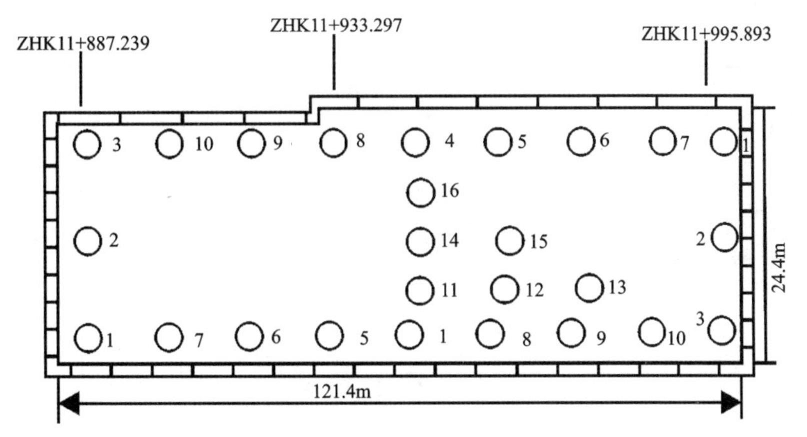

图 17-8 压水试验钻孔布设图

表 17-3 压水试验钻孔水头变化

单位：m

试验编号	试验编号									
	1	2	3	4	5	6	7	8	9	10
1＋	注	2.46	1.05	0.08	0.97	1.50	2.70	0.03	0.30	0.47
1－	抽	－3.05	－1.45	－0.18	－0.55	－1.10	－2.32	－0.08	－0.52	－0.98
2＋	2.76	注	2.65	－0.03	0.65	1.06	1.95	0.23	0.68	1.24
2－	－2.75	抽	－1.85	－0.10	－0.45	－1.05	－2.30	－0.19	－0.72	－1.21
3＋	1.37	2.69	注	－0.25	0.18	0.46	0.92	0.65	1.53	3.12
3－	－1.13	－1.81	抽	0.48	0.04	－0.38	－0.86	－0.92	－1.98	－3.16
4＋	0.24	－0.33	－0.89	注	0.85	0.35	0.22	－1.95	－1.11	－1.12
4－	－0.02	－0.41	－0.16	抽	－0.58	－0.28	－0.18	0.86	0.47	0.10
5＋	0.92	0.26	－0.16	0.31	注	1.20	0.97	－0.21	－0.05	－0.22
5－	－0.60	－0.83	－029	－1.12	抽	－1.46	－0.86	0.64	0.32	0.02
6＋	1.60	0.79	0.16	0.12	1.40	注	1.80	－0.03	0.12	0.02
6－	－1.00	－1.33	－0.68	－0.51	－1.26	抽	－1.50	0.22	－0.13	－0.42
7＋	2.80	1.70	0.63	0.11	1.15	1.80	注	0.00	0.22	0.26
7－	－2.20	－2.55	－1.15	－0.29	－0.69	－1.49	抽	0.02	－0.40	－0.76
8＋	0.16	－0.10	0.31	－0.95	－0.20	－0.08	0.01	注	1.62	0.86
8－	－0.04	－0.53	－1.25	1.87	0.65	0.18	0.03	抽	－1.76	－1.60
9＋	0.40	0.39	1.26	－0.63	－0.08	0.07	0.22	1.70	注	2.83
9－	－0.42	－1.00	－2.23	0.95	0.30	－0.18	－0.40	－1.69	抽	－3.10
10＋	0.72	1.15	3.05	－0.47	－0.04	0.19	0.45	1.14	3.02	注
10－	－0.68	－1.30	－3.25	0.75	0.20	－0.25	－0.57	－1.35	－2.90	抽

续表 17-3

试验编号	试验编号									
	1	2	3	4	5	6	7	8	9	10
11	0.30	−0.26	−0.67	1.54	0.85	0.38	0.27	−1.24	−0.69	−0.79
12	0.00	−0.56	−1.22	1.66	0.57	0.09	−0.03	−2.56	−1.68	−1.55
13	−0.42	−1.00	−2.05	0.90	0.26	−0.23	−0.42	−1.65	−3.25	−2.78
14	0.19	−0.33	0.37	−0.11	0.44	0.10	0.08	0.02	0.00	−0.27
15	−0.20	−0.72	−0.77	0.13	0.05	−0.41	−0.37	−0.53	−0.63	−0.77
16	0.06	−0.43	−0.32	−0.65	0.14	−0.14	−0.10	0.40	0.19	−0.14

三、试验结果与分析

根据压水试验数据，可以计算出单孔下地层的渗透系数，从而可以得出整个基坑渗透系数等势线(图 17-9)。由此可见，随着压水试验钻孔数量的增加，基坑的渗透系数计算结果更加准确；对比基坑地质破碎区域增加试验钻孔与其他无增加钻孔可知，增加钻孔能有效提高计算结果准确性；试验数据较少时，不仅对远离试验点的位置产生的误差巨大，对试验点周围的误差也很大。

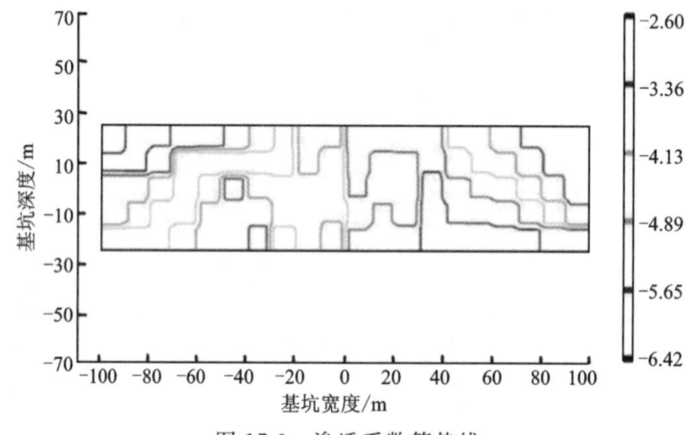

图 17-9　渗透系数等势线

(1)在查明岩土体渗透性方面，抽水试验和压水试验有哪些异同点？

(2)如何划分压水试验的压力阶段？

(3)P-Q 曲线有哪几种类型？

第十八章　注水试验

第一节　钻孔注水试验

钻孔注水(渗水)试验是野外测定岩(土)层渗透性的一种比较简单的方法,其原理与抽水试验相似,仅以注水代替抽水。钻孔注水试验通常用于:①地下水位埋藏较深,不便于进行抽水试验的地区;②在干的透水岩(土)层,常使用注水试验获得渗透性资料。

钻孔注水试验包括常水头法渗透试验和变水头法渗透试验,常水头法适用于砂、砾石、卵石等强透水地层;变水头法适用于粉砂、粉土、黏性土等弱透水地层。变水头法又可分为升水头法和降水头法。钻孔注水试验装置见图 18-1。

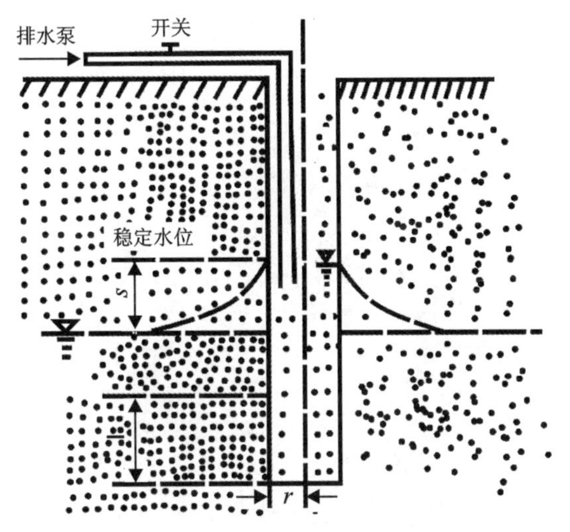

图 18-1　钻孔注水试验装置示意图

一、钻孔常水头注水试验

钻孔常水头注水试验是在钻孔内进行的,在试验过程中水头保持不变。根据试验的边界条件,分为孔底进水和孔壁与孔底同时进水两种。

1. 试验步骤

(1)造孔与试验段隔离:用钻机造孔,按预定深度下套管,如遇地下水位时,应采取清水钻进，孔底沉淀物厚度不得大于 5cm，同时要防止试验土层被扰动。钻至预定深度后，采用栓塞或套管塞进行试段隔离，确保套管下部与孔壁之间不漏水，以保证试验的准确性。对孔底进水的试段，用套管塞进行隔离，对孔壁、孔底同时进水的试段，除采用栓塞隔离试验段外，还要根据试验土层种类，决定是否下入护壁花管，以防孔壁坍塌。

(2)流量观测及结束标准：试验段隔离以后，用带流量计的注水管或量筒向套管内注入清水，使管中水位高出地下水位一定高度(或至管口)并保持固定，测定试验水头值。保持试验水头不变，观测注入流量。开始按 1min、2min、2min、5min、5min，以后均按 5min 间隔记录 1 次流量，并绘制流量-时间(Q-t)曲线。直到最终的测读流量与最后 2h 内的平均流量之差不大于 10%时，即可结束试验。

2. 资料整理

假定试验土层是均质的，渗流为层流，根据常水头条件，由达西定律得出试验土层渗透系数计算公式：

$$k=\frac{Q}{FH} \tag{18-1}$$

式中：k 为试验土层的渗透系数(cm/min)；Q 为注入流量(cm^3/min)；H 为试验水头(cm)；F 为形状系数(cm)，由钻孔和水流边界条件确定，按表 18-1 选用。

表 18-1　形状系数 F

试验条件	简图	形状系数值	备注
试验段位于地下水位以下，钻孔套管下至孔底，孔底进水		$F=5.5r$	r 为试坑的半径
试验段位于地下水位以下，钻孔套管下至孔底，孔底进水，试验土层顶板为不透水层		$F=4r$	
试验段位于地下水位以下，孔内不下套管或部分下套管，试验段裸露或下花管，孔壁与孔底进水		$F=\dfrac{2\pi l}{\ln\dfrac{ml}{r}}$	$\dfrac{ml}{r}>10$， $m=\sqrt{k_h/k_v}$。 其中 l 为试验结束时水的渗入深度；k_h、k_v 分别为试验土层的水平、垂直渗透系数

续表 18-1

试验条件	简图	形状系数值	备注
试验段位于地下水位以下，孔内不下套管或部分下套管，试验段裸露或下花管，孔壁与孔底进水，试验土层顶部为不透水层		$F=\frac{2\pi l}{\ln\frac{2ml}{r}}$	$\frac{2ml}{r}>10$， $m=\sqrt{k_h/k_v}$。 其中 l 为试验结束后水的渗入深度；k_h、k_v 分别为试验土层的水平、垂直渗透系数

二、钻孔降水头注水试验

钻孔降水头与钻孔常水头注水试验的主要区别是在试验过程中，试验水头逐渐下降，最后趋近于零。根据套管内试验水头下降速度与时间的关系，计算试验土层的渗透系数。它主要适用于渗透系数比较小的黏性土层。

1. 试验步骤

钻孔降水头注水试验设备、钻孔要求与钻孔常水头方法相同。

流量观测及结束标准：试段隔离后，向套管内注入清水，使管中水位高出地下水位一定高度（或至套管顶部）后，停止供水，开始记录管内水头高度随时间的变化，直至水位基本稳定。间隔时间按地层渗透性确定，一般按 1min、2min、2min、5min、5min 记录，以后均按 5min 间隔记录 1 次，并绘制 $\ln H$ 与时间 t 关系曲线。最后根据水头下降速度，一般可按 30～60min 间隔进行，对较强透水层，观测时间可适当缩短。在现场采用半对数坐标纸绘制水头下降比与时间的关系曲线，当水头与时间关系呈直线时说明试验正确，即可结束试验。

2. 资料整理

（1）绘制水头比 H_t/H_0 与时间 t 的关系图。

（2）确定滞后时间。

滞后时间 t 是指孔中注满水后，出现初始水头 H_0 并以初始流量进行渗透，随时间水头 H_t 逐渐消散，当水头 H_t 消散为零时所需的时间。滞后时间的确定，可用 $\ln(H_t/H_0)=0.37$ 时所对应的时间，也可用图解法或计算法确定。

①图解法。在 $\ln(H_t/H_0)$-t 关系图上，最佳拟合直线与 $\ln(H_t/H_0)=0.37$ 横线相交点所对应的时间即为滞后时间（图 18-2）。

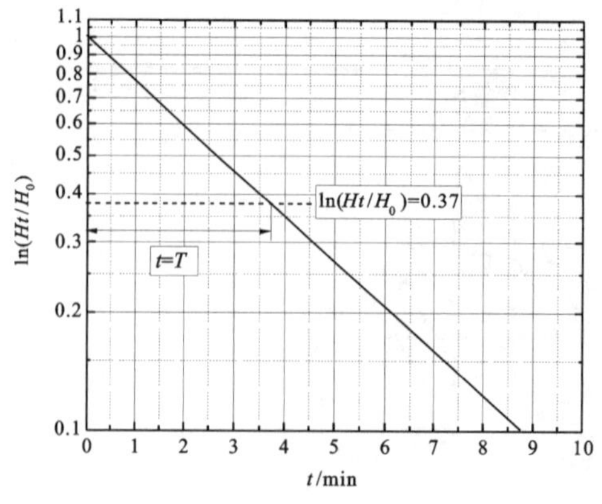

图 18-2　滞后时间 t 的图解

②计算法。根据经验可按下式计算滞后时间：

$$t=\frac{t_2-t_1}{\ln\left(\frac{H_1}{H_2}\right)} \tag{18-2}$$

③计算渗透系数。假定渗流符合达西定律，渗入土层的水等于钻孔套管内因水位下降而减少的水体积，可由下式计算渗透系数：

$$k=\frac{A}{FT} \tag{18-3}$$

式中：A 为注水管内径截面积(cm^2)；H_1 为 t_1 时的试验水头(cm)；H_2 为 t_2 时的试验水头(cm)；F 为形状系数(cm)，同式(18-1)。

第二节　试坑渗水试验

一、渗水试验方法

试坑渗水试验是野外测定包气带非饱和岩(土)层渗透系数的简易方法，最常用的是试坑法、单环法和双环法，具体见表 18-2。

表 18-2　渗水试验方法

试验方法	优缺点	备注
试坑法	①装置简单；②受侧向渗透的影响较大，试验成果精度差	当圆形坑底的坑壁四周都有防渗措施时，$F=\pi\times r^2$；当无防渗措施时，$F=\pi\times r(r+2z)$。式中：r 为试坑底的半径；z 为试坑中水层厚度
单环法	①装置简单；②没有考虑侧向渗透的影响，试验成果精度稍差	当圆形坑底的坑壁四周都有防渗措施时，$F=\pi\times r^2$；当无防渗措施时，$F=\pi\times r(r+2z)$。式中：r 为试坑底的半径；z 为试坑中水层厚度
双环法	①装置较复杂；②基本排除了侧向渗透的影响，试验成果精度较高	

1. 试坑法

试坑法是在表层土中挖一试坑进行试验，坑深30～50cm，坑底面积30cm×30cm(或直径为37.75cm的圆形)，坑底离潜水位3～5m。坑底铺设2cm厚的砂砾石层。试验开始时，控制流量连续均衡，并保持坑中水层厚为常数值(厚10cm)。当注入水量达到稳定并延续2～4h时，试验即可结束。

当试验地层为粗砂、砂砾或卵石层等渗透系数较大的地层时，控制坑内水层厚2～5cm，且渗水水力梯度$(H_k+z+l)/l\approx 1$，则可近似测定地层的渗透系数k：

$$k=\frac{Q}{F}=v \tag{18-4}$$

式中：H_k为毛细压力水头(m)，H_k值请参阅表18-3；z为坑中水层厚(m)；l为试验结束时水的渗入深度(m)，l值可在试验后开挖确定，或取样分析土中含水率确定，见图18-3。

此法通常用于测定毛细压力影响不大的砂土渗透系数，测定黏性土的渗透系数一般偏高。

表18-3 不同岩性毛细压力水头H_k值

岩土名称	H_k/m	岩土名称	H_k/m
粉质黏土	0.8～1.0	粉砂	0.2
黏质粉土	0.5～0.7	细砂	0.1
粉土	0.3～0.4	中砂	0.05

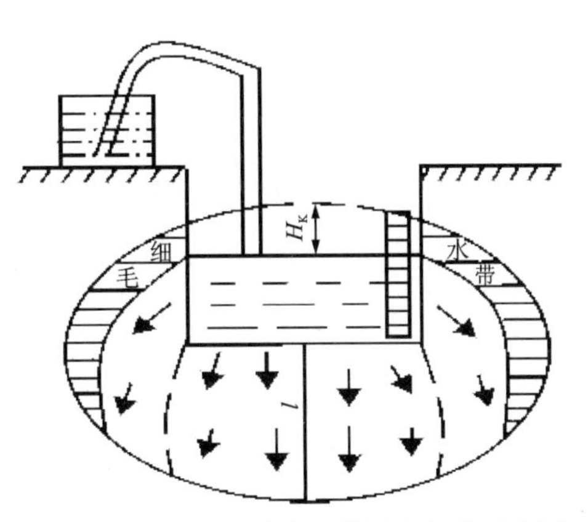

图18-3 黏性土中渗水土体浸润部分示意图

2. 单环法

单环法是在试坑底嵌入一高20cm、直径37.75cm的铁环。在试验开始时，用Mariotte瓶控制环内水柱，保持在10cm高度上。试验一直进行到渗入水量Q固定不变时为止，然后按下式计算此时的渗透速度v：

$$v = \frac{Q}{F} = k \tag{18-5}$$

式中:F 为形状系数(cm),同式(18-1)。所得的渗透速度 v 即为该岩(土)层的渗透系数 k。

此外,还可通过系统记录一定时间段(如12h)内的渗水量,求得各时间段内的平均渗透速度,据此编绘渗透速度历时曲线图,如图18-4所示。

渗透速度随时间延长而逐渐减小,并趋向于常数(呈水平线),此时的渗透速度即为所求的渗透系数 k 值。

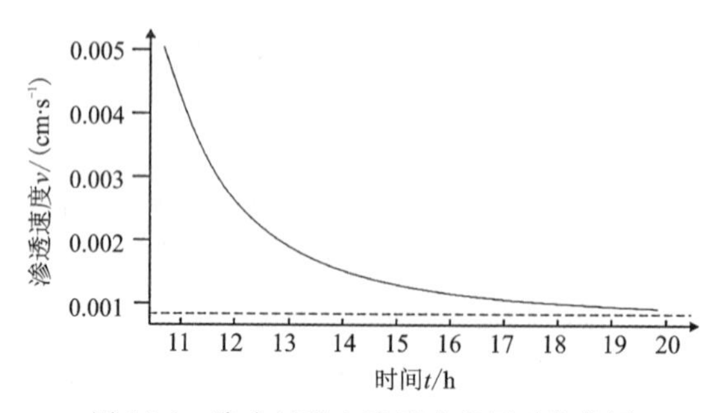

图18-4 渗水试验中渗透速度历时曲线图

3. 双环法

双环法是在试坑底嵌入两个铁环,外环直径采用0.5m,内环直径采用0.25m。试验时往铁环内注水,用Mariotte瓶控制外环和内环的水柱都保持在同一高度(如10cm)。根据内环所取得的资料按上述方法确定岩(土)层的渗透系数。由于内环中水只产生垂向渗入,排除了侧向渗流带的误差,因此该法获得的成果精度比试坑法和单环法高。

二、渗透系数计算

当渗水试验进行到渗入水量趋于稳定时,可按下式计算地层的渗透系数 k(已考虑了毛细压力的附加影响):

$$k = \frac{Ql}{F(H_k + Z + l)} \tag{18-6}$$

式中:Q 为稳定渗入水量(cm^3/min);F 为试坑(内环)渗水面积(cm^2);Z 为试坑(内环)中水层厚(cm);H_k 为毛细压力水头(cm);l 为试验结束时水的渗入深度(cm)。

当渗水试验进行相当长时间后渗入量仍未达到稳定时,渗透系数 k 按以下变量公式计算:

$$k = \frac{V_1}{Ft_1\alpha_1}[\alpha_1 + \ln(1+\alpha_1)] \tag{18-7}$$

$$\alpha_1 = \frac{\ln(1+\alpha_1) - \frac{t_1}{t_2}\ln\left(1 - \frac{\alpha_1 V_2}{V_1}\right)}{1 - \frac{t_2 V_2}{t_2 V_1}} \tag{18-8}$$

式中:V_1、V_2 分别为经过 t_1 和 t_2 时间的总渗入量,即总给水量(m^3);t_1、t_2 为累积时间(d);F 为

试坑(内环)渗水面积(m^2);α_1为代用系数,由试算法求出。

除了渗透系数以外,试坑渗水试验成果资料整理还包括:①试坑平面位置图;②水文地质剖面图;③试验装置示意图;④渗透速度历时曲线图;⑤所有原始记录文件。

第三节 工程实例

一、工程概况

西南地区已建某大型水电站近坝库段内有一滑坡,距坝址的距离为13.4~15.9km,位于江右岸,体积约为4760万m^3。通过钻孔揭示该滑坡体上的各层物质主要分布如下:①以二叠系阳新灰岩(P_1y)和玄武岩($P_2\beta$)的滑坡堆积体为主,分布在滑坡平台的表面,上游侧薄下游侧厚,一般厚10.30~58.30m,最厚130.70m。块碎石多为次棱角状,粒径3~8cm居多,最大可达10cm,结构较松散。②以阳新灰岩(P_1y)的滑坡堆积体为主,分布在滑坡前缘斜坡上及滑体的中上部,是滑体的主要组成部分,厚33.67~75.01m,块径一般小于1.0m,个别可达4.0m,解体严重,见架空结构。③以志留系的碎石层为主,原岩为泥页岩,分布在滑体的底部,厚25.78~30.41m,结构较密实。为准确测定该滑坡渗透系数,在滑体和滑带不同部位分别布置了试验点,其中滑体处4个,滑带处6个。

二、试验设备

依照《水利水电工程注水试验规程》(SL 345—2007),试坑双环注水试验采用实验装置如图18-5所示。针对土石混合体自身的特性而改进的双环注水试验仪器如图18-6所示,其中进行的改进主要包括以下两个方面:

(1)针对高山峡谷地区进行野外试验困难和土石混合体渗透系数很大、野外试验时流量瓶须频繁更换等问题,去掉流量瓶和瓶架,代之以量筒向大、小环内注水。

(2)通过胶尺对大、小环内液面进行读数,具体为在大、小环内壁上粘贴胶尺,其中胶尺量程为20cm。

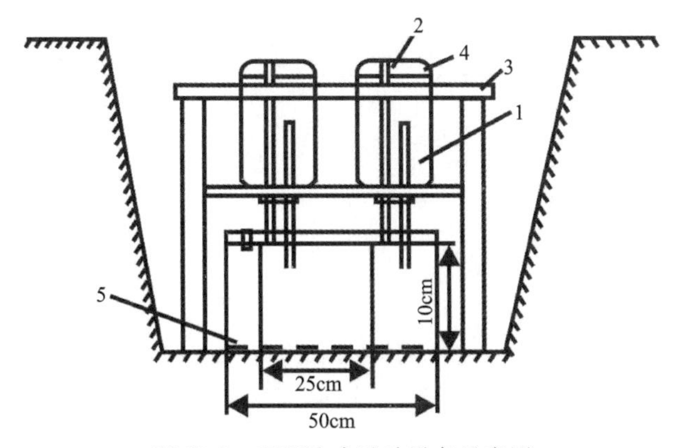

图18-5 双环注水试验设备示意图

1.出水管;2.进气管;3.瓶架;4.流量瓶;5.试验土层

图18-6 改进双环注水试验设备现场图

通过实践证明，改进的双环渗透试验设备非常适合于在高山峡谷地区进行土石混合体构成的滑坡现场渗透试验，试验设备具有易于搬运、安装，试验时注水方便快捷，试验数据不易读错且累积误差小等诸多优点。

三、试验结果与分析

双环注水渗透试验结果如表18-4所示，滑体4个试验点的渗透系数比较接近，平均渗透系数为5.74×10^{-3}cm/s；滑带6个试验点的渗透系数也很接近，平均渗透系数为1.76×10^{-3}cm/s。渗透试验结果反映出滑体和滑带的渗透系数都较大。对粗粒土按渗透系数的不同，可将渗透系数$k>i\times10^{-4}$cm/s的粗粒土划分为无黏性粗粒土；将渗透系数$k<i\times10^{-4}$cm/s的粗粒土划分为黏性粗粒土。由试验结果可知，滑体和滑带处土石混合体渗透系数都较大，与无黏性粗粒土的渗透系数相近。试验结果同时反映出滑体和滑带处土的渗透系数区别很大，滑体处平均渗透系数为滑带处平均渗透系数的3～4倍。

表18-4 试坑双环注水试验结果表

试验位置	点号	最后一次渗入流量 L/m^3	流入深度/cm	渗透系数 /($\times10^{-3}$cm·s^{-1})	平均渗透系数 /($\times10^{-3}$cm·s^{-1})
滑体	1	0.146	55	4.53	5.74
	2	0.216	60	7.33	
	3	0.179	65	5.29	
	4	0.190	90	5.80	
滑带	5	0.031	60	0.94	1.76
	6	0.047	60	1.43	
	7	0.113	75	3.38	
	8	0.057	60	1.66	
	9	0.050	55	1.44	
	10	0.060	60	1.74	

(1)钻孔注水试验的目的是什么？

(2)如何根据试坑渗水试验计算土的渗透系数？

(3)粗砂地层如何开展注水试验？

第四篇

特殊土及其改性试验

我国广袤的国土上广泛地分布着湿陷性黄土、膨胀土、红黏土、淤泥等特殊土类，不仅表现出明显的区域性分布、独特的结构性效应，还表现出工程特性对水分迁移变化的敏感性、对温度变化的不稳定性、物理与力学特性的不一致性等，这些都导致其力学性质具有变动性，在岩土工程的勘察与设计中都归结为岩土工程灾害易发、多发的不良工程地质现象，强调需要采取有效处理措施预防工程灾害发生。事实上，土的物质源于岩石的风化，物理风化影响土颗粒的大小，化学风化影响土颗粒的矿物成分，这都与气候条件相关，而沉积环境与演化历史则对土颗粒之间排列形式与联结特征产生重要影响。

针对特殊土的不良工程特性，为了更好地利用、处理特殊土，经常需要对特殊土进行改性、加固。特殊土加固的方法通常有物理加固法、化学加固法和综合加固法。按照固化机理又可分为以下几类。

(1)无机化合物类：如水泥、石灰、粉煤灰类固化剂以及水泥、石灰和工业矿渣等混合物组成的固化剂。这类固化剂加固土主要是靠自身的水解和水化以及水化产物与土壤颗粒之间的化学反应产物一起增加土的连接力和强度。

(2)离子交换类：是一种表面活性剂类土壤固化剂，它具有高电荷强度，解离出的阳离子能够置换出土粒表面的阳离子，促使扩散层厚度减薄，电势下降，降低了土粒之间的相互排斥能，可以得到更为密实的压实体，促使微粒相互间的聚集结合，提高土粒自身的聚集力，降低了土颗粒的水化作用，提高了水稳性，增加了土的强度。

(3)生物酶类：此类固化剂是由有机物质发酵而成，属蛋白质多酶基产品，为液体。加入到土壤中，通过生物酶素的催化作用，在外力挤压密实后，能使土壤粒子之间黏合性增强，形成牢固的不渗透性结构。

(4)高分子乳液类：这类固化剂加入到土壤中会产生化学聚合反应而生成大的有机分子链，并胶结土壤颗粒。大的有机分子交换到黏土分子的表面后会产生屏蔽作用，减少土壤中的吸附水，增加固化土的抗渗透性，从而提高土的工程性质。

本篇将重点介绍离子土壤固化剂对红黏土和膨润土的改性试验，以及复合固化剂固化淤泥的试验。

第十九章　红黏土改性试验

第一节　红黏土的性质

红黏土是第四纪沉积物在高温、湿润气候条件下，经受了特殊的红土化作用而形成的，具有红色、白色、黄色相间的网纹状结构的红色黏性土。红黏土的主要特征如下。

(1)具有多种沉积相。一些学者长期以来认为红黏土是冰碛物在湿热气候条件下的淋滤产物。除此之外，在野外还可观察到其他沉积相的红黏土，可明显分出：①冲积。分布最广，构成河流阶地，沉积物由上而下为红土、红黏土、粉细砂和砂砾石，层次分明，砾石浑圆；②残积。多出现于浅丘，红黏土直接覆盖于基岩之上，接触处呈渐变关系；③坡积。红黏土中夹有少量石砾，分选性差，棱角清晰，大小混杂，有的呈倾斜条带状断续分布，坡积特征显著；④洪积和复合相的堆积物等。

(2)色调以红色为主，夹有大量灰白色、绿灰色或少数褐灰色条纹，自上而下网纹颜色由深变浅，网纹向下逐渐消失。

(3)网纹个体大小不一，小者如蠕虫，大者如香肠或棍棒，最大者长达 1m 左右，最小者仅几厘米。形态组合无明显规律，常呈网状、树枝状和条带状，偶见有斑块状。

(4)红黏土一般厚 2～4m，厚者可达 10m 以上，往往发育于整个剖面的中、下部，底部有的出现铁质结核或铁盘。

红黏土主要的物理力学特性表现为具有中—高含水率、高塑性、中孔隙比等不良物理性质，同时具有较高强度、中低压缩性的良好力学特性，红黏土的这种特殊性主要是由其复杂的成土过程中所形成的游离氧化铁胶结结构和颗粒间结合水的连接形式所引起的。

红黏土土体溶液呈酸性，pH 值较低，常见值为 5～6，其中尤以黄色、白色网纹的红黏土溶液 pH 值最低。由于受到长期风化淋滤的结果，红黏土有机质含量和可溶盐含量均较低，两者之和通常小于 0.5%。此外，它的物理化学活动性较弱，表现在比表面积和阳离子交换量都小，这与黏土矿物主要以亲水性弱、活性低的高岭石为主相关。红黏土阳离子交换总量较低，游离氧化物的含量较高，一般占全土化学成分的 20%左右，且以游离氧化铁为主，游离度一般在 60%左右，说明红土化作用较强。游离氧化物在红黏土中分布具有不均匀性，主要表现在游离氧化铁方面，红色团块中含量为 10%左右，而白条纹中含量仅为 1%～2%，其值相差可达 10 倍之大，而游离氧化铝、硅则变化不大。

第二节　红黏土改性原理

离子土壤固化剂(Ionic Soil Stabilizer，简称 ISS)是由多种强离子组合而成的水溶剂，适用于加固黏土粒组含量在 25%(质量分数)以上的各种土类，使黏土颗粒双电层减薄，结合水减少。它是一种复合的化学配方，其中含有活性成分的磺化油能够降低水的表面张力。在 25℃时，水的表面张力为 71.97mN/m，加入 ISS 后，其表面张力可以降低至 20～40mN/m，它的分子和结构示意图见图 19-1。

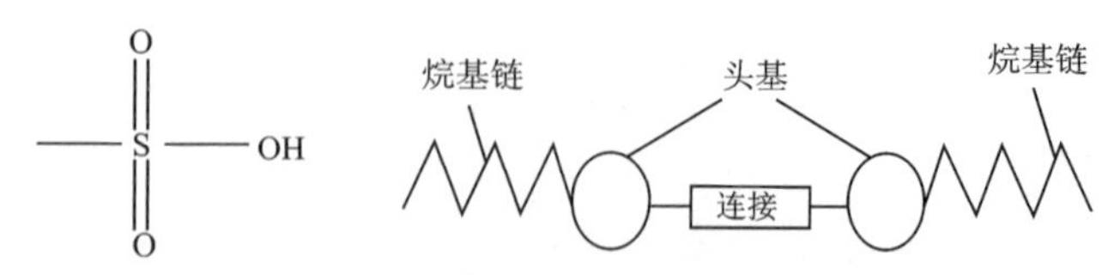

图 19-1　磺化油分子和结构示意图

磺化油是一种强离子表面活性剂，由一磺酸基(—SO_3H)和烃基(R—H)的碳原子直接相连而成的有机物(RSO_3H)的磺酸亲水头与一由碳及氢的原子组成的疏水尾所构成，其中 R 可以是烷基、苯基，也可以是烷基聚氧乙烯醚或烷基酚聚氧乙烯醚。

亲水头可完全溶于水，与水分子有较强的作用力，但不溶于大部分的非极性有机溶剂。当磺化油在水中扩散时，亲水头这部分的分子则产生解离作用，并产生一个 SO_3^{2-}。它通过硫原子与另一部分疏水尾相连接。疏水尾完全不溶于水，却具有亲液的特性，并能与油以及非极性溶剂相混溶。这样，ISS 中的亲水头与疏水尾的二元性，与红黏土拌和后就能除去其中的水分，并使 ISS 与红黏土的质点之间产生永久的结合固化。这种固化主要依靠 ISS 亲水头与红黏土质点表面(平面的和外部的)所形成的氢键和离子键。ISS 与红黏土颗粒之间的相互作用模型如图 19-2 所示。

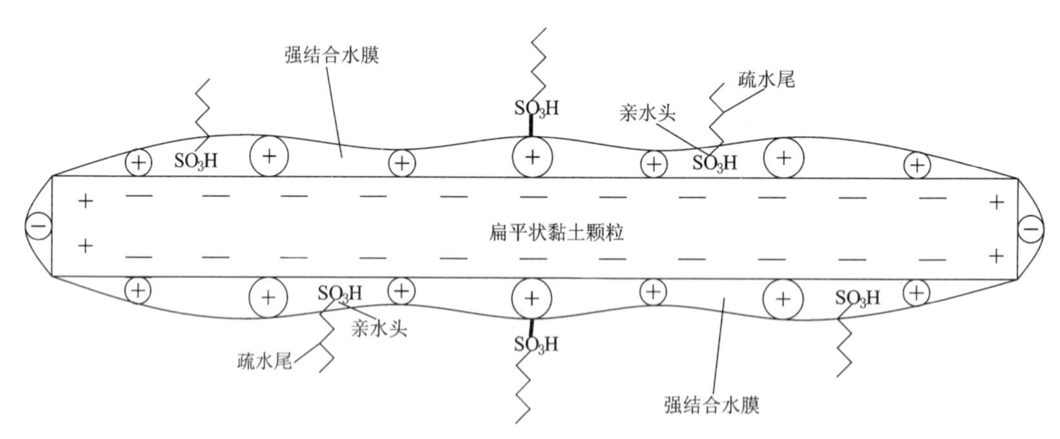

图 19-2　ISS 与红黏土颗粒之间的相互作用模型

(1)SO_3^{2-} 的亲水头与红黏土表面上的金属阳离子之间形成离子键，这种离子键可以是亲水头与红黏土中的可交换性阳离子如 K^+、Na^+、Ca^{2+}、Mg^{2+}，当然这些离子比较少，而 Fe^{3+} 和 Al^{3+} 等离子比较多。

(2)亲水头也可以是吸附在红黏土颗粒表面上的固定金属氢氧化物离子。比如在红黏土中,铁离子在pH值为4～9的环境中易与水化合成氢氧化铁的沉淀:

$$Fe^{3+}+H_2O\rightarrow Fe(OH)_3$$

$Fe(OH)_3$是两性氧化物,当土的pH值小于Fe_2O_3等电pH值7.1且处于酸性环境中,$Fe(OH)_3$水解:

$$Fe(OH)_3\leftrightarrow Fe(OH)_2^+ + OH^-$$

由于$Fe(OH)_3$水解后生成的$Fe(OH)_2^+$不能从红黏土颗粒表面分离,使得颗粒表面带上了正电,而红黏土的黏土矿物由于同晶置换作用而带有不受介质pH值影响的永久负电荷。在pH值小于7.1时,红黏土中水解后含铁离子颗粒表面的正电荷极易被带有永久负电荷的黏土矿物吸附,从而形成强烈的离子静电吸附和胶结作用。pH值越小,这种离子静电吸附力和胶结作用也越强,土的强度也越高。而ISS除了能够与交换性阳离子产生离子键外,和$Fe(OH)_2^+$这种带有正电的物质也会形成离子键。

(3)上述(1)和(2)指的是黏土矿物外部的或外来的正电荷,除此之外,由于离子键无方向、无饱和性,黏土矿物存在断键和同晶置换作用,使部分表面带正电荷,ISS的亲水头即可侵占在黏土矿物表面上空出的离子位置,在离子键作用下,ISS可牢固地吸附在黏土矿物表面。

(4)ISS的亲水头除了与黏土矿物颗粒周围的阳离子形成离子键,还可与黏土颗粒表面的强结合水形成氢键,在强结合水中溶解,并吸附在红黏土中矿物颗粒的表面。

(5)ISS是一种线性的绕曲高分子聚合物,一般含有12个碳以上链条,在链条上有大量的—OH,羟基与黏粒矿物晶体中Si—O四面体或Al—O八面体表面上的氧或羟基形成氢键,如图19-3所示。

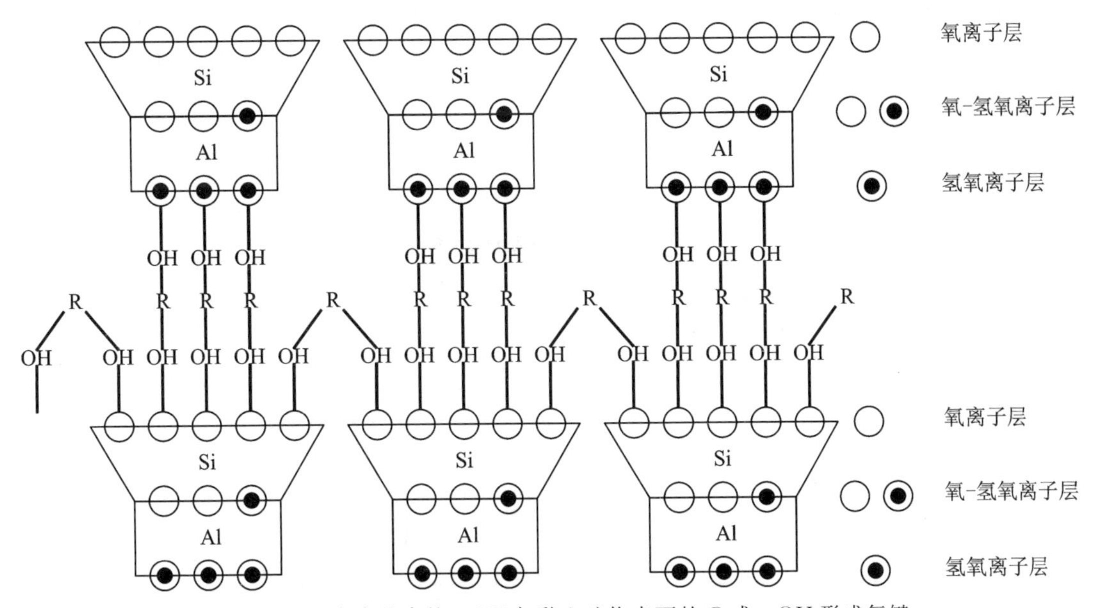

图19-3 ISS亲水基中的—OH与黏土矿物表面的O或—OH形成氢键

氢键的形成将分散的红黏土颗粒胶结在一起形成团聚体。ISS的亲水基—OH与红黏土颗粒表面上的氧形成氢键,其键能为20.9～41.9kJ/mol。由它胶结的微团粒或团粒具有相当程度的稳定性。这样，黏粒表面吸附的水分子被高分子有机化合物取代，而且有机化合物的亲水功能团与黏土矿物的活性点相结合。于是，红黏土黏粒表面为疏水的烃链所覆盖，从根本上改变了红黏土黏粒的水合性，使生成的团粒具有水稳性。

由此产生如下结果：

(1)原本吸附在红黏土表面的阳离子，由于离子半径不同，与黏土矿物表面结合的强弱就不同。离子半径小，水化膜厚的可交换性阳离子，由于与黏土矿物的离子键较强，容易固定在红黏土颗粒表面，ISS加入后，亲水头可以与离子键强的交换性阳离子产生离子键，这样ISS-阳离子-黏土颗粒三者形成整体，与别的整体通过ISS高分子链的缠结，形成稳定的团聚体。离子半径大，水化膜薄的可交换性阳离子，由于与黏土矿物的离子键较弱，就会被ISS的亲水头从黏土颗粒上吸附下来，此时ISS的—OH与黏土矿物表面的O或—OH形成氢键而稳固地结合。

(2)一旦ISS的分子与红黏土活性点结合，疏水尾则在红黏土颗粒表面定向排列而形成一保护油层围绕着红黏土。这样，吸附在红黏土颗粒表面的水被疏水尾挤出，挤出的力量相当于未经ISS处理的红黏土需要42MPa以上的机械压力形成的效果一致。换句话说，经ISS处理的红黏土，结合水可以转变成毛细水和重力水。

正是由于ISS为一种带高密度电荷的磺化油树脂，是一种电解质，能溶于水，在水中解离出带正电荷的阳离子$[X]^{n+}$和带负电的阴离子$[Y]^{n-}$，解离出来的阳离子与土壤胶体颗粒表面的阳离子$[M]^{n+}$产生交换作用，赶走吸附在土壤胶体表面的结合水膜中的水合阳离子，取而代之的是亲水性较低、黏结力较强的铝离子，见图19-4。因此，在外部压力作用下，土中的结合水越少，土壤会变得越来越密实，越来越坚硬，越来越岩石化。

以高岭土为例，当把ISS溶液加入后，由于ISS是一种能溶于水的电解质，所以在水中能解离出带正电荷的阳离子$[X]^{n+}$和带负电的阴离子$[Y]^{n-}$。解离出来的阳离子与土壤胶体颗粒表面的阳离子$[M]^{n+}$产生交换作用：$[\text{土壤胶体}]^{n-}[M]^{n+}+[X]^{n+}\rightarrow[\text{土壤胶体}]^{n-}[X]^{n+}+[M]^{n+}$。

这样溶液中交换性阳离子(K^{+}、N^{a+}、Ca^{2+}、Mg^{2+}、Fe^{3+}、Al^{3+})脱离红黏土表面进入水溶液中，被ISS解离出的阴离子吸附。由于红黏土表面已被ISS分子占据，并且疏水基朝外，所以交换性阳离子不会再沉积到固体表面形成结合水膜。

解离出来的阴离子也可以与黏土矿物表面侧边断口处带正带的部分结合，如图19-4的所示。

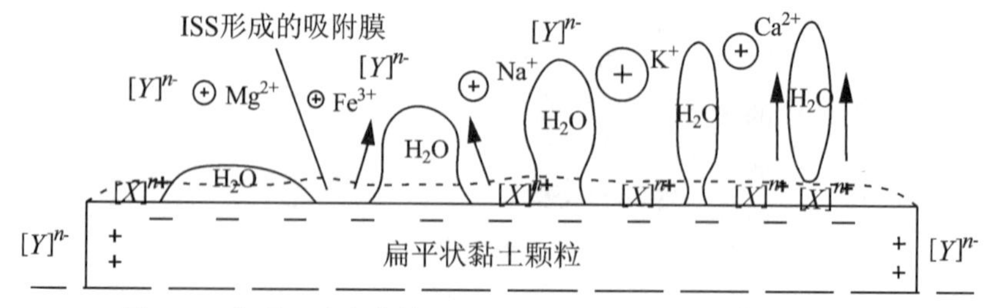

图19-4　红黏土中交换性阳离子的置换与结合水的去除示意图

由此可见,ISS作用的结果是一方面赶走吸附在红黏土颗粒表面的、非常容易水合的阳离子,取而代之的是水合度较低、黏结力较强的化合物,或是通过与黏土矿物形成强离子键的阳离子连接。另一方面由于ISS能降低溶液的表面张力,当ISS占据了红黏土颗粒表面的位置,并吸附在黏土颗粒表面后,在疏水基的作用下,慢慢地将红黏土表面的强结合水和弱结合水置换掉,但是不能完全置换掉强结合水和弱结合水。因为ISS是一种水溶液,亲水头必须有一定形式的水作为载体,并且由于黏土矿物永久负电荷的存在,必然会在表面吸附一部分阳离子,这部分阳离子水化,从而使红黏土表现出有一定的强结合水和弱结合水。这就是为什么在进行热重分析的时候,ISS加固过的红黏土依然会在强结合水区和弱结合水区有失重。ISS置换红黏土表面交换性水合阳离子和结合水可用图19-5表示。

综上所述,ISS对红黏土结合水的作用机理分以下几步:

(1)ISS溶液首先降低红黏土颗粒表面结合水的表面张力,并对黏土颗粒表面进行润湿,在黏土颗粒表面铺开,在氢键和离子键的作用下,与土粒表面发生吸附作用。同时,ISS是一种高浓度的溶液,黏土表面的结合水在渗透压力的作用下,从红黏土的结合水或阳离子水化膜中渗透出来。

(2)ISS吸附在红黏土颗粒表面水合阳离子上和黏土矿物表面侧边断口处,并最终置换出红黏土颗粒表面的可交换性阳离子,使结合水层厚度减薄,降低了土粒之间的相互排斥能,在ISS高分子链的缠结作用下,促使微粒相互间的聚集结合,提高红黏土自身的黏聚力。

(3)ISS平铺在红黏土表面后,利用相邻键节上带有的正电荷或—OH,将相邻的土颗粒通过分子链搭接,形成网状结构,提高红黏土的物理力学性质。

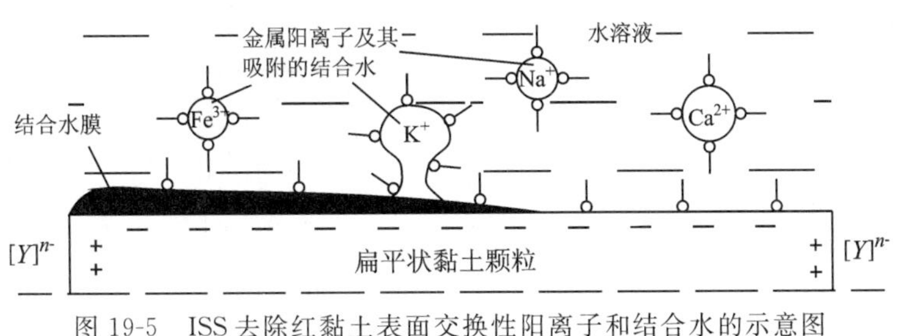

图19-5 ISS去除红黏土表面交换性阳离子和结合水的示意图

第三节 试验结果与分析

一、抗剪强度

1. 试验目的

剪切破坏是土强度破坏的重要形式。土的抗剪强度是指土体抵抗剪切破坏的极限能力,其数值等于剪切破坏时滑动面上的剪应力,它是土的重要力学性质之一,也是反映黏性土结合水膜厚度的指标之一。在剪切面上,土的原有结构遭受破坏,而且剪切位移会使滑动面上黏土颗粒沿着剪切方向重新定向排列。在剪切面上,要从某一位置移动一个颗粒所需的功主要包括:①接触点处的吸引力势,是由范德华键力引起的;②颗粒接触点处的黏合力(氧化物、各种盐类的胶结力);③颗粒接触面上的摩擦力。如果剪切位移要把叠在一起的两个高岭石颗粒拆散，还必须克服层面之间的氢键，若是伊利石则是 K 键。为了研究 ISS 加固红黏土前后吸引力、黏合力、摩擦力甚至是氢键的变化，需要进行剪切试验。

2. 试样制备和试验方法

红黏土的抗剪强度不仅取决于物质组成、土的结构、土的密度和应力历史等，还取决于土当前所受的应力状态。为了模拟红黏土在路基工程和场地工程所受的实际应力状态，本试验采用固结排水快剪法，即红黏土原样均在液限含水率状态下装入剪切盒，在垂直压力下试样完全排水固结稳定后，快速施加水平剪力。取红黏土原样及 ISS_1 和 ISS_2 与红黏土的最优配比，共进行 3 组试验，每组 4 个试样，分别在 50kPa、100kPa、200kPa、300kPa 的垂直压力下进行剪切。当土样垂直变形在 1h 内小于 0.005mm，认为固结稳定，再施加下一级垂直荷载。在施加第一级压力后，立即向容器中注满水，避免水分蒸发。为了使 ISS 与红黏土的作用更充分，用不同配比的 ISS 溶液把红黏土调成液限状态，使 ISS 溶液中的表面活性剂充分溶解于水，并与黏土更好地反应。待液限状态下的试样完全排水固结稳定之后再进行直接剪切试验。

3. 试验结果与分析

试验结果见图 19-6 和表 19-1。可以看出，加入 ISS 后红黏土黏聚力明显增大，平均增加 2 倍左右，但内摩擦角却增加得很小，这可以从红黏土的抗剪强度机理来解释。

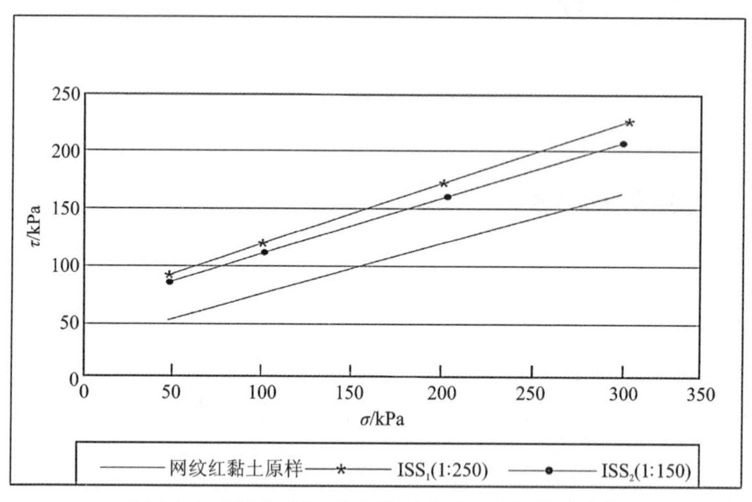

图 19-6 ISS 加固红黏土前后应力-应变关系曲线

表 19-1 加入 ISS 前后红黏土的抗剪强度

土样编号	黏聚力 c/kPa	内摩擦角 φ/(°)
红黏土原样	29.8	25.3
ISS_1(1∶250)	60.7	29.4
ISS_2(1∶150)	52.3	27.6

二、膨胀和收缩试验

1. 试验目的

红黏土在物理力学性质指标、矿物成分和工程力学特性等多方面与膨胀土有相似之处，本节以武汉红黏土为例。武汉红黏土主要是在红土化过程中形成的，具有独特的游离氧化铁的胶结结构，高含水率，表现为以缩为主的胀缩特性，且表现出一定的失水不可逆性。前人对于红黏土的膨胀性研究主要集中在历史成因、矿物组成与胀缩性能等方面。从矿物学角度来讲，膨胀土一般含有较多的诸如蒙脱石和蛭石的亲水矿物，而武汉红黏土矿物成分以伊利石与高岭石为主，不含蒙脱石，只含有少量蛭石。但武汉红黏土具有较高的黏粒含量、天然含水率、中孔隙比与高液塑限。在实际工程中，由于外界自然条件变化而引发的有关红黏土边坡失稳、地基不均匀变形、道路开裂的工程病害时有发生。但目前对于红黏土这种特殊土因结合水变化所引起的胀缩性研究以及对 ISS 处理后红黏土的工程力学特性的研究却并不多见。笔者认为，深入开展 ISS 加固红黏土前后的胀缩性对比研究非常必要。

2. 试验方法和试验结果

取天然状态下的试样进行自由膨胀率试验和收缩试验，然后分别加入 ISS_1 和 ISS_2 与水的体积比为 1∶250 和 1∶150 的水溶液进行试验，结果如表 19-2 所示。由表可以看出，加入 ISS 后红黏土的自由膨胀率减小，线缩率和缩限也减小，说明加固后的红黏土水化、膨胀性降低，吸附在土颗粒表面的部分弱结合水已经被置换掉。

表 19-2　红黏土的自由膨胀与收缩试验结果

ISS∶水	自由膨胀率/%	线缩率/%	缩限/%	塑性指数
红黏土原样	53	2.1	14.9	18.65
1∶250(ISS_1)	8	1.02	9.8	12.07
1∶150(ISS_2)	10	1.4	10.5	11.80

对以高岭石和伊利石为主要矿物成分的武汉红黏土，其基面所剩电荷很少，故吸附到层间交换性阳离子也很少，再加上层面之间的氢键作用力大，故红黏土应该不具备膨胀性，或具很小的膨胀性。但是未经 ISS 加固的红黏土却具有中等—弱膨胀性，究其原因，可能是由于组成红黏土的黏土矿物晶体侧边断口上的原子具有未饱和的化学价键，因此成为活化吸附中心。尽管侧边断口在黏土矿物的比表面积中所占比例小，但由于红黏土矿物晶体的侧边断口有 3 种类型的活化吸附中心，它对黏土矿物的水合膨胀作用仍有贡献。由于 ISS 是一种强离子表面活性剂，加入 ISS 后在弱酸环境下，可以置换吸附在侧边断口上的水分子，从而降低红黏土的膨胀性和收缩性。

另一方面，一定的 ISS 溶液加入到红黏土中，可以减小红黏土结合水的表面张力，使红黏土颗粒的水分子更容易向溶液中渗透，从而减少红黏土结合水膜的厚度。与此同时，表面活性剂解离的阳离子，可以把层间或层面上可交换性阳离子置换掉，也可减小红黏土的水化膨胀和失水收缩性。

3. 试验结果分析

黏土的水化膨胀可分为两个过程，即表面水化引起的膨胀和渗透性水化引起的膨胀，收缩过程刚好相反。

1）黏土表面水化引起膨胀与失水引起的收缩

黏土表面的水化膨胀，是由黏土矿物晶层表面吸附水分子、增大晶层间距引起的。这种膨胀作用使黏土矿物晶层间膨胀的距离不大（约 10×10^{-10} m），不到 4 个水分子层的厚度。

黏土矿物晶层间存在着的范德华力、晶层面负电荷一阳离子一晶层面负电荷之间的静电引力和晶层间的氢键力使黏土矿物各晶层连在一起。这些力称为黏土矿物晶层间的连接力，晶层间连接力产生的能量称为结合能。遇水后，由于黏土矿物所带电荷、层间交换性阳离子和氢键的作用使水分子进入黏土矿物的晶层间，从而发生水化，产生使晶层分开的力，这种力称为晶层间斥力。斥力产生的能量称为水化能或水的吸附能。

当黏土矿物晶层间的斥力大于连接力时，晶层间距变大，黏土产生表面水化膨胀。由于组成黏土矿物的成分、结构不同，其表面水化能的大小也不相同。要想将黏土矿物晶层面上最后几层水分子除掉，每平方厘米需要 196～392MPa 的压力。由此可以看出，黏土矿物表面水化膨胀能很大。

红黏土的主要矿物成分是高岭石和伊利石，高岭石由于层间的氢键作用强，其层间膨胀性很弱。在高岭石族中，有一种称为多水高岭石，它的单位晶层间存在 2 个水分子层，水分子的分布与蒙脱石或蛭石底层上的水分子分布一样，呈六角形网，单位晶胞底层也含有 4 个水分子。但是天然完整的多水高岭石很少见，所见到的往往是失去大部分水的多水高岭石，且这种失水是不可逆的。这就是为什么红黏土有微膨胀性，但却是以收缩性为主的原因，很多文献都把这个原因完全归根于红黏土中的游离氧化铁，但笔者认为，多水高岭石脱水对收缩也有一定的贡献。

2）渗透性水化引起黏土的膨胀

渗透性水化膨胀是因水的渗透作用使水分子进入黏土矿物晶层间面引起的。当黏土矿物晶层间的膨胀距离超过 10×10^{-10} m 时，表面水化引起的膨胀已不是主要的了，这时的膨胀主要靠渗透压力和双电层斥力起作用。

（1）渗透作用和渗透压。离子溶液浓度高的水是可以抑制黏土水化膨胀的，而且离子浓度越高，抑制黏土水化膨胀的能力越强。这就是 ISS 在解离出大量阳离子后，可以压缩双电层，减少结合水膜厚度的原因。也就是说，如果把红黏土放在蒸馏水中，其膨胀性大；而如果把具有高浓度离子溶液的水溶液，如 ISS 溶液加入到红黏土中，就可以在减小红黏土表面张力的同时，使红黏土颗粒的水分子向溶液中渗透，从而减少红黏土结合水膜的厚度。与此同时，在强离子表面活性剂的作用下，又可以吸附黏土矿物层间或层面上的阳离子，从而把可交换性阳离子置换掉，减小红黏土的水化膨胀行为。

（2）双电层的作用。随着渗透作用的出现，黏土矿物晶层间的距离增大，进入晶层间的水分子也就增多，因而使吸附在黏土矿物晶层面上的阳离子产生扩散形成双电层，造成晶层面上出现多余的负电荷，所以两个晶层面上的负电荷相斥，层间距离变大，膨胀也就变大。随着黏土水化膨胀作用的进行，当晶层间的斥力大于连接力时，黏土颗粒就沿层面分开，由大颗粒变为小颗粒，这一现象称为黏土的水化膨胀分散。故当 ISS 的水溶液加入到红黏土中后，能够降低晶层间的水的表面张力，置换出交换性阳离子，使黏土颗粒的双电层减薄，层间距离变小，膨胀性减小，收缩性也减小。

三、比表面积

1. 试验目的

红黏土的比表面积是反映颗粒表面性质的一个重要指标，与物理性质、力学性质及化学性质都有着密切的联系，如：①与红黏土的持水量以及最大吸湿量有关。比表面积越大，吸附的结合水越多，持水能力越强，吸湿量也越多。由于结合水主要在红黏土表面及孔隙间运动，故红黏土比表面积是客观评价红黏土中水的性质的一个因素。②与红黏土中黏土矿物胶体的表面活性及离子吸附密切相关。比表面积越大，表面能越大，吸附的极性水分子和离子数越多。

目前测定土的比表面积的原理有 3 种：①据根土颗粒大小进行计算，即用几何计算法。②根据晶胞大小计算，即用电子显微镜观察法和低角度 X 射线衍射分析法。③根据吸附数值直接计算，即用 BET 法（氮气、空气、氢气、氯乙烷），或用液相极性有机化合物（乙二醇乙醚、乙二醇、甘油），根据不同的流量比和吸附量计算黏土颗粒的比表面积。本书是利用 BET 氮气吸附法测定红黏土的比表面积，由于受氮分子的影响，该方法只能测出孔径在 2～50nm 范围内的比表面积，孔隙直径太大或太小，对测量的结果会产生较大的误差。土的比表面积是指单位质量（或单位体积）固态物质的表面积。用氮气吸附法测土的比表面积时，将红黏土在 105～110℃下烘干 10h。这样决定红黏土比表面积的因素主要是矿物成分和升华湿度大于 110℃以上的结合水。为了研究 ISS 加固红黏土前后，黏土颗粒结合水厚度的变化及表面能的变化而进行此项试验。

2. 试样制备和试验方法

取红黏土原样，加入 ISS_2 最优配比溶液，并加蒸馏水调到液限状，这样可以保证红黏土与 ISS 充分作用，然后将样品风干。将风干红黏土研磨通过 0.25mm 筛后装入样品管，抽真空，并在 105℃下烘干 2h，试验前准确求得样品的重量。然后将样品放入 F-Sorb3400 比表面积及孔径测试仪进行试验。

3. 试验结果与分析

试验结果见表 19-3。从表中可以看出，原状红黏土的比表面积为 27.304g/cm，经过 ISS 加固后，比表面积均减小，最多的可以降到 22.270g/cm，降幅达 18.44%。根据孔令伟等（2001）的研究，红黏土除去游离氧化铁后，小于 2μm 的胶粒达 90%以上。通过透射电子显微镜拍的照片，可以看到红黏土是片状单元的聚集体——粒状颗粒单元。红黏土微结构类型主要为粒团的堆叠结构和架空结构。

表 19-3　ISS 加固红黏土的比表面积

配比（ISS_2 ∶ 水）	样品质量 m/mg	BET 测试结果 $S/(g \cdot cm^{-1})$	线性拟合度	斜率 A	截距 B	Langmuir 比表面积 $S/(g \cdot cm^{-1})$
1 ∶ 50	351.5	24.631	0.998	0.172	0.005	39.833
1 ∶ 100	495.1	27.076	0.998	0.156	0.005	41.681
1 ∶ 150	363.8	22.270	0.995	0.186	0.009	35.289
1 ∶ 200	402.4	24.166	0.997	0.173	0.007	48.653
1 ∶ 250	437.6	25.745	0.998	0.164	0.005	46.331
红黏土原样	492.7	27.304	0.999	0.156	0.004	43.971

于是可以把红黏土、交换性阳离子、游离氧化物和 ISS 的组成结构假设如图 19-7 所示。从图中可以看出，以高岭石为例，高岭石在结晶过程中由于同晶置换，使表面产生了部分负电荷，在负电荷的作用下吸附了交换性阳离子和极性水分子。在红土化过程中，无论是高岭石还是交换性阳离子都有被游离氧化物胶结的可能，从而使红黏土颗粒形成堆叠体和团聚体。

高岭石的永久负电荷会吸附部分极性的水分子，这部分离子键能比较大，作用范围在$(2\sim3)\times10^{-10}$ m 之间，于是高岭石表面形成了一层极薄的强结合水膜。当 ISS 加入红黏土后，表面活性剂水溶液能显著降低吸附水的表面张力，润湿土颗粒表面。此时，ISS 中亲水基上的—OH 既可以与强结合水中的—OH 或 O 形成氢键，又能与高岭石 Si—O 四面体和 Al—O 八面体中的—OH 或 O 形成氢键。这样 ISS 的亲水基就可以吸附在这个极薄的强结合水膜和黏土矿物晶体之上，并且疏水基朝外。

红黏土中的游离氧化铁具有较大的比表面能，在 Fe_2O_3 等电位点 $pH_E=7.1$ 以下时，游离氧化铁可以产生带有正电荷的 $Fe(OH)_2^+$，因而具有较强的吸附亲水基能力。这样 ISS 水溶液加入红黏土中后，很容易在土粒表面和游离氧化铁表面铺展开。

溶液中的交换性阳离子很容易与亲水基产生离子键。随着反应的进行，高岭石晶体、交换性阳离子、游离氧化铁和 ISS 解离的亲水基（呈阴性），在强烈的离子键作用下，形成更大的团聚体和堆叠体。这样 ISS 加固后，红黏土的比表面就会减少。最终 ISS 加固的红黏土的比表面积为 S，加固前红黏土的比表面积为 $S_a+S_b+S_c$。

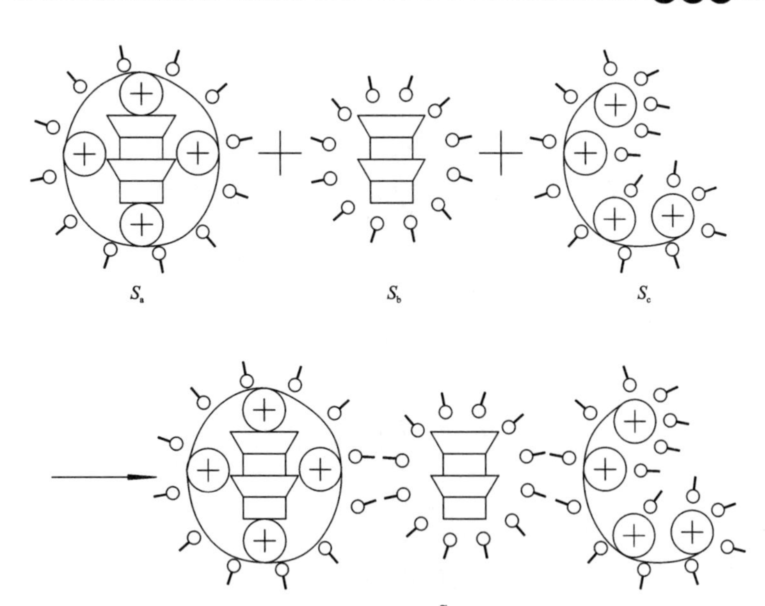

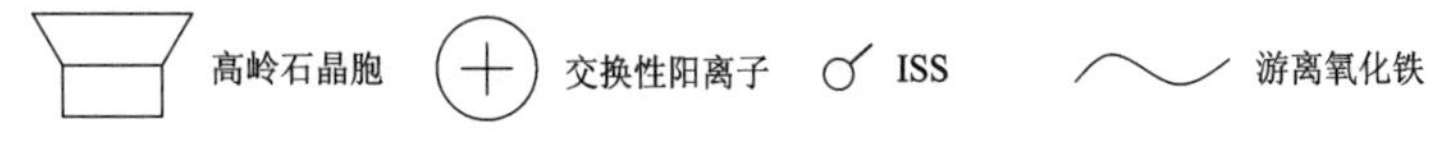

图 19-7　ISS 加固红黏土使表面积增加过程

第二十章　膨胀土改性试验

第一节　膨胀土的性质

膨胀土包括新近纪、第四纪以来各种成因类型的膨胀性黏土，以及第四纪以前各种膨胀岩形成的风化产物，主要由强亲水性黏土矿物组成，具有明显膨胀结构，为多裂隙性、强胀缩特性和强度衰减性的高塑性黏性土。

膨胀土的主要特性：①膨胀土是一种高塑性黏土，主要由土中高黏粒含量所决定，典型的膨胀土中粒径小于 2μm 的粒组含量一般超过 30%；②黏土矿物中以具有膨胀晶格的蒙脱石及部分混层矿物为主；③膨胀土随外界水分迁移变化会发生明显的胀缩变形，并伴随着以膨胀力释放扩张形式对上覆及邻近结构物发生应力作用；④膨胀土对气候环境及水文因素非常敏感，因反复循环性的胀缩变形导致土体外在形态上常见明显的多裂隙性及各级裂隙组合；⑤强度衰减性。

膨胀土的上述特征给大量的工程建筑物造成了极大的破坏。在我国广西、湖北、河南均发生了大面积住房变形破坏，有些轻型建筑物即使打桩穿越了膨胀土层并加固了基脚，但纵向、横向仍发生了较大的变形位移，导致桩基被剪断，而强大的膨胀压力使得房屋发生拱起、开裂。

第二节　膨胀土改性原理

ISS 溶液的主要成分为有机磺酸盐，其化学组成可以表示为 $RSO_3H—M^+$，当 ISS 添加到膨胀土-水体系中时，将电解成两部分结构，一部分为活性基团，RSO_3H，另外一部分为带正电荷的阳离子基 M^+。其中活性基团呈亲水头基 SO_3^{2-} 和疏水尾基 R-H 直接相连成“二元结构”形式。ISS 电离的亲水头基有很强的亲水性，而疏水尾不溶于水，阳离子基 M^+ 为碱（土）金属及小分子量有机阳离子，从可交换阳离子试验来看，M^+ 中包含着一定数量的 Ca^{2+}。

当膨胀土水化发展到一定的程度后，表面各类型结合水已形成，并以一定数量分布在土中，如图 20-1(a)所示，弱结合水含量最大，广泛分布于颗粒表面扩散离子层中和膨胀黏土矿物表面及层间，强结合水为土颗粒表面及层间以最强的连接力紧密吸附的一层水分子，性质上接近于固体颗粒的一部分，分子排列成“岛状”。过渡结合水结合力介于强结合水与弱结合水之间，主要分布在矿物层间阳离子水化膜水分子层、颗粒表面及层间较牢固吸附的水分子层，少量分布在扩散离子层表面。

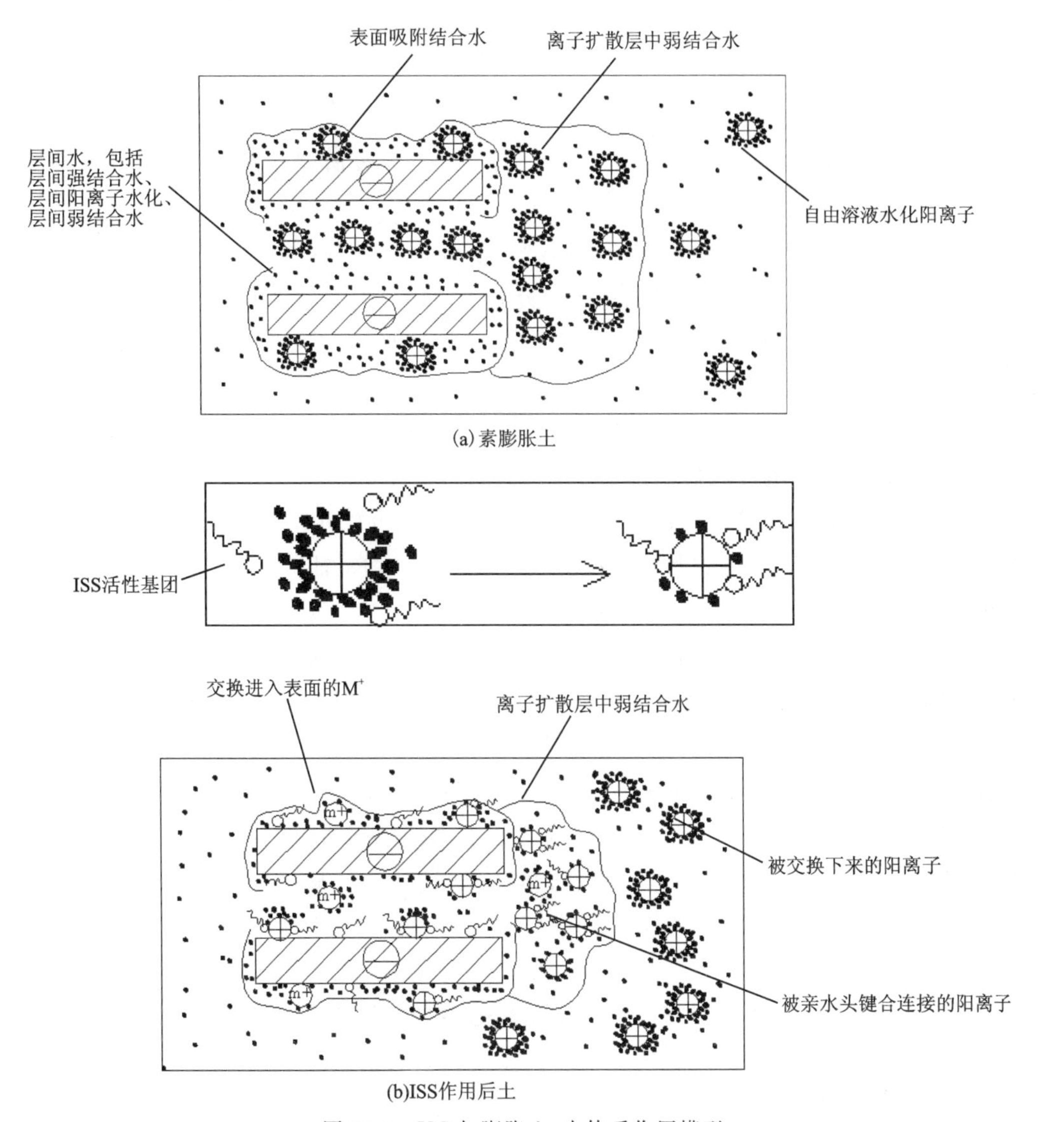

图 20-1 ISS 与膨胀土-水体系作用模型

当 ISS 添加到膨胀土-水中后，首先电解出大量的阳离子基 M^+ 和活性基团，其中阳离子基 M^+ 与膨胀土颗粒扩散层分布的可交换水化阳离子发生交换作用，由于 ISS 携带的阴离子基 M^+ 为高电荷且水化能低的无机离子及有机离子，这些交换上去的阳离子与土颗粒表面静电作用力强烈，而进入扩散层中更靠近土表面位置，从而挤压扩散层，使扩散层厚度减薄，并且由于这些离子水合能力弱，使扩散层弱结合水数量大为降低。

ISS 解离的活性基团亲水头基 SO_3^{2-} 溶于扩散层阳离子体系的弱结合水中，并通过强烈的化学键合力与阳离子紧密结合起来，由于疏水尾的挤压力，阳离子“去溶剂化”而脱去云集在离子周围的弱结合水膜，导致弱结合水转化成自由水分子，失去与土-离子体系的结合力。

随着上述作用过程的继续，亲水头基逐渐进入到颗粒更近表面以及层间，与矿物表面及层间的阳离子发生化学键合，使表面及晶层内表面及层间阳离子吸附的弱结合水进一步被部分脱去，并减小部分连接力较弱的过渡结合水。此外，亲水头基通过氢键与矿物表面和层间的氧原子及氢氧原子连接，而被牢固吸附在矿物内外表面，并通过疏水尾除去部分结合水分子。

由于上述一系列作用过程，如图20-1(b)所示，土颗粒表面理化性质发生了一系列改变，表现为：

(1)亲水头基通过与可交换阳离子牢固的化学键合，使阳离子一方面"去溶剂化"而被束缚住，成为不可再交换状态；另一方面由于部分有机阳离子与交换在土表面后，因较强的分子连接力和电荷引力而占据在土表面，也很难被再交换下来，从而使膨胀土的阳离子交换量显著降低。

(2)由于ISS与膨胀土表面可交换阳离子交换、键合作用，使扩散层厚度降低，从而在电泳试验中，表现为Zeta电位降低。

(3)伴随着扩散层厚度降低及弱结合水层变薄，土颗粒之间距离靠近，在外力作用下，土颗粒之间的连接更紧密，并随着各种土粒团聚现象的微结构特征变化，孔隙体积降低，以及比表面积减小。

(4)土中弱结合水吸附量显著减小，结合力较牢固的过渡结合水量也有所降低，由于强结合水与土颗粒表面通过氢键和极大的电荷引力作用而牢固结合在土颗粒表面，ISS不能改变强结合水状态。由于ISS亲水头与阳离子键合后，阳离子仍存在部分水合能力，并且ISS中携带的部分无机离子，在交换进土表面后，仍可发生水化而形成弱结合水。此外，过渡结合水中与晶层内表面及层间阳离子结合作用强的水分子，也将一定量地存在。因此，ISS不能完全除去土中所有结合水。由于制约土膨胀性、塑性及强度变化的主要是含量最高的弱结合水层，而ISS显著降低膨胀土弱结合水分布量，反映了改性后土工程性质得到提高的内在机制。

第三节 试验结果与分析

一、自由膨胀率试验

不同配比的ISS溶液处理前后，膨胀土自由膨胀率值结果如表20-1所示。结果表明，经ISS处理后的膨胀土自由膨胀率及单位质量土体积膨胀率均显著降低。

膨胀土经改性后的自由膨胀率降低至18%～31%之间，自由膨胀率的变化表明了土样从中等膨胀性向弱膨胀性转变。此外，可以看出ISS处理过的膨胀土中，有3种土样自由膨胀率值均为44%，因此，若只根据自由膨胀率值难以区分土样自由膨胀能力的差别，但三者相应的单位质量土体积膨胀率值却存在着差别，从而说明了单位质量土体积膨胀率在区分土颗粒自由吸水膨胀能力上有更高的灵敏度。在高配比(1∶50)和低配比(1∶500)下，自由膨胀率降低的幅度均不大，土体改性效果不太理想，而在中间配比段，土样自由膨胀率值减小得最多。由此可以得出一个重要的结论，即ISS抑制土粒自由膨胀能力并不是浓度越高越好，而是存在一个中间状态的最佳配比量。

表 20-1　膨胀土改性前后的自由膨胀率变化

配比 （ISS∶水）	10mL 土质量 /g	体积膨胀率 /%	体积膨胀率降低值 /%	单位质量土体积膨胀率 /(100%·g^{-1})
膨胀土原样	10.14	68	0	6.706
1∶50	10.22	48	20	4.697
1∶100	10.31	44	24	4.268
1∶200	10.16	37	31	3.642
1∶300	10.23	44	22	4.301
1∶350	10.05	49	19	4.876
1∶450	10.2	50	18	4.902
1∶500	10.13	50	18	4.936

二、粉晶样 XRD 试验

将素膨胀土和 ISS 土经自然风干后，研磨成粉末状，之后将两种土样粉末装入衍射试样载玻框的中间孔中，将粉末在玻璃框中压密实，将载玻片粉晶样品放入仪器中进行测试。

图 20-2 为素膨胀土和 ISS 土粉晶样衍射图谱，从中可以看到，膨胀土中粗粒碎屑矿物成分主要有方解石（特征峰 $d=3.03\times10^{-10}$ m）、石英（特征峰 $d=4.25\times10^{-10}$ m、3.34×10^{-10} m、2.49×10^{-10} m、2.28×10^{-10} m），并含有少量长石矿物，包含的黏土矿物成分有蒙脱石[$d=(14.85\sim15)\times10^{-10}$ m]、伊利石（$d=9.93\times10^{-10}$ m）。

比较分析 ISS 土与素膨胀土的粉晶图谱，看到膨胀土在处理前后矿物成分并没有发生改变，各特征衍射峰强度和位置基本保持一致，没有新的物相衍射峰产生。这说明了 ISS 对膨胀土的改性作用过程中，并没有与土体中的矿物成分发生反应而生成新的晶体矿物，也没有对原有的矿物晶体造成破坏和分解，而导致矿物成分含量的减小。因此，ISS 与膨胀土矿物颗粒之间应只发生了一种表面的理化作用，并不是伴随着矿物合成或分解的化学反应。

三、黏土矿物组衍射图比较

为进一步分析鉴别膨胀土包含的主要黏土矿物成分，以及 ISS 作用后黏土矿物是否发生了改变，分别对素膨胀土和 ISS 土采用沉降法进行黏粒提取，提取的黏粒组为粒径在 2μm 以下。由于提取的黏粒悬液浓度较低，应首先吸取少量悬浮液滴在载玻片上，使浆液自然铺开并在室温条件下自然风干，之后再滴铺第二层，直至在载玻片上形成一薄层黏土片膜。对于素膨胀土和 ISS 土，在制作定向片时，应保证风干条件控制在同一温度和湿度条件下，且滴铺的定向薄片样的黏粒含量基本接近。

经提纯的素膨胀土和 ISS 土的黏粒定向片样衍射结果如图 20-3 所示。可以看到，由于黏

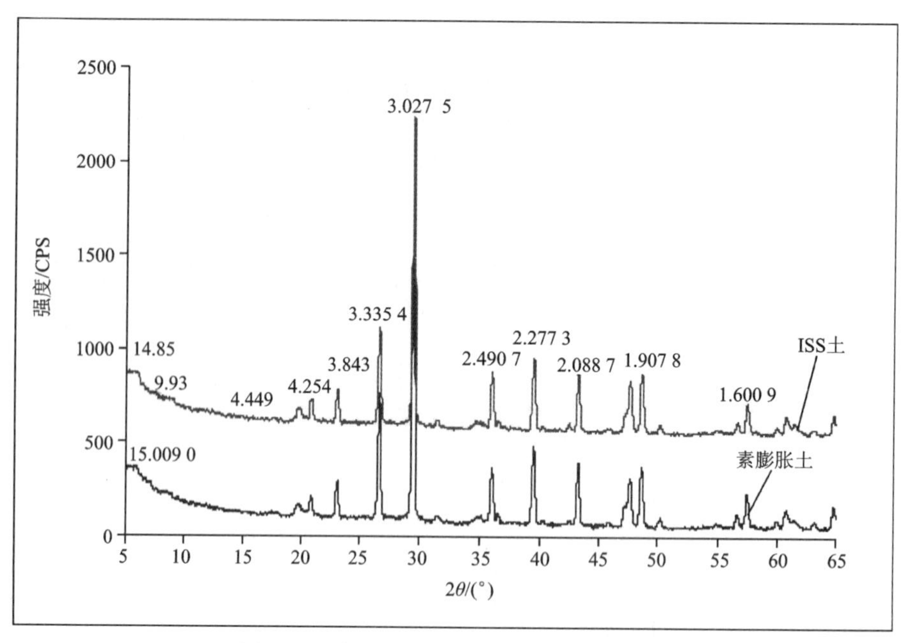

图 20-2 素膨胀土和 ISS 土粉晶衍射图谱

粒在载玻片上呈片状定向铺展，各黏土矿物特征衍射峰强度较全粒组粉晶样出露得更明显，从而有利于判断膨胀土中主要黏土矿物成分及变化。

与粉晶样一个显著的差别在于，提黏样图谱中出现了高岭石的衍射峰（$d=7.12\times10^{-10}$ m），此外伊利石的各特征峰（$d=9.92\times10^{-10}$ m、4.97×10^{-10} m、3.33×10^{-10} m）比粉晶样出现得更完整，说明膨胀土中的黏土矿物包含伊利石和高岭石，且可以看到伊利石含量相对高岭石高。

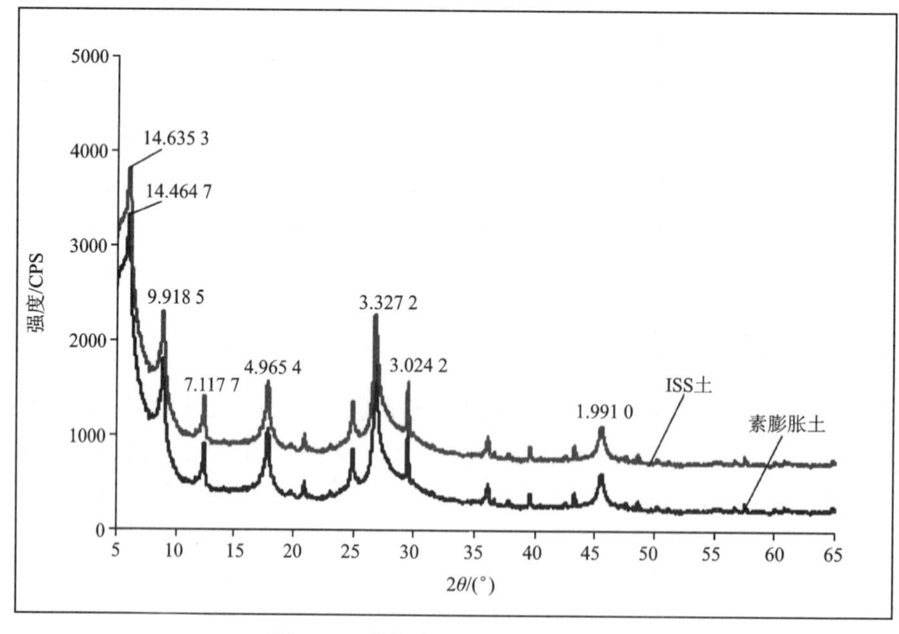

图 20-3 粒径小于 2μm 黏粒衍射图

四、阳离子交换量及可交换阳离子定量分析

1. 试样制备和试验方法

阳离子交换量试验选安阳弱膨胀土，将土样过 0.2mm 筛后，添加不同配比浓度的 ISS 溶液，含水量控制在液限状态，密封保湿，让土样与 ISS 溶液充分作用 7d 和 28d 后将不同配比 ISS 液作用的土样取出备用，另外称取 10g 左右的风干素膨胀土样备用。

由于膨胀土内可能包含少量的可溶盐成分，从而对交换阳离子成分和含量的测定造成影响，所以首先要将素膨胀土样进行一遍离心洗盐。洗盐后风干过 0.15mm 筛，取筛下 1g 土供测试用。

ISS 在与膨胀土作用后，可能会残余少量未反应的 ISS 成分，另外，膨胀土中原先吸附的可交换阳离部分与 ISS 发生了离子交换作用，而进入到自由溶液中，为了排除这部分交换出来的离子以及残留的 ISS 中含有的无机阳离子的影响，将 ISS 土离心洗盐，直到测定的离心清液的电导率与素膨胀土洗盐后的清液接近。之后风干，过 0.15mm 筛，取筛下土 1g 测试。

阳离子交换量试验采用 $BaCl_2$ 缓冲法，具体步骤见《土工试验方法标准》(GB/T 50123—2019)。为测定可交换阳离子含量，在 $BaCl_2$ 与土样充分交换作用后，需在土样中加入纯水，之后离心萃取出清液，采用原子吸收法测定清液中可交换 K^+、Na^+、Ca^{2+}、Mg^{2+} 离子含量。

2. 阳离子交换量及可交换阳离子变化

素膨胀土及不同配比 ISS 溶液处理 7d 和 28d 土的阳离子交换总量及交换出的 K^+、Na^+、Ca^{2+}、Mg^{2+} 盐基分量测定结果分别见表 20-2 和表 20-3。可以看出，经固化剂处理之后，膨胀土阳离子交换总量分别发生不同程度的降低，其中在 1∶350 配比下 ISS 作用后降低的程度最大，7d 和 28d 后分别减小 42.32mmol/kg、47.21mmol/kg。

阳离子交换量随着 ISS 配比浓度和作用时间呈现出不同的变化趋势，在高配比和低配比浓度下，阳离子交换量减小的程度均相对较弱，在中间配比段的变化最为明显。阳离子交换量的改变在 1∶350 配比下减至最小。说明在该配比下，膨胀土颗粒吸附阳离子总量减小，黏土矿物表面水合活性能量降低，在土水体系中表现出更小的亲水性，使得颗粒吸水自由膨胀体积降至最小。

表 20-2 ISS 作用 7d 土样 CEC 及可交换阳离子 单位：mmol/kg

ISS∶水(体积)	CEC	ISS 处理后膨胀土的盐基分量				盐基总量
		K^+	Na^+	Ca^{2+}	Mg^{2+}	
膨胀土原样	136.87	14.38	17.57	45.48	18.65	96.08
1∶100	119.89	10.27	13.58	44.37	17.46	85.68
1∶200	113.63	8.18	8.06	50.14	15.8	82.18
1∶350	94.55	4.46	5.59	55.12	6.65	71.82
1∶400	122.78	9.12	12.71	47.7	21.29	105.53

比较 ISS 作用 7d 和 28d 结果，可以看到 CEC 值随不同配比 ISS 作用时间变化规律不明显，有的继续减小，有的少量增大，但整体上变化程度均不大，且都较素膨胀土 CEC 值要小，说明 ISS 与膨胀土可交换阳离子作用过程基本上在 7d 已经达到较稳定状态，继续增加 ISS 处理时间，对改性效果影响不大。

从测试结果可以看到，可交换阳离子中的 K^+、Na^+、Ca^{2+}、Mg^{2+} 的盐基总量比 CEC 量要小，说明了可交换阳离子中还存在其他类型，但基本上这 4 种离子已经占到总交换量的 70% 以上。膨胀土的可交换阳离子中以 Ca^{2+} 量最大，Mg^{2+}、K^+ 成分相当，Na^+ 量最小。由于 Na^+ 水合膜厚度较大，且与矿物层间结合力较弱，一般来说，以 Na^+ 为主要交换离子的土样膨胀性较强，试验土样交换离子以 Ca^{2+} 为主与土体的弱膨胀性是相符合的。

表 20-3　ISS 作用 28d 土样 CEC 及可交换阳离子　　单位：mmol/kg

ISS：水（体积）	CEC	ISS 处理后膨胀土的盐基分量				盐基总量
		K^+	Na^+	Ca^{2+}	Mg^{2+}	
膨胀土原样	136.87	14.38	17.57	45.48	18.65	96.08
1：100	114.89	9.27	15.58	44.10	16.86	85.81
1：200	118.00	10.85	10.3	47.10	13.80	82.05
1：350	89.66	4.92	5.75	53.68	8.39	72.74
1：400	127.25	11.2	13.06	48.95	17.94	92.53

第二十一章　淤泥改性试验

第一节　淤泥的性质

淤泥具有黏粒含量高、有机质含量高、强度低等特性，难以在工程中被直接利用，往往采用征用场地贮存或者堆弃等方式进行处理，带来了增加工程造价、占用土地和环境污染等问题。研究表明，由于有机质的存在，单纯采用水泥、生石灰等传统固化材料对淤泥进行处理，效果并不明显。

第二节　淤泥改性原理

针对淤泥的特点，结合工程实际，选取水泥、高铁酸钾和碳酸氢钠作为固化材料对淤泥进行固化处理。其中，试验用水泥选取为华新水泥股份有限公司生产的 P. S. A32. 5 矿渣硅酸盐水泥。高铁酸钾由天津威一化工科技有限公司生产，具有极强的氧化性，作为一种环保、无毒的氧化剂已广泛应用于污水的净化处理。碳酸氢钠由天津凯通化学试剂有限公司生产，无毒、无臭，常温下性质稳定。高铁酸钾和碳酸氢钠基本物理性质见表 21-1。

表 21-1　高铁酸钾和碳酸氢钠基本物理性质

固化材料	化学式	纯度	颜色	细度	水溶性
高铁酸钾	K_2FeO_4	分析纯	暗紫色	200 目	极易溶
碳酸氢钠	$NaHCO_3$	分析纯	白色	200 目	可溶

淤泥中存在的有机质不利于水泥水化反应和火山灰反应的进行，破坏水泥固化淤泥的结构，进而影响水泥固化淤泥的强度。以高铁酸钾和碳酸氢钠作为碱性氧化剂掺入淤泥，从降解有机质、减薄双电层厚度和维持 pH 值稳定等角度来揭示碱性氧化剂的功能。

1. 氧化降解有机质

淤泥中的有机质主要以腐殖酸为主，腐殖酸是以苯环为主的芳香类有机质，主要官能团为羧基、酚羟基、糖链和肽链。研究表明，氧化降解法可有效将有机质降解为苯羧酸类、酚酸类和脂族羧酸类等单体分子。高铁酸钾作为一种强氧化剂，随着 pH 值升高，其氧化能力逐渐减弱，但稳定性逐渐提高，这延长了高铁酸钾氧化降解有机质的时间。在一定 pH 值范围内，高铁酸钾可充分将有机质转化为单体分子，甚至进一步将苯酚类、羧酸类物质完全氧化为 CO_2 和 H_2O。

高铁酸钾在碱性条件下与淤泥作用，氧化降解有机质，将转化为简单的醇、胺类、羧酸盐、CO_2 和 H_2O 等有机、无机单体分子，进而消除有机质对水泥水化作用的不利影响。

2. 减薄双电层厚度

土壤胶体双电层的厚度取决于孔隙溶液的电解质浓度，并受到扩散层中反号离子价数的影响。提高电解质浓度，可使固液间界面和液体间的浓度差降低，Zeta 电位减小，达到压缩双电层的目的；同时，引入高价阳离子（Fe^{3+}、Ca^{2+}），与黏土矿物表面低价阳离子（K^+、Na^+）进行交换吸附，减小吸附水膜厚度，引起土颗粒的絮凝。碱性氧化剂由高铁酸钾和碳酸氢钠组成，作为两种可溶的无机盐掺入淤泥，可提高孔隙溶液的电解质浓度；同时高铁酸钾被还原，Fe(Ⅵ)转化为 Fe(Ⅲ)，其中游离的 Fe^{3+} 与黏土矿物表面低价阳离子交换吸附，减薄双电层厚度。

3. 维持 pH 值稳定

随着水化反应的深入，在碱性环境中，黏土矿物中游离出的 SiO_2、Al_2O_3 与 $Ca(OH)_2$ 发生火山灰反应，生成稳定的水泥水化物。而有机质中含氧酸性基团的存在，通过吸附作用和中和作用，降低了孔隙溶液中 Ca^{2+} 和 OH^- 的浓度，减缓了火山灰反应的进行。碳酸氢钠作为一种常温下性质稳定的酸式盐，与酸、碱均能反应，可维持孔隙溶液为弱碱性环境。通过掺入碳酸氢钠来中和淤泥中的有机酸，提高 pH 值，促进 $Ca(OH)_2$ 生成，有利于水泥火山灰反应。同时，高铁酸钾对反应体系的酸碱度较为敏感，其氧化能力和稳定性均受到 pH 值明显的影响。研究发现，在 pH 值为 8.0～10.0 的碱性环境中，高铁酸钾能发挥最佳的氧化效果，从而充分降解淤泥中的有机质。

第三节 试验结果与分析

1. 高铁酸钾对水泥固化淤泥强度的影响

以 9％水泥掺量（与淤泥质量比）作为水泥的基准掺量，配合不同掺量的高铁酸钾对淤泥进行固化处理，对比分析高铁酸钾对水泥固化淤泥强度的影响，结果如图 21-1 所示。

由图 21-1 可知，随着高铁酸钾掺量的增加，固化淤泥的强度呈现先增大后减小的趋势。当高铁酸钾掺量为 0.4％时，固化淤泥的强度达到最大值，相比于基准掺量的水泥固化淤泥，强度提高了 56.0％。这表明高铁酸钾的掺入有效地提高了固化淤泥的强度，但超过一定范围，反而降低了固化效果。这可能是由于过量的高铁酸钾与淤泥作用，产生的游离态 Fe^{3+} 消耗了水泥水化生成的 $Ca(OH)_2$，进而阻碍了水泥水化物的生成。相关反应式如下：

$$2Fe^{3+}+3Ca(OH)_2=2Fe(OH)_3+3Ca^{2+}$$

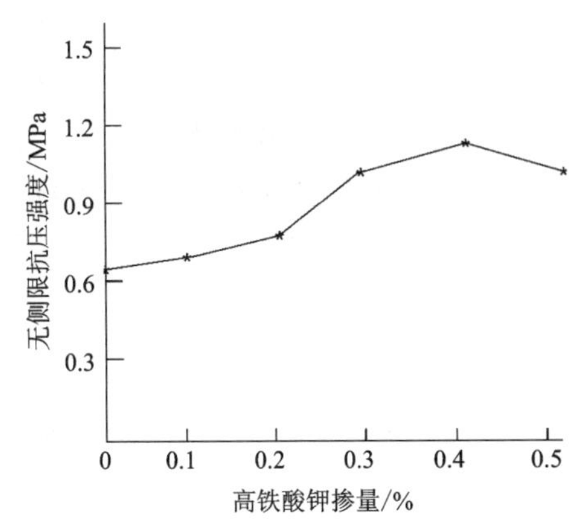

图 21-1　高铁酸钾掺量对水泥固化淤泥抗压强度的影响

2. 碳酸氢钠对水泥固化淤泥强度的影响

以 9%水泥掺量作为水泥的基准掺量，配合不同掺量的碳酸氢钠对淤泥进行固化处理，对比分析碳酸氢钠对水泥固化淤泥强度的影响，结果如图 21-2 所示。

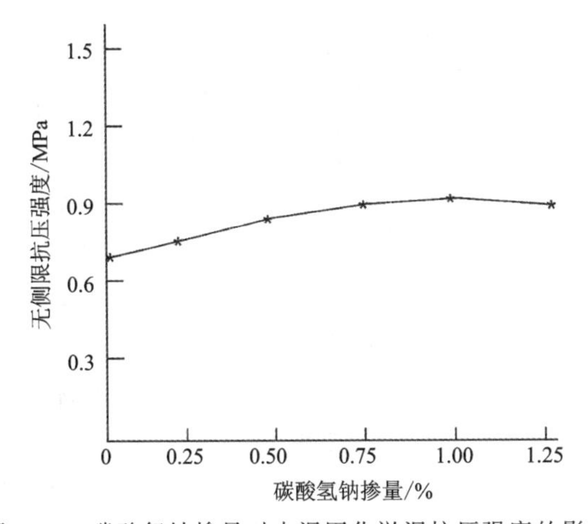

图 21-2　碳酸氢钠掺量对水泥固化淤泥抗压强度的影响

由图 21-2 可知，随着碳酸氢钠掺量的增加，固化淤泥的强度大致呈缓慢增长的趋势。当碳酸氢钠掺量超过 0.75%时，强度基本不再提高。这表明碳酸氢钠的掺入，一方面可中和有机质中羧基、酚羟基等酸性基团，提高固化淤泥的 pH 值，改善了水泥水化的反应环境；但另一方面，过量的碳酸氢钠与 $Ca(OH)_2$ 反应生成 $CaCO_3$ 沉淀，进而减少了水泥水化产物的生成。相关化学反应式如下：

$$HCO_3^- + H^+ = H_2O + CO_2 \uparrow$$

$$2HCO_3^- + Ca(OH)_2 = CO_3^{2-} + CaCO_3 \downarrow + 2H_2O$$

综合两方面的作用，说明在低掺量条件下，碳酸氢钠通过中和有机酸提高 pH 值，能显著提高水泥固化淤泥的强度；在高掺量条件下，碳酸氢钠会维持水泥固化淤泥 pH 值的稳定，对水泥固化淤泥强度增长的作用效果并不明显。

3. 碱性氧化剂对水泥固化淤泥强度的影响

综合考虑高铁酸钾、碳酸氢钠单独掺入9%基准水泥掺量的水泥固化淤泥效果和经济性等原则，选取0.3%高铁酸钾和0.75%碳酸氢钠作为碱性氧化剂。对比水泥固化淤泥(S-C9)、掺0.3%高铁酸钾水泥固化淤泥(S-C9PF0.3)、掺0.75%碳酸氢钠水泥固化淤泥(S-C9SB0.75)和掺碱性氧化剂水泥固化淤泥(S-M)无侧限抗压强度与pH值的变化，得到结果如图21-3所示。

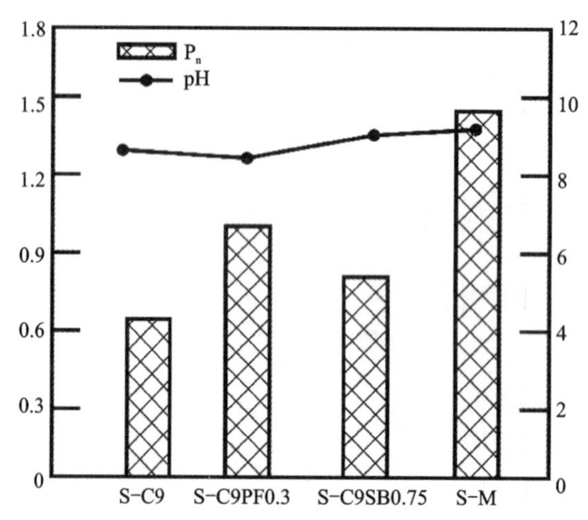

图21-3 碱性氧化剂对水泥固化淤泥抗压强度和pH值的影响

由图21-3可知，以0.3%高铁酸钾与0.75%碳酸氢钠作为碱性氧化剂与水泥共同掺入淤泥，能有效提高淤泥的强度，相比于水泥固化淤泥(S-C9)、掺0.3%高铁酸钾水泥固化淤泥(S-C9PF0.3)、掺0.75%碳酸氢钠水泥固化淤泥(S-C9SB0.75)，强度分别提高了121.6%、24.0%和69.3%。对比试样S-C9PF0.3、S-C9SB0.75和S-M的强度发现，碱性氧化剂的固化效果明显优于各组分单掺情况下的固化效果。结合pH值的变化分析可知，碳酸氢钠通过中和有机质中的酸性基团，使固化淤泥在pH＝9～10的碱性环境，有利于高铁酸钾稳定存在，有效氧化降解有机质，保证水泥水化反应和火山灰反应的充分进行，促进水泥水化硅酸钙和水化铝酸钙的生成，从而达到提高强度的目的。

主要参考文献

曹艳梅，马蒙，2020. 轨道交通环境振动土动力学[M]. 北京：科学出版社.

陈群策，孙东生，崔建军，等，2019. 雪峰山深孔水压致裂地应力测量及其意义[J]. 地质力学学报，25(5)：853-865.

陈子华，陈蜀俊，陈健，等，2012. 土石混合体渗透性能的试坑双环注水试验研究[J]. 长江科学院院报，29(4)：52-56.

崔德山，2009. 离子土壤固化剂对武汉红黏土结合水作用机理研究[D]. 武汉：中国地质大学(武汉).

高彦斌，费涵昌，2019. 土动力学基础[M]. 北京：机械工业出版社.

黄伟，项伟，王菁莪，等，2018. 基于变形数字图像处理的土体拉伸试验装置的研发与应用[J]. 岩土力学，39(9)：3486-3494.

黄震，姜振泉，曹丁涛，等，2014. 基于钻孔压水试验的岩层阻渗能力研究[J]. 岩石力学与工程学报，33(S2)：3573-3580.

姬美秀，2005. 压电陶瓷弯曲元剪切波速测试及饱和海洋软土动力特性研究[D]. 杭州：浙江大学.

孔令伟，罗鸿禧，1993. 游离氧化铁形态转化对红粘土工程性质的影响[J]. 岩土力学，14(4)：25-39.

李德吉，杨光华，张玉成，等，2012. 孔压静力触探试验用于港珠澳大桥工程土层划分的实例分析[J]. 广东水利水电，(7)：1-2.

李广信，张丙印，于玉贞，2013. 土力学[M]. 2 版. 北京：清华大学出版社.

林宗元，1991. 岩土工程试验监测手册[M]. 北京：中国建筑工业出版社.

刘清秉，项伟，崔德山，2012. 离子土固化剂对膨胀土结合水影响机制研究[J]. 岩土工程学报，34(10)：1887-1895.

刘松玉，2017. 土力学[M]. 4 版. 北京：中国建筑工业出版社.

刘亚平，胥新伟，魏红波，等，2018. 港珠澳大桥深水地基载荷试验技术[J]. 岩土力学，39(S2)：487-492.

刘洋，2019. 土动力学基本原理[M]. 北京：清华大学出版社.

刘佑荣，唐辉明，2009. 岩体力学[M]. 北京：化学工业出版社.

裴向军，张硕，黄润秋，等，2018. 地下水壅高诱发黄土滑坡离心模型试验研究[J]. 工程科学与技术，50(5)：55-63.

王洪波,张庆松,刘人太,等,2018.基于压水试验的地层渗流场反分析[J].岩土力学,39(3):985-992.

王旭宏,胡继华,耿学勇,等,2015.吉阳核电厂古近系软岩现场剪切试验及成果分析[J].工程地质学报,23(增刊):745-749.

王臻华,项伟,吴雪婷,等,2019.碱性氧化剂对水泥固化淤泥强度的影响研究[J].岩土工程学报,41(4):693-699.

谢定义,2011.土动力学[M].北京:高等教育出版社.

于永堂,郑建国,刘争宏,等,2016.钻孔剪切试验及其在黄土中的应用[J].岩土力学,37(12):3635-3641.

袁聚云,徐超,贾敏才,等,2011.岩土体测试技术[M].北京:中国水利水电出版社.

袁聚云,徐超,赵春风,等,2004.土工试验与原位测试[M].上海:同济大学出版社.

赵成刚,2017.土力学原理[M].2版.北京:北京交通大学出版社.

LIAO L,YANG Y,YANG Z,et al,2018. Mechanical state of gravel soil in mobilization of rainfall-Induced landslide in wenchuan seismic area,Sichuan province,China[J]. Earth Surface Dynamics Discussions,6(3):637-649.

LUNNE T,ROBERTSON P K,POWELL J J M,2009. Cone-penetration testing in geotechnical practice[J]. Soil Mechanics & Foundation Engineering,46(6):237-237.

PERRAS M A,DIEDERICHS M S,2014. A review of the tensile strength of rock:concepts and testing[J]. Geotechnical and Geological Engineering,32(2):525-546.

STROUD M A, 1974. The standard penetration test in insensitive clays and soft rock [J]. Proceedings of the 1st European Symposiumon Penetration Testing, Sweden: Stockholm, 2(2): 367-375.